消防应急照明和疏散指示系统设计及安装图集

中国勘察设计协会电气分会
中国建筑节能协会电气分会 主编

中国建筑工业出版社

图书在版编目（CIP）数据

消防应急照明和疏散指示系统设计及安装图集/中
国勘察设计协会电气分会，中国建筑节能协会电
气分会主编. —北京：中国建筑工业出版社，2020.11（2021.7 重印）
ISBN 978-7-112-25731-7

Ⅰ.①消… Ⅱ.①中… ②中… Ⅲ.①消防设备-应急
系统-建筑设计-图集②消防设备-应急系统-建筑安装-图集
Ⅳ.①TU998.13-64

中国版本图书馆 CIP 数据核字（2020）第 250211 号

责任编辑：张　磊
文字编辑：高　悦
责任校对：王　烨

消防应急照明和疏散指示系统设计及安装图集

中国勘察设计协会电气分会
中国建筑节能协会电气分会　　主编

*

中国建筑工业出版社出版、发行（北京海淀三里河路 9 号）
各地新华书店、建筑书店经销
霸州市顺浩图文科技发展有限公司制版
北京京华铭诚工贸有限公司印刷

*

开本：889 毫米×1194 毫米　横 1/8　印张：16½　字数：529 千字
2021 年 1 月第一版　　2021 年 7 月第四次印刷
定价：**68.00** 元
ISBN 978-7-112-25731-7
（36630）

《消防应急照明和疏散指示系统设计及安装图集》

编委会：

主　编： 欧阳东　国务院特殊津贴专家/教授级高工　中国建设科技集团
　　　　　　会　长　中国勘察设计协会电气分会
　　　　　　副会长　中国建筑节能协会电气分会

副主编： 王苏阳　工程设计研究院副总工/教授级高工
　　　　　　中国建筑设计研究院有限公司
　　　　　　副秘书长　中国勘察设计协会电气分会
　　　　　　副秘书长　中国建筑节能协会电气分会

编委：

苑　斌	销售总监	欧普照明股份有限公司
张　辉	工程师/产品经理	欧普照明股份有限公司
郑克林	总经理	珠海西默电气股份有限公司
詹　东	工程师/技术部经理	珠海西默电气股份有限公司
胡　亮	副总经理	广东盛世名门照明科技有限公司
许茂仁	硕士/总经理	广东盛世名门照明科技有限公司
杨文东	总经理	天津新亚精诚科技有限公司
刘继军	技术总监	天津新亚精诚科技有限公司
曲　正	高级工程师/技术总监	青岛鼎信通讯消防安全有限公司
马德武	工程师/设计总监	青岛鼎信通讯消防安全有限公司
乔戌望	工程师/疏散产品总监	深圳市泰和安科技有限公司
高　亮	助理工程师/技术方案经理	深圳市泰和安科技有限公司
牟宏伟	高级工程师/总经理	沈阳宏宇光电子科技有限公司
吕秀艳	工程师/经理	沈阳宏宇光电子科技有限公司
张　龙	工程师	中国建筑设计研究院有限公司
姜海鹏	工程师	中国建筑设计研究院有限公司
于　娟	硕士/主任	亚太建设科技信息研究院有限公司

审委：

郭晓岩	电气总工/教授级高工	中国建筑东北设计研究院有限公司
陈众励	电气总工/教授级高工	华建集团上海建筑设计研究院有限公司
徐　华	电气总工/教授级高工	清华大学建筑设计研究院有限公司
李俊民	电气总工/教授级高工	中国建筑设计研究院有限公司
王　磊	副处长/高级工程师	北京消防局建审处

前　言

住房城乡建设部批准发布了新标准《消防应急照明和疏散指示系统技术标准》GB 51309—2018，自2019年3月1日起开始实施。

随着社会的发展，现代建筑的高度越来越高，规模越来越大，内部设施的功能也越来越齐全；火灾应急照明系统已成为现代建筑中不可或缺的照明系统，消防应急照明和疏散指示系统，则对人民的生命财产安全起到保驾护航的作用。

为了方便广大建筑电气设计人员、施工人员、建设单位人员及时了解并使用消防应急照明和疏散指示系统，中国勘察设计协会电气分会和中国建筑节能协会电气分会，联合国内七家生产或经销消防应急照明和疏散指示系统的企业，共同编制了这本《消防应急照明和疏散指示系统设计及安装图集》。希望通过采用该图集，优化民用建筑中消防应急照明控制系统，降低维护成本，提高工作效率，促进建筑智能化的发展，实现建筑消防设施的智能化管理和绿色节能的目的，也为今后智能化综合物业管理打下良好的基础。

通过本图集可更好地了解和掌握消防应急照明和疏散指示系统。对建设单位而言，可更加直观地了解和使用消防应急照明和疏散指示系统；对生产厂商而言，可更好地推广和宣传消防应急照明和疏散指示系统和产品；对设计人员和施工人员而言，可起到很好的指导和借鉴作用。

图集的主要内容：本图集汇集了七家企业的消防应急照明和疏散指示系统，各企业的图集内容均由系统概述、系统组成、图例、系统图、工程实例、产品安装及端子接线示意图等组成。

图集的适用范围：适用新建、改建及扩建的民用建筑和工业厂房等，例如：城市综合体、办公建筑、体育建筑、酒店、医院、学校、地铁、航站楼、住宅等各种类型项目中消防应急照明和疏散指示系统的设计和施工。

图集的参编厂商：欧普照明股份有限公司、珠海西默电气股份有限公司、广东盛世名门照明科技有限公司、天津新亚精诚科技有限公司、青岛鼎信通讯消防安全有限公司、深圳市泰和安科技有限公司、沈阳宏宇光电子科技有限公司七家企业。

由于编制时间紧迫，技术水平所限，有不妥之处，敬请批评指正。

中国勘察设计协会电气分会会长
中国建筑节能协会电气分会主任
2020年7月15日

目　录

编 制 说 明

1 概述

生命最宝贵，安全大过天。保障生命安全是人民幸福的基本要求，是改革发展稳定的基本前提。生命需要精心呵护，为人民生命财产安全保驾护航。积极认真执行住房城乡建设部批准发布的新规范《消防应急照明和疏散指示系统技术标准》GB 51309—2018，正是建筑电气设计行业保障人民生命安全的有效措施之一。

《消防应急照明和疏散指示系统设计及安装图集》的编制，是希望通过对"消防应急照明和疏散指示系统"的组成、工程案例、设备安装等进行介绍，方便"消防应急照明和疏散指示系统"在新建、改建及扩建的民用建筑和工业厂房等中的应用，优化系统设计、降低系统维护成本、提高工作效率，促进民用与工业建筑智能化的发展，达到建筑楼宇智能化管理、绿色节能的目的。

为方便建筑电气设计人员、电气施工人员、建设单位的相关技术人员正确理解和应用此本新规范，我们通过对国内生产"消防应急照明和疏散指示系统"的了解，结合工程设计、施工经验，与其中七家知名企业以系统概述、工程实例的形式共同编制了《消防应急照明和疏散指示系统设计及安装图集》。本图集汇集了欧普照明股份有限公司、广东盛世名门照明科技有限公司、天津新亚精诚科技有限公司、青岛鼎信通讯消防安全有限公司、珠海西默电气股份有限公司、深圳泰和安科技有限公司、沈阳宏宇光电子科技有限公司7家公司的消防应急照明和疏散指示系统，分别阐述了各自公司的系统组成、功能、配电箱原理，展示了相应的工程实例、设备安装及接线示意图，力争对建筑电气设计人员的设计工作、施工单位的现场设备安装工作起到一定的指导和借鉴作用。

2 消防应急照明和疏散指示系统的分类及构成

消防应急照明和疏散指示系统（以下简称"系统"）按消防应急灯具的控制方式分为集中控制型系统和非集中控制型系统。

系统主要由应急照明控制器、应急照明集中电源、应急照明配电箱、应急照明分配电装置、消防应急灯具等组成。

系统组成框图示意如图1～图5所示。

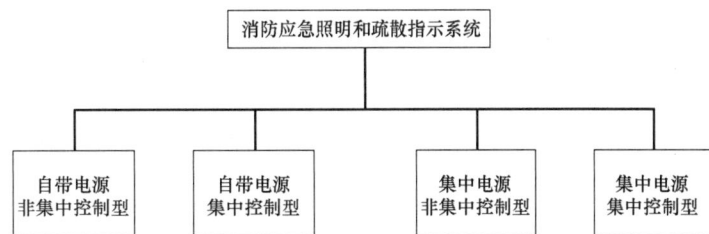

图 1 消防应急照明和疏散指示系统组成示意

3 图集主要内容

本图集汇集了国内7家企业的"消防应急照明和疏散指示系统"相关产品，每家企业的图集内容均由系统概述、设备一览表、系统组网框图、应急照明集中电源配电系统图、应急照明配电箱系统图、"消防应急照明和疏散指示系统"工程实例样图、设备安装示意图等组成。各企业图集的主要内容见表1。

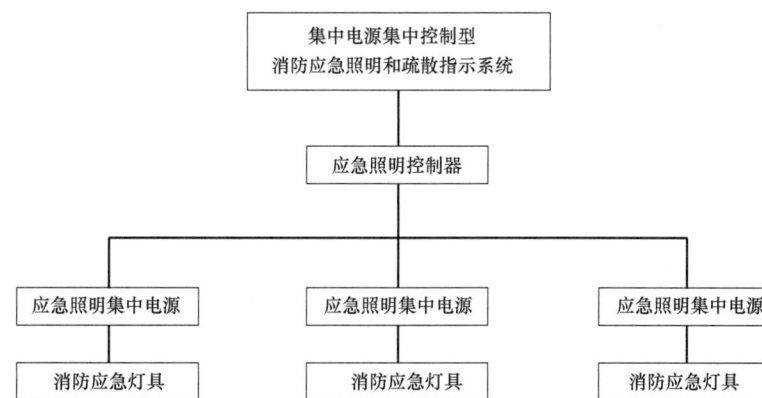

图 2 集中电源集中控制型系统

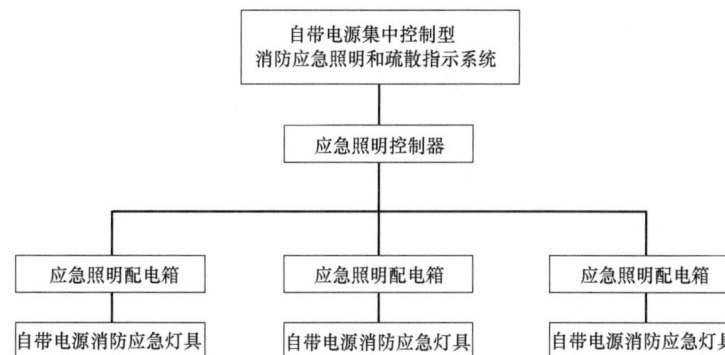

图 3 自带电源集中控制型系统

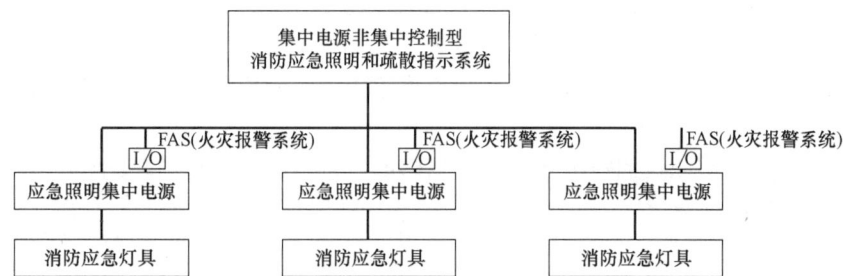

图 4 集中电源非集中控制型系统

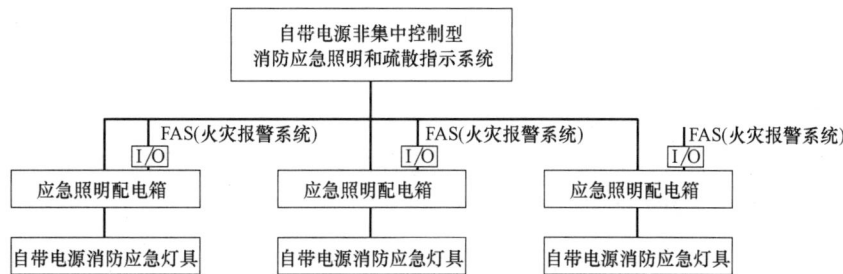

图 5 自带电源非集中控制型系统

各企业图集的主要内容 表1

单位名称	主要内容
欧普照明股份有限公司	1. 集中电源集中控制型消防应急照明和疏散指示系统。 2. 商业综合体、餐厅、工业仓库、洁净厂房、体育馆、住宅等项目工程案例
广东盛世名门照明科技有限公司	1. 集中电源集中控制型、自带电源集中控制型消防应急照明和疏散指示系统。 2. 商住一体化综合体、体育馆等项目工程案例
天津新亚精诚科技有限公司	1. 集中电源集中控制型消防应急照明和疏散指示系统。 2. 住宅、医院等项目工程案例
青岛鼎信通讯消防安全有限公司	1. 集中电源集中控制型消防应急照明和疏散指示系统。 2. 图书馆、住宅等项目工程案例
珠海西默电气股份有限公司	1. 集中电源集中控制型、自带电源集中控制型、应急照明控制器自带A型集中电源功能的一体机三种系统。 2. 管廊、展厅、学校、医院、小型超市、机场航站楼大厅、住宅类项目工程实例
深圳泰和安科技有限公司	1. 集中电源集中控制型消防应急照明和疏散指示系统。 2. 酒店、办公建筑类项目工程实例
沈阳宏宇光电子科技有限公司	1. 集中电源集中控制型、集中电源非集中控制型、自带电源集中控制型、自带电源非集中控制型四种系统。 2. 机场、地铁类项目工程实例

4 图集的适用范围

本图集的适用对象以新建、改建、扩建的民用建筑为主，适用于综合体、办公楼、酒店、公寓、医院、机场、火车站、地铁站房、学校、图书馆等类型项目中"消防应急照明和疏散指示系统"的设计和施工。

5 备注

图集中引至"消防应急照明和疏散指示系统"的消防电源及市电由工程项目的建筑电气专业负责，不属于本图集的设计内容。

系 统 概 述

1 系统概要

欧普照明始于 1996 年，是一家集研发、生产和销售于一体的综合型照明企业。历经二十余年的发展，公司现有员工 6000 余人，拥有上海总部、中山工业园及吴江工业园等多个生产基地，可为消费者提供整体照明产品解决方案及专业的配套服务。

我司集中控制集中电源型消防应急照明和疏散指示系统是按照国标标准，结合项目应用需求开发出来的一整套消防应急照明与疏散指示产品。该系统根据火灾报警联动信号快速、准确获得火灾点的位置信息，结合系统提前预设疏散预案，控制消防应急灯具为逃生人员选择最佳疏散逃生路线，实现"就近疏散"向"安全疏散"转变。同时在日常运行维护过程中，控制系统 24h 实时监控设备及灯具的工作状态，发生故障后及时报警。提醒人员及时维护，避免消防产品年久失修而造成关键时刻不能正常工作的情况。

2 系统组成

集中控制集中电源型消防应急照明和疏散指示系统由应急照明控制器、应急照明集中电源、应急照明灯具、应急标志灯具组成，组成架构如图 1 所示。

3 系统设置

3.1 应急照明控制器

应急照明控制器通过干接点或 RS485/RS232 总线实现与火灾自动报警系统之间的联动控制，再通过 RS485 总线控制连接配套的应急照明集中电源。应急照明控制器自带电池组，应急时间大于 3h。控制器内含 15 英寸显示器，可直观显示配套应急电源、应急灯具的工作状态。

应急照明控制器提供一个标准通信接口，通过增设集线器，可扩展为四回路、输出八回路。单个回路通信接口可接 32 套应急照明集中电源，回路通信距离≤1200m，超过 1200m 时通过增设信号中继器，传输距离最远可达 4800m。当通信距离≥4800m 时，可采用光纤传输方案。每台应急照明控制器最多可带 3200 盏应急灯具。

应急照明控制器可提供 1 个网络端口，通过交换机扩展网络端口最多可带载 16 台分机。

3.2 应急照明集中电源

应急照明集中电源分为 A 型和 B 型两类。A 型电源输出额定电压 DC36V，B 型电源市电状态输出额定电压 AC220Vc，应急状态下输出 DC216V。通过 RS485 总线连接应急照明控制器，A 型集中电源与 A 型应急灯具之间采用二总线方式实现通信和供电。B 型集中电源与灯具之间采用三线供电＋两线通信。集中电源自带铅酸电池组，电池容量可为标称负载功率设备应急大于 30min、60min、90min、180min 等不同容量。

A 型集中电源输出 8 回路，单个配电回路最多可接 25 盏灯具，地面安装灯具最多可配接 60 盏，额定电流不大于 6A，且配接灯具的功率总和不应大于配电回路额定功率的 80%；

B 型集中电源输出 4 回路，单个配电回路最多可接 25 盏灯具，额定电源不大于 10A，且配接灯具的功率总和不应大于配电回路额定功率的 80%。

3.3 应急灯具

应急灯具分为 A 型和 B 型两类。A 型应急灯具额定电压 DC36V，B 型灯具市电状态工作电压 AC220V，应急状态下工作电压 DC216V。灯具自身不带电池。设计师可根据不同的场景选择不同规格的灯具产品。

4 系统接线

（1）应急照明控制器与火灾自动报警系统之间的干接点信号或 DC24V 信号接口线采用 NH-RVSP-2×1.5mm²（屏蔽双绞线），控制器供电采用 WDZN-BYJ-3×2.5mm² 穿 SC20 敷设。

（2）应急照明控制器至应急照明集中电源的通信线采用 NH-RVSP-2×1.5mm²（屏蔽双绞线）穿 SC20 敷设。

（3）A 型应急照明集中电源至应急灯具采用二线制（信号线＋电源线）：WDZN-BYJ-2×2.5mm² 穿 SC20 敷设。钢管管口连接处需做防刮伤处理，在多尘或潮湿场所线管需做密封处理。集中电源供电采用 WDZN-BYJ-3×2.5mm² 穿 SC20 敷设。

（4）A 型应急照明集中电源至地埋灯具两线制（信号线＋电源线）：JHS-2×2.5mm²-SC20（耐腐蚀橡胶电缆）穿 SC20 敷设，采用厂家配套专用防水接线盒进行连接，并采用防水密封胶进行密封处理。

（5）B 型应急照明集中电源至 B 型应急灯具采用五线制：通信线 NH-RVS-2×1.5mm²＋供电线 WDZN-BYJ-3×2.5mm² 分管敷设，穿 SC20 敷设。

（6）集中控制型系统中，除地面上设置的灯具外，系统的配电线路应选择耐火线缆，系统的通信线路应选择耐火线缆或耐火光纤；额定工作电压等级为 50V 以下时，应选择电压等级不低于交流 300/500V 的线缆；额定工作电压等级为 220/380V 时，应选择电压等级不低于交流 450/750V 的线缆。

5 系统供电

（1）应急照明控制器、应急照明集中电源应由消防电源的专用应急回路供电，分散设置的集中电源应由所在防火分区、同一防火分区的楼层、隧道区间、地铁站台和站厅的消防电源配电箱供电。

（2）应急照明控制器、集中电源由 AC220V 消防电源供电，应急灯由主电源通过集中电源转换电压后实现供电，所有非持续型消防应急灯具应保持熄灭或节能状态，持续型应急灯具的光源应保持点亮模式。

（3）非火灾状态下，消防主电源断电后，集中电源转为备用电源工作，连锁控制其配接的非持续型照明灯的光源应急点亮、持续型灯具的光源由节电点亮模式转入应急点亮模式，持续点亮时间设定为 30min，待主电源恢复后集中电源或应急照明配电箱应连锁其配接灯具的光源恢复原工作状态。

（4）非火灾状态下，常规照明主电源断电后，集中电源的供电回路仍然有电，集中电源连锁控制其配接的非持续型照明灯的光源应急点亮、持续型灯具的光源由节电点亮模式转入应急点亮模式。当主电源恢复供电后，集中电源控制其配接的应急灯具的光源恢复原工作状态。

（5）火灾状态下，系统所有应急灯具应急点亮，集中电源应保持主电源输出，待接收到其主电源断电信号后，自动转入备用电源输出。

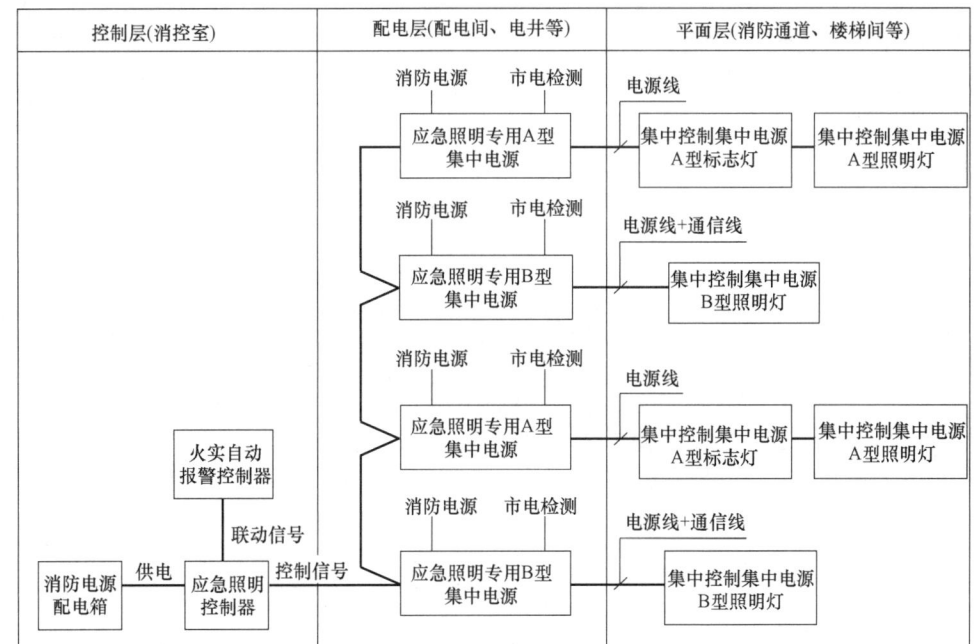

图 1　集中控制型应急照明与疏散指示系统架构图

系统概述	图号	YJZM1-1
欧普照明股份有限公司	页	1

注：

1.集中电源分布设置在配电间或电气竖井内,电源防护等级不低于IP33。

2.集中电源沿电气竖井为不同楼层灯具供电,每个输出回路在公共建筑中的供电范围不宜超过8层,在住宅建筑的供电范围不宜超过18层。

3.集中电源向不同楼层灯具供电时,应同时采集相应供电楼层正常照明供电状态,保证在非火灾状态下正常照明电源断电时,照明灯具转入应急点亮模式,正常照明电源恢复供电后,灯具恢复到原工作状态。

4.A型应急照明集中电源与B型应急照明集中电源必须分别独立设置。

5.高度>8m的场所设置的照明灯可采用B型灯具,高度≤8m的场所设置的照明灯和疏散标志灯应采用A型灯具。

6.线型说明:

——— A型标志灯具、A型照明灯具电源线(线型：WDZN-BYJ-2×2.5mm²)

- - - A型地面标志灯具电源线(线型：JHS-2×2.5mm²)

——— RS485通信总线(线型：NH-RVSP-2×1.5mm²)

——— 消防电源电源线(线型：WDZN-BYJ-3×2.5mm²)

- - - B型照明灯具电源线(线型：WDZN-BYJ-3×2.5 +NH-RVS-2×1.5mm²分管敷设)

——— 市电检测线(线型：WDZN-BYJ-3×1.5mm²)

——— 联动报警信号线(线型：NH-RVSP-2×1.5mm²)

——— RJ45网线

RS485通信总线,通信距离≤1200m

A楼配电间1

N1

引自消防电源配电箱 AC220V/50Hz

引自正常照明配电箱 市电检测

A型应急照明集中电源 OP-D

A ☒ OP

引自消防电源配电箱 AC220V/50Hz

引自正常照明配电箱 市电检测

A型应急照明集中电源 OP-D

A ☒ OP

W1 A型消防应急标志灯具
W2 A型消防应急标志灯具
W3 A型消防应急标志灯具
W4 A型消防应急地面标志灯具
W5 A型消防应急地面标志灯具
W6 A型消防应急照明灯具
W7 A型消防应急照明灯具
W8 A型消防应急照明灯具

输出回路≤8条
配电回路额定电流≤6A
电源容量可选0.3、0.6、1kVA

A楼配电间2

N2(N1+N2≤32台)

引自消防电源配电箱 AC220V/50Hz

引自正常照明配电箱 市电检测

A型应急照明集中电源 OP-D

A ☒ OP

引自消防电源配电箱 AC220V/50Hz

引自正常照明配电箱 市电检测

B型应急照明集中电源 OP-D

B ☒ OP

W1 B型消防应急照明灯具
W2 B型消防应急照明灯具
W3 B型消防应急照明灯具
W4 B型消防应急照明灯具

输出回路≤4条
配电回路额定电流≤10A
电源容量可选1、3kVA

B楼配电间1

≤32台应急照明集中电源

引自消防电源配电箱 AC220V/50Hz

引自正常照明配电箱 市电检测

B型应急照明集中电源 OP-D

A ☒ OP

引自消防电源配电箱 AC220V/50Hz

引自正常照明配电箱 市电检测

A型应急照明集中电源 OP-D

A ☒ OP

消防控制室内或有人值守场所 主机

OPPLE

OP-C

AC220V 50Hz

火灾报警控制器
或火灾报警控制器(联动型)

火灾报警输出信号

集线器

应急照明控制器

交换机

RS485通信总线,单回路带载32台以内的应急照明集中电源,通信距离≤1200m；当1200m≤通信距离≤4800m则每1200m增设一台RS485中继器；当通信距离≥4800m,则采用光纤传输方案。

应急照明控制器标准提供一路通信接口,可通过增设集线器扩展4路、8路通信接口

RJ45网线

应急照明控制器可提供1个网络端口,也可通过交换机扩展网络端口带载≤16台分机

单台主机可带载点位为3200点以内,超过3200点则需要增设一台主机

消防控制室内或有人值守场所 分机

OPPLE

OP-C

应急照明控制器

AC220V 50Hz

火灾报警控制器
或火灾报警控制器(联动型)

火灾报警输出信号

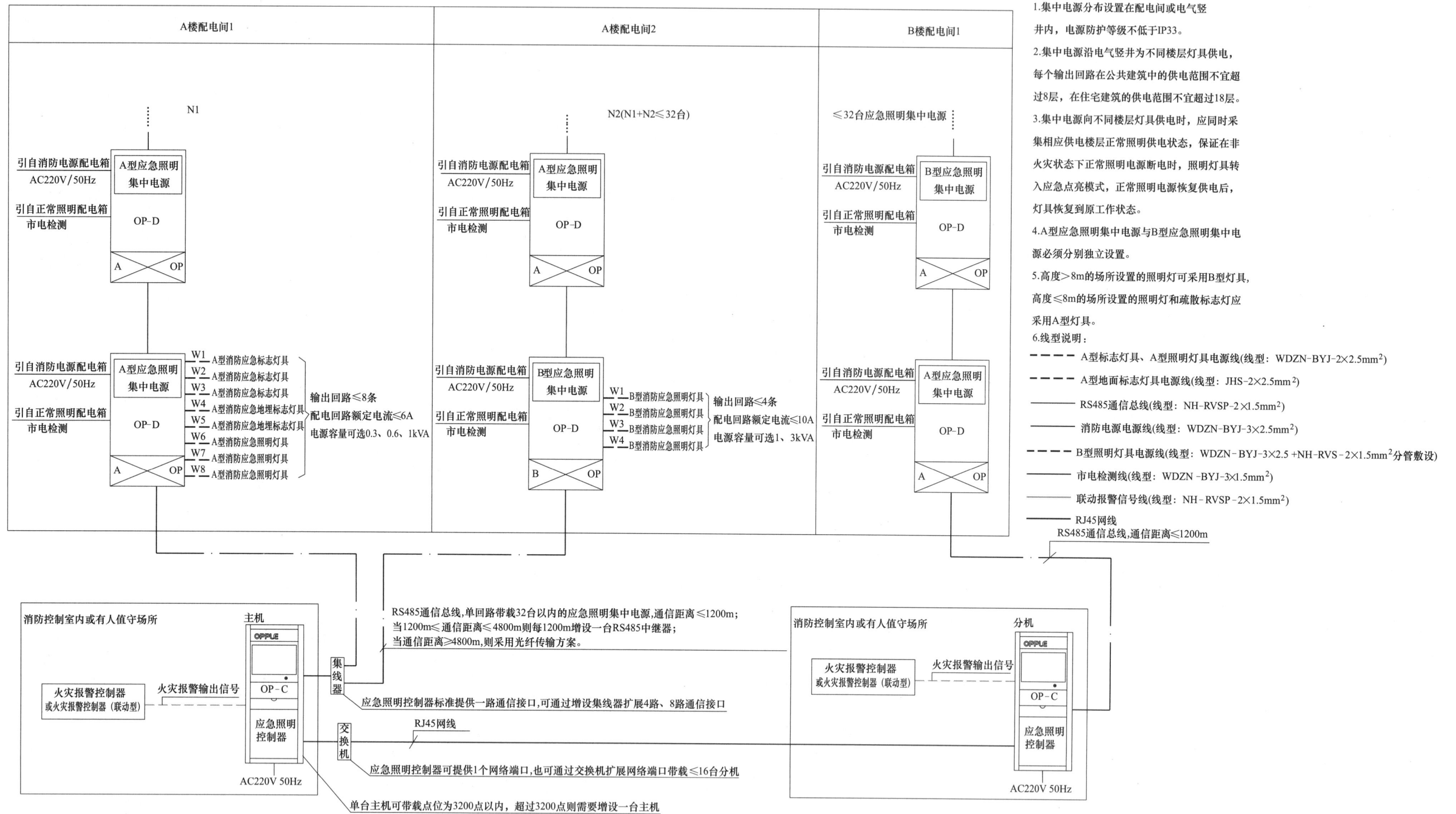

集中控制集中电源型系统组网图	图号	YJZM1-2
欧普照明股份有限公司	页	2

箱体编号:nALE

功率:0.3kVA/0.6kVA/1kVA

DC36V输出

消防供电:
引自消防配电箱:WDZN-BYJ-3×2.5mm²

市电检测:
引自正常照明配电箱:WDZN-BYJ-3×1.5mm²

信号通信:
引自应急照明控制器:NH-RVSP-2×1.5mm²

10A

市电检测模块

控制显示单元

通信模块

充电单元

DC36V

6A

智能灯控制模块

W1: WDZN-BYJ-2×2.5mm²-SC15

W8

尺寸:长×宽×高
550mm×220mm×750mm(0.3kVA/0.6kVA)
600mm×290mm×750mm(1kVA)

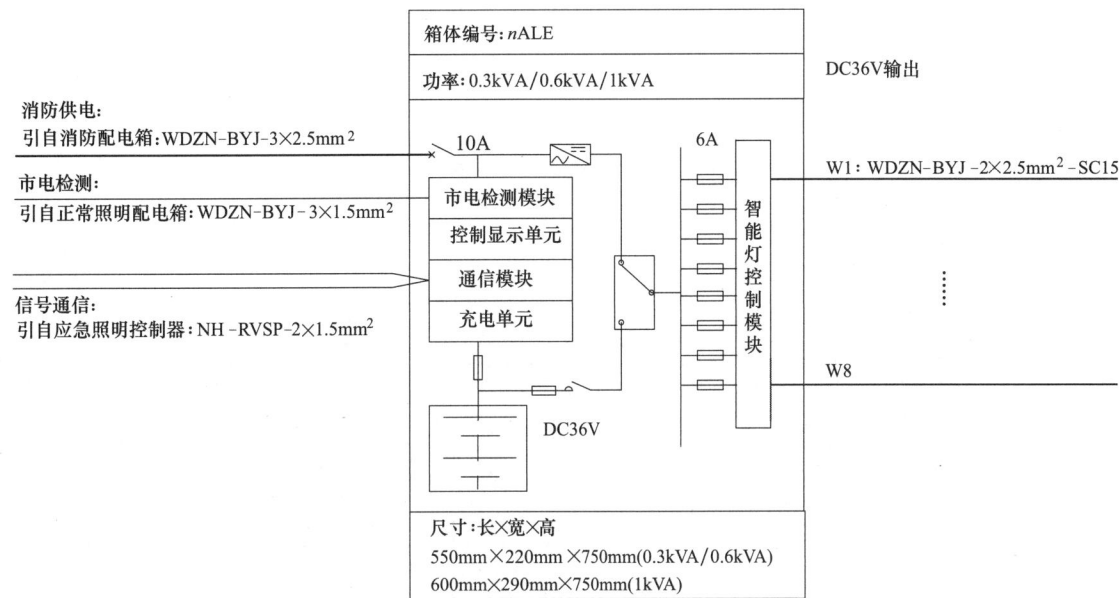

A型应急照明集中电源系统图(8回路)

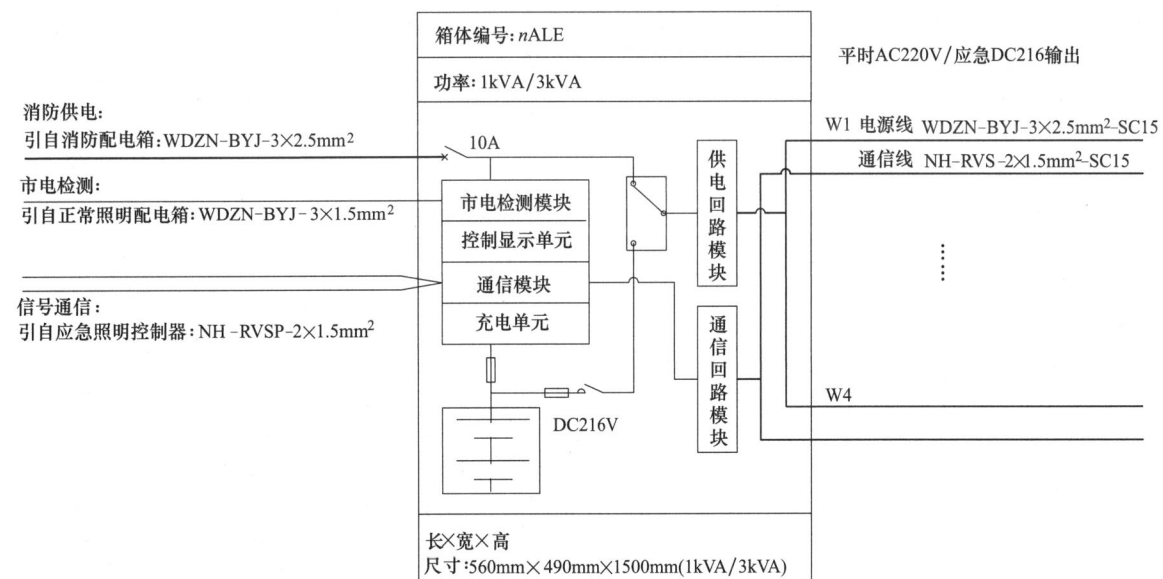

箱体编号:nALE

功率:1kVA/3kVA

平时AC220V/应急DC216输出

消防供电:
引自消防配电箱:WDZN-BYJ-3×2.5mm²

市电检测:
引自正常照明配电箱:WDZN-BYJ-3×1.5mm²

信号通信:
引自应急照明控制器:NH-RVSP-2×1.5mm²

10A

市电检测模块

控制显示单元

通信模块

充电单元

DC216V

供电回路模块

通信回路模块

W1 电源线 WDZN-BYJ-3×2.5mm²-SC15

通信线 NH-RVS-2×1.5mm²-SC15

W4

长×宽×高
尺寸:560mm×490mm×1500mm(1kVA/3kVA)

B型应急照明集中电源系统图(4回路)

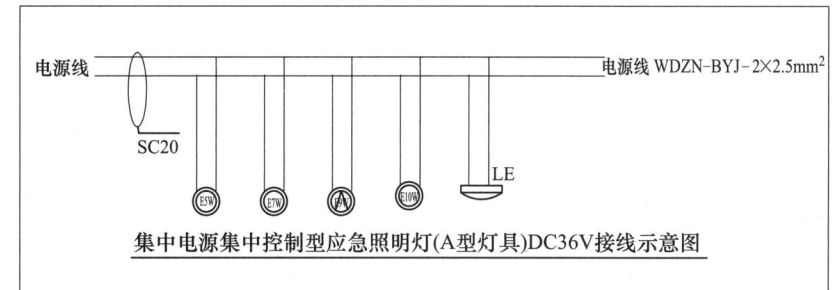

电源线

SC20

电源线 WDZN-BYJ-2×2.5mm²

LE

集中电源集中控制型应急照明灯(A型灯具)DC36V接线示意图

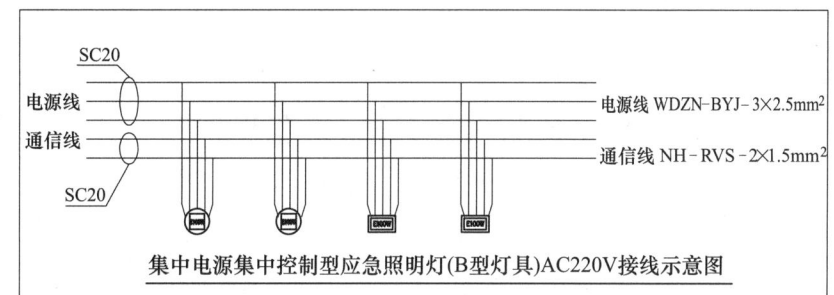

SC20

电源线

通信线

SC20

电源线 WDZN-BYJ-3×2.5mm²

通信线 NH-RVS-2×1.5mm²

集中电源集中控制型应急照明灯(B型灯具)AC220V接线示意图

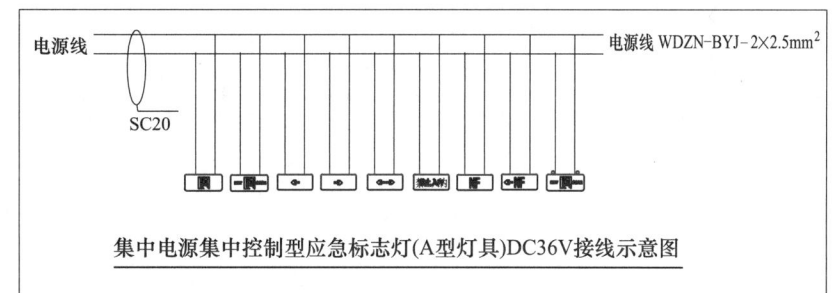

电源线

SC20

电源线 WDZN-BYJ-2×2.5mm²

集中电源集中控制型应急标志灯(A型灯具)DC36V接线示意图

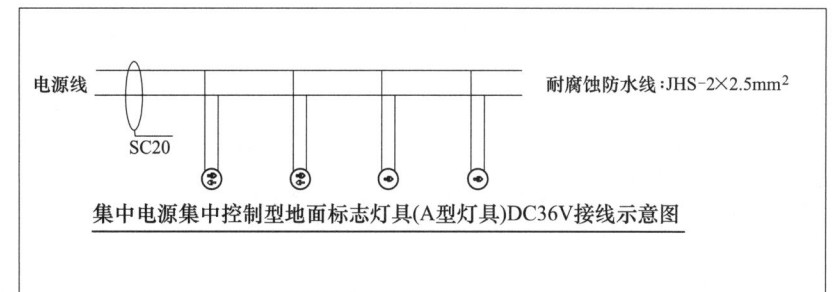

电源线

SC20

耐腐蚀防水线:JHS-2×2.5mm²

集中电源集中控制型地面标志灯具(A型灯具)DC36V接线示意图

集中控制集中电源型配电系统图	图号	YJZM1-3
欧普照明股份有限公司	页	3

序号	图例	名称	型号	规格说明	安装方式(单位:mm) (长×宽×高)	备 注
1	OP-C	应急照明控制器(立柜式)	OP-C	工作电压 220VAC 50Hz、主电功耗 20W、防护等级 IP43、监控灯具≤3200 盏,功能说明:与火灾报警器联动,监控消防应急照明系统	安装方式:立柜安装 产品尺寸:600×600×1830	
2	OP-C	应急照明控制器(壁挂式)	OP-C	工作电压 220VAC 50Hz、主电功耗 20W、防护等级 IP43、监控灯具≤3200 盏,功能说明:与火灾报警器联动,监控消防应急照明系统	安装方式:壁挂安装 产品尺寸:530×220×600	
3		A 型应急照明集中电源	OP-D-nkVA	工作电压 220VAC 50Hz、主电功耗 20W、防护等级 IP43、负载输出 36VDC 8 回路,功能说明:应急供电及控制、巡检、故障上传、报警显示	安装:壁挂安装 尺寸:550×750×220(0.3/0.6kVA) 600×750×290(1kVA)	n 可选: 0.3kVA、0.6kVA、1kVA
4		B 型应急照明集中电源	OP-D-nkVA	工作电压 220VAC 50Hz、主电功耗 20W、防护等级 IP30、负载输出 216VAC 4 回路,功能说明:应急供电及控制、巡检、故障上传、报警显示	安装方式:落地安装 产品尺寸:1500×560×490	n 可选:1kVA、3kVA
5		A 型中型标志灯——疏散出口	OP-BLJC-Ⅱ-1W	36VDC 1W IP30 可寻址、巡检、常亮、频闪	壁挂安装 369×131×8	
6		A 型中型标志灯——安全出口	OP-BLJC-Ⅱ-1W	36VDC 1W IP30 可寻址、巡检、常亮、频闪	壁挂安装 369×131×8	
7		A 型中型标志灯——向左	OP-BLJC-Ⅱ-1W	36VDC 1W IP30 可寻址、巡检、常亮、频闪	壁挂安装 369×131×8	
8		A 型中型标志灯——向右	OP-BLJC-Ⅱ-1W	36VDC 1W IP30 可寻址、巡检、常亮、频闪	壁挂安装 369×131×8	
9		A 型中型标志灯——双向	OP-BLJC-Ⅱ-1W	36VDC 1W IP30 可寻址、巡检、常亮、频闪	壁挂安装 369×131×8	
10		A 型中型标志灯——信息可变	OP-BLJC-Ⅱ-1W	36VDC 1W IP30 可寻址、巡检、常亮、频闪	壁挂安装 369×131×8	
11		A 型中型标志灯——楼层	OP-BLJC-Ⅱ-1W	36VDC 1W IP30 可寻址、巡检、常亮、频闪	壁挂安装 369×131×8	
12		A 型中型标志灯——多信息复合	OP-BLJC-Ⅱ-1W	36VDC 1W IP30 可寻址、巡检、常亮、频闪	壁挂安装 369×131×8	
13		A 型中型标志灯——双面安全出口	OP-BLJC-Ⅱ-1W	36VDC 1W IP30 可寻址、巡检、常亮、频闪	壁挂安装 369×131×8	
14		A 型中型标志灯——双面单向	OP-BLJC-Ⅱ-1W	36VDC 1W IP30 可寻址、巡检、常亮、频闪	壁挂安装 369×131×8	
15		A 型中型标志灯——双面双向	OP-BLJC-Ⅱ-1W	36VDC 1W IP30 可寻址、巡检、常亮、频闪	壁挂安装 369×131×8	
16		A 型中型标志灯——单面单向	OP-BLJC-Ⅱ-1W	36VDC 1W IP30 可寻址、巡检、常亮、频闪	壁挂/吊装 800×300×13	
17		A 型大型标志灯——疏散出口	OP-BLJC-Ⅲ-3W	36VDC 3W IP30 可寻址、巡检、常亮、频闪	壁挂/吊装 800×300×13	
18		A 型大型标志灯——安全出口	OP-BLJC-Ⅲ-3W	36VDC 3W IP30 可寻址、巡检、常亮、频闪	壁挂/吊装 800×300×13	
19		A 型大型标志灯——向左	OP-BLJC-Ⅲ-3W	36VDC 3W IP30 可寻址、巡检、常亮、频闪	壁挂/吊装 800×300×13	
20		A 型大型标志灯——向右	OP-BLJC-Ⅲ-3W	36VDC 3W IP30 可寻址、巡检、常亮、频闪	壁挂/吊装 800×300×13	
21		A 型大型标志灯——双向	OP-BLJC-Ⅲ-3W	36VDC 3W IP30 可寻址、巡检、常亮、频闪	壁挂安装 400×150×40	
22		IP65 标志灯——安全出口	OP-BLJC-Ⅰ-1W	36VDC 1W IP65 可寻址、巡检、常亮、频闪	壁挂安装 400×150×40	
23		IP65 标志灯——向左	OP-BLJC-Ⅰ-1W	36VDC 1W IP65 可寻址、巡检、常亮、频闪	壁挂安装 400×150×40	
24		IP65 标志灯——向右	OP-BLJC-Ⅰ-1W	36VDC 1W IP65 可寻址、巡检、常亮、频闪	壁挂安装 400×150×40	
25		IP65 标志灯——双向	OP-BLJC-Ⅰ-1W	36VDC 1W IP65 可寻址、巡检、常亮、频闪		

集中电源集中控制型系统产品选型一览表（一）		图号	YJZM1-4
欧普照明股份有限公司		页	4

序号	图例	名称	型号	规格说明	安装方式(单位:mm) (长×宽×高)	备注
26	⊕	地埋标志灯——双向	OP-BLJC-Ⅰ-0.5W	工作电压 36VDC、主电功耗 0.5W、防护等级 IP67、功能说明:可寻址、巡检、常亮	安装:地埋 尺寸:φ170×37	
27	⊕	地埋标志灯——单向	OP-BLJC-Ⅰ-0.5W	工作电压 36VDC、主电功耗 0.5W、防护等级 IP67、功能说明:可寻址、巡检、常亮	安装:地埋 尺寸:φ170×37	
28	Ⓔ5W	A 型应急筒灯——嵌装	OP-ZFJC-E5W	工作电压 36VDC、主电功耗 5W、色温:□4000K/□5700K、防护等级 IP30、光通量 400lm	安装方式:嵌入 开孔直径 80 产品尺寸:φ105×26	
29	Ⓔ7W	A 型应急筒灯——嵌装	OP-ZFJC-E7W	工作电压 36VDC、主电功耗 7W、色温:□4000K/□5700K、防护等级 IP30、光通量 550lm	安装方式:嵌入 开孔直径 100 产品尺寸:φ120×83	
30	Ⓔ10W	A 型应急筒灯——嵌装	OP-ZFJC-E10W	工作电压 36VDC、主电功耗 10W、色温:□4000K/□5700K、防护等级 IP30、光通量 800lm	安装方式:嵌入 开孔直径 125 产品尺寸:φ145×83	
31	ⓛE7W	A 型应急筒灯——嵌装-雷达	OP-ZFJC-E7W	工作电压 36VDC、主电功耗 7W、色温:□4000K/□5700K、防护等级 IP30、光通量 550lm	安装方式:嵌入 开孔直径 100 产品尺寸:φ120×83	带有人体感应功能在火灾状态下灯具强制点亮
32	ⓛE10W	A 型应急筒灯——嵌装-雷达	OP-ZFJC-E10W	工作电压 36VDC、主电功耗 10W、色温:□4000K/□5700K、防护等级 IP30、光通量 800lm	安装方式:嵌入 开孔直径 125 产品尺寸:φ145×83	带有人体感应功能在火灾状态下灯具强制点亮
33	Ⓔ	A 型应急筒灯——吸顶、壁装	OP-ZFJC-E5W	工作电压 36VDC、主电功耗 5W、色温:□4000K/□5700K、防护等级 IP30、光通量 400lm	安装方式:吸顶、壁装 产品尺寸:120×120×37	
34	Ⓔ9W	A 型应急射灯	OP-ZFJC-E9W	工作电压 36VDC、主电功耗 9W、色温:□3000K/□4000K、防护等级 IP30、光通量 400lm	安装方式:嵌入 开孔直径 75 产品尺寸:φ82×90	
35	E	A 型应急吸顶灯	OP-ZFJC-E10W	工作电压 36VDC、主电功耗 10W、色温:□4000K/□5700K、防护等级 IP40、光通量 800lm	安装方式:吸顶 产品尺寸:φ260×89	
36	LE	A 型应急吸顶灯——雷达	OP-ZFJC-E10W	工作电压 36VDC、主电功耗 10W、色温:□4000K/□5700K、防护等级 IP40、光通量 800lm	安装方式:吸顶 产品尺寸:φ260×89	带有人体感应功能在火灾状态下灯具强制点亮
37	E	A 型应急三防支架灯	OP-ZFJC-E15W	工作电压 36VDC、主电功耗 15W、色温:□4000K/□5700K、防护等级 IP65、光通量 1200lm	安装方式:吊链、吸顶 产品尺寸:1194×48×48	
38	LE	A 型应急三防支架灯——雷达	OP-ZFJC-E15W	工作电压 36VDC、主电功耗 15W、色温:□4000K/□5700K、防护等级 IP65、光通量 1200lm	安装方式:吊链、吸顶 产品尺寸:1194×48×48	带有人体感应功能在火灾状态下灯具强制点亮
39	E30W	B 型应急泛光灯	OP-ZFJC-E30W	工作电压 216VDC、主电功耗 30W、色温:5700K、光束角 80°、防护等级 IP66、光通量 3000lm	安装方式:壁挂 产品尺寸:155×150×36	
40	E50W	B 型应急泛光灯	OP-ZFJC-E50W	工作电压 216VDC、主电功耗 50W、色温:5700K、光束角 80°、防护等级 IP66、光通量 4700lm	安装方式:壁挂 产品尺寸:195×185×36	
41	E100W	B 型应急泛光灯	OP-ZFJC-E100W-220V-MTG01	工作电压 216VDC、主电功耗 100W、色温:5700K、光束角 80°、防护等级 IP66、光通量 8800lm	安装方式:壁挂 产品尺寸:270×260×36	
42	Ⓔ100W	B 型应急天棚灯	OP-ZFJC-E100W-220V-MTP01	216VDC、主电功耗 100W、色温:□4000K/□5700K、光束角 100°、防护等级 IP65、抗冲击等级 IK08、防腐等级 WF2、光通量 13000lm	安装方式:吊装 产品尺寸:φ350×77	
43	Ⓔ150W	B 型应急天棚灯	OP-ZFJC-E150W	216VDC、主电功耗 150W、色温:□4000K/□5700K、光束角 100°、防护等级 IP65、抗冲击等级 IK08、防腐等级 WF2、光通量 19500lm	安装方式:吊装 产品尺寸:φ350×77	

集中电源集中控制型系统产品选型一览表（二）	图号	YJZM1-5
欧普照明股份有限公司	页	5

AC220V
市电检测
系统通信总线

W1~W4

消防供电:
引自消防配电箱:WDZN-BYJ-3×2.5 mm²

市电检测:
引自正常照明配电箱:WDZN-BYJ-3×1.5 mm²

信号通信:
引自应急照明控制器:NH-RVSP-2×1.5mm²

箱体编号: 2ALE1   DC36V输出
功率: 0.3kVA/0.6kVA/1kVA

| | | W1: WDZN-BYJ-2×2.5 mm²-SC20 |
| 10A | 6A | W2: 应急疏散指示回路 WDZN-BYJ-2×2.5 mm²-SC20 |

市电检测
控制显示单元 / 智能灯控模块

通信模块

充电单元

DC36V

W1: WDZN-BYJ-2×2.5 mm²-SC20
W2: 应急疏散指示回路 WDZN-BYJ-2×2.5 mm²-SC20
W3: 应急疏散指示回路 WDZN-BYJ-2×2.5 mm²-SC20
W4: 应急疏散指示回路 WDZN-BYJ-2×2.5 mm²-SC20
W5: 应急疏散指示回路 WDZN-BYJ-2×2.5 mm²-SC20
W6: 应急疏散地埋指示回路 WDZN-BYJ-2×2.5 mm²-SC20
W6: 应急疏散地埋指示回路

尺寸: 长×宽×高
550mm×220mm×750mm(0.3kVA/0.6kVA)
600mm×290mm×750mm(1kVA)

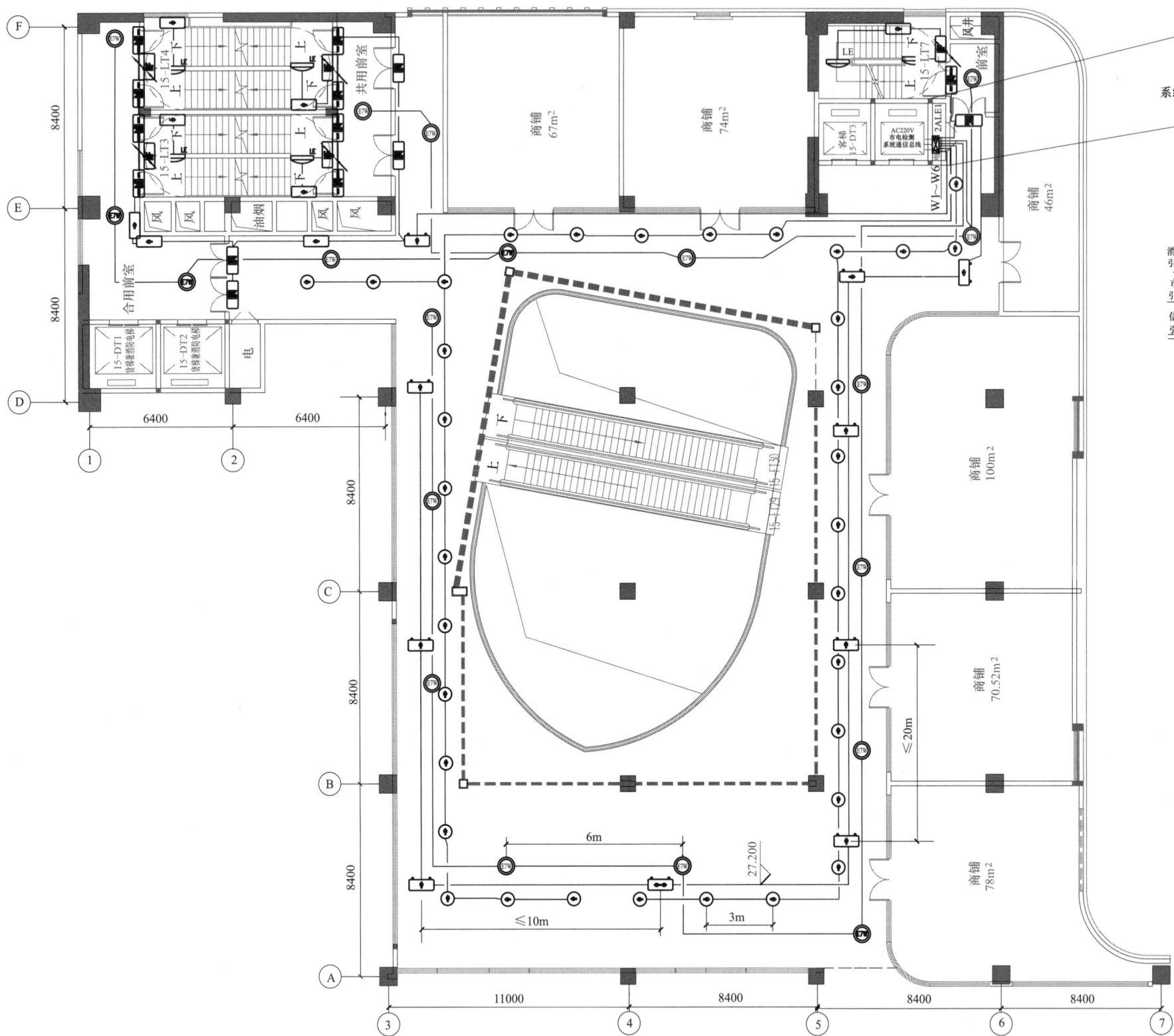

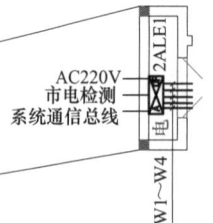

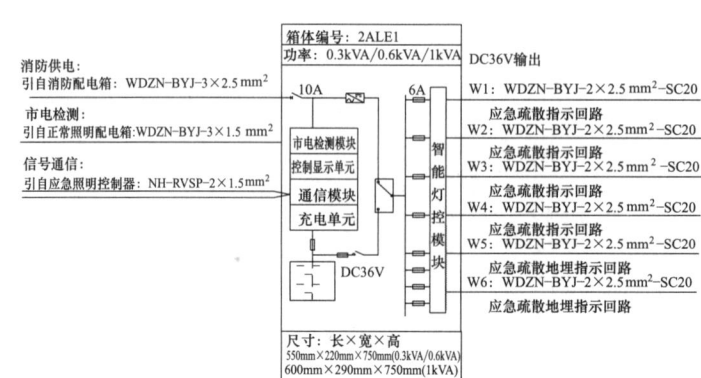

A型应急照明集中电源系统图(8回路)

消防应急照明典型场景照度模拟表

区域	最低照度	实测照度	灯具	光通量	灯具布置间距	安装高度
走道	3lx	3.1lx	7W筒灯	550lm	6m	3.2m
楼梯间	5lx(非火灾状态时50lx)	8.8lx	10W吸顶灯	800lm	单灯	3.2m

图例	说明	功能描述
	OP-BLJC-Ⅱ-1W	A型中型标志灯——安全出口
	OP-BLJC-Ⅱ-1W	A型中型标志灯——疏散出口
	OP-BLJC-Ⅱ-1W	A型中型标志灯——楼层
	OP-BLJC-Ⅱ-1W	A型中型标志灯——单向
	OP-BLJC-Ⅱ-1W	A型中型标志灯——双面单向
	OP-BLJC-Ⅱ-1W	A型中型标志灯——双面双向
	OP-ZFJC-E7W	A型应急筒灯——嵌装
	OP-ZFJC-E10W	A型应急吸顶灯——雷达
	OP-D-nkVA	A型应急照明集中电源

商铺 67m²
商铺 74m²
商铺 46m²
商铺 106m²
商铺 70.52m²
商铺 78m²

合用前室
共用前室
客梯 15-DT5
风井
油烟
合用前室
电

15-DT1 疏散楼梯电梯厅
15-DT2 疏散楼梯电梯厅

15-LT4 15-LT3 15-LT7
15-LT1 15-LT12

8400 8400 8400 8400 8400 8400
6400 6400
11000 8400 8400 8400
27.200
≤20m
6m
≤10m
3m

| 商业综合体应急照明平面图（工程实例一） | 图号 | YJZM1-6 |
| 欧普照明股份有限公司 | 页 | 6 |

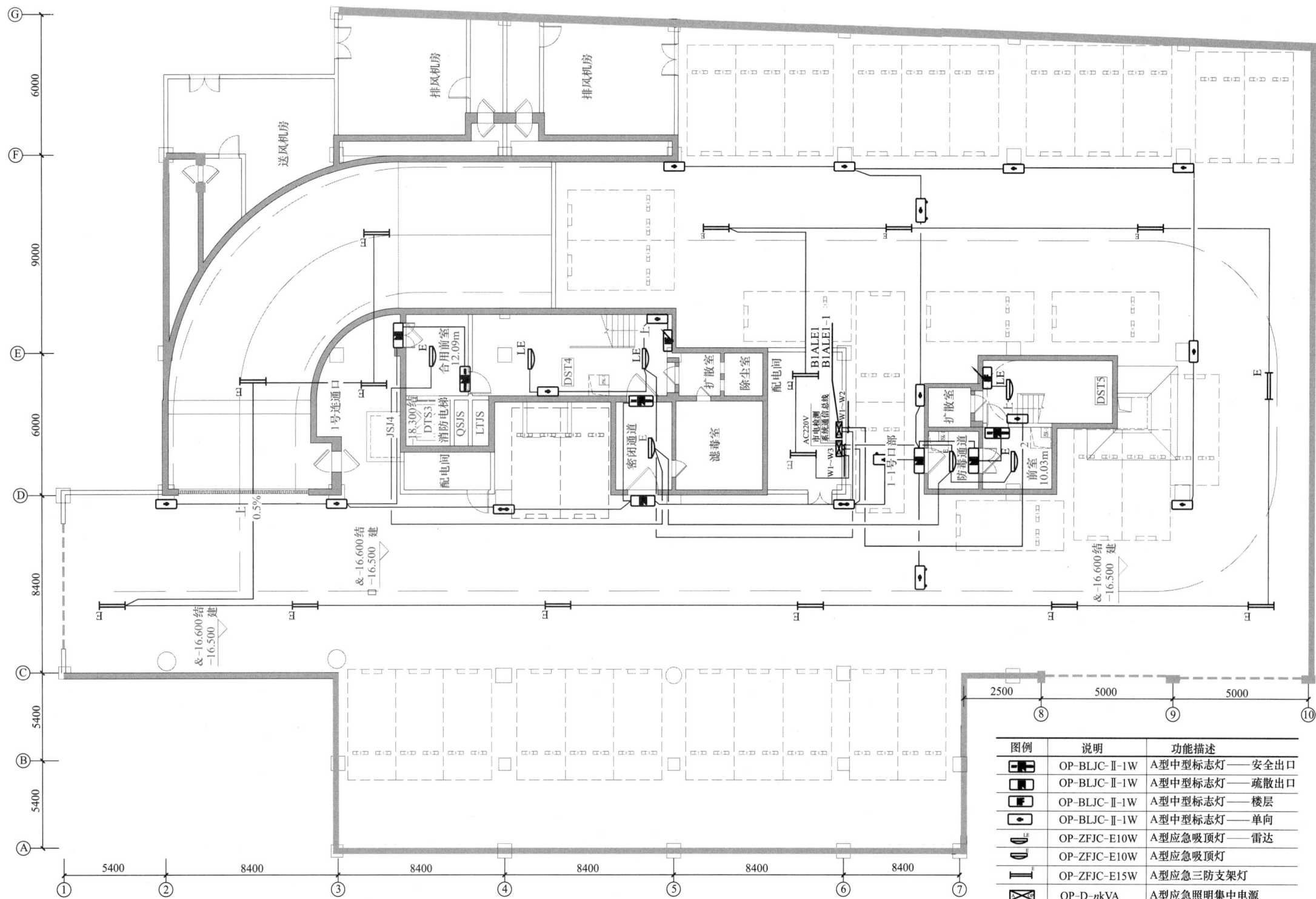

排风机房
排风机房
送风机房
合用前室
消防电梯
1号连通道
0.5%
配电间
密闭通道
遮毒室
扩散室
除尘室
配电间
防烟通道
前室
扩散室

&-16.600结建
-16.500
&-16.600结建
-16.500
&-16.600结建
-16.500
&-16.600结建
-16.500

2500 | 5000 | 5000

图例	说明	功能描述
	OP-BLJC-Ⅱ-1W	A型中型标志灯——安全出口
	OP-BLJC-Ⅱ-1W	A型中型标志灯——疏散出口
	OP-BLJC-Ⅱ-1W	A型中型标志灯——楼层
	OP-BLJC-Ⅱ-1W	A型中型标志灯——单向
	OP-ZFJC-E10W	A型应急吸顶灯——雷达
	OP-ZFJC-E10W	A型应急吸顶灯
	OP-ZFJC-E15W	A型应急三防支架灯
	OP-D-nkVA	A型应急照明集中电源

消防应急照明典型场景照度模拟表

区域	最低照度	实测照度	灯具	光通量	灯具布置间距	安装高度
车库	1lx	1.3lx	15W三防灯	1200lm	12m	2.6m
楼梯间	5lx(非火灾状态时50lx)	8.8lx	10W筒灯	800lm	单灯	3.2m

商业综合体地下车库应急照明平面图（工程实例一）	图号	YJZM1-7
欧普照明股份有限公司	页	7

9

消防应急照明典型场景照度模拟表

区域	最低照度	实测照度	灯具	光通量	灯具布置间距	安装高度
走道	3lx	4.5lx	10W筒灯	800lm	8m	3m
电影院	3lx	6.6lx	15W筒灯	1400lm	8m	11m

图例	说明	功能描述
	OP-BLJC-Ⅱ-1W	A型中型标志灯——安全出口
	OP-BLJC-Ⅱ-1W	A型中型标志灯——疏散出口
	OP-BLJC-Ⅱ-1W	A型中型标志灯——楼层
	OP-BLJC-Ⅱ-1W	A型中型标志灯——单向
	OP-BLJC-Ⅱ-1W	A型中型标志灯——双面单向
	OP-ZFJC-E15W	B型应急筒灯——吸顶
	OP-BLJC-I-0.5W	地埋标志灯——单向
	OP-ZFJC-E10W	A型应急筒灯——嵌装
	OP-D-nkVA	A型应急照明集中电源
	OP-D-nkVA	B型应急照明集中电源

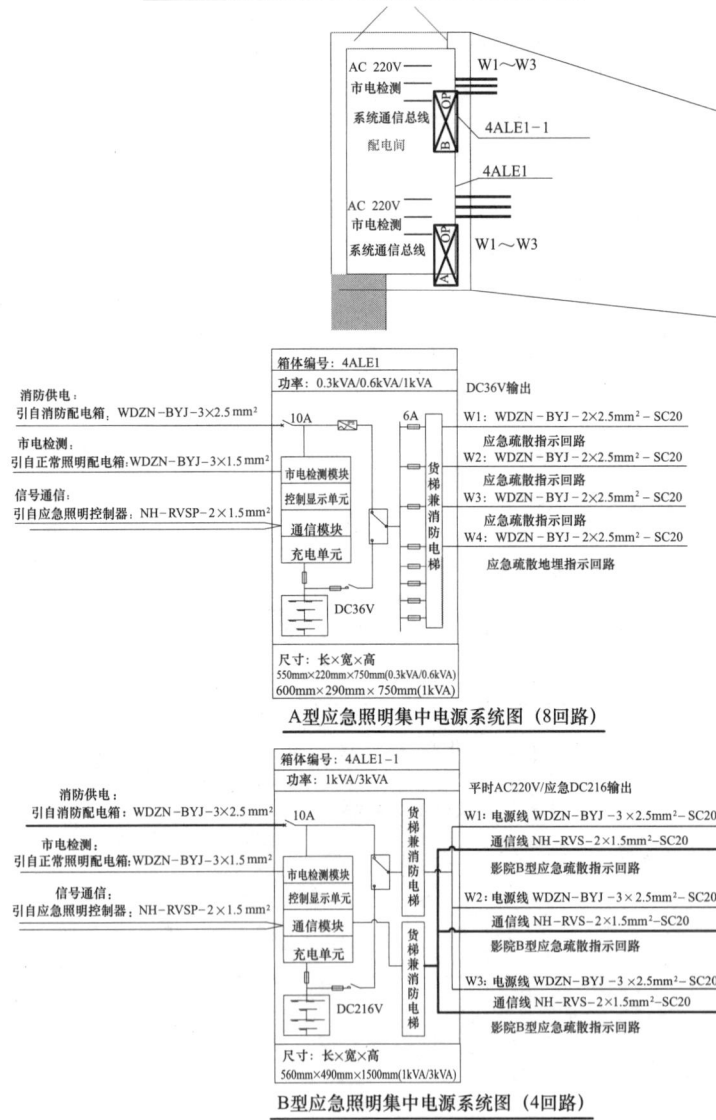

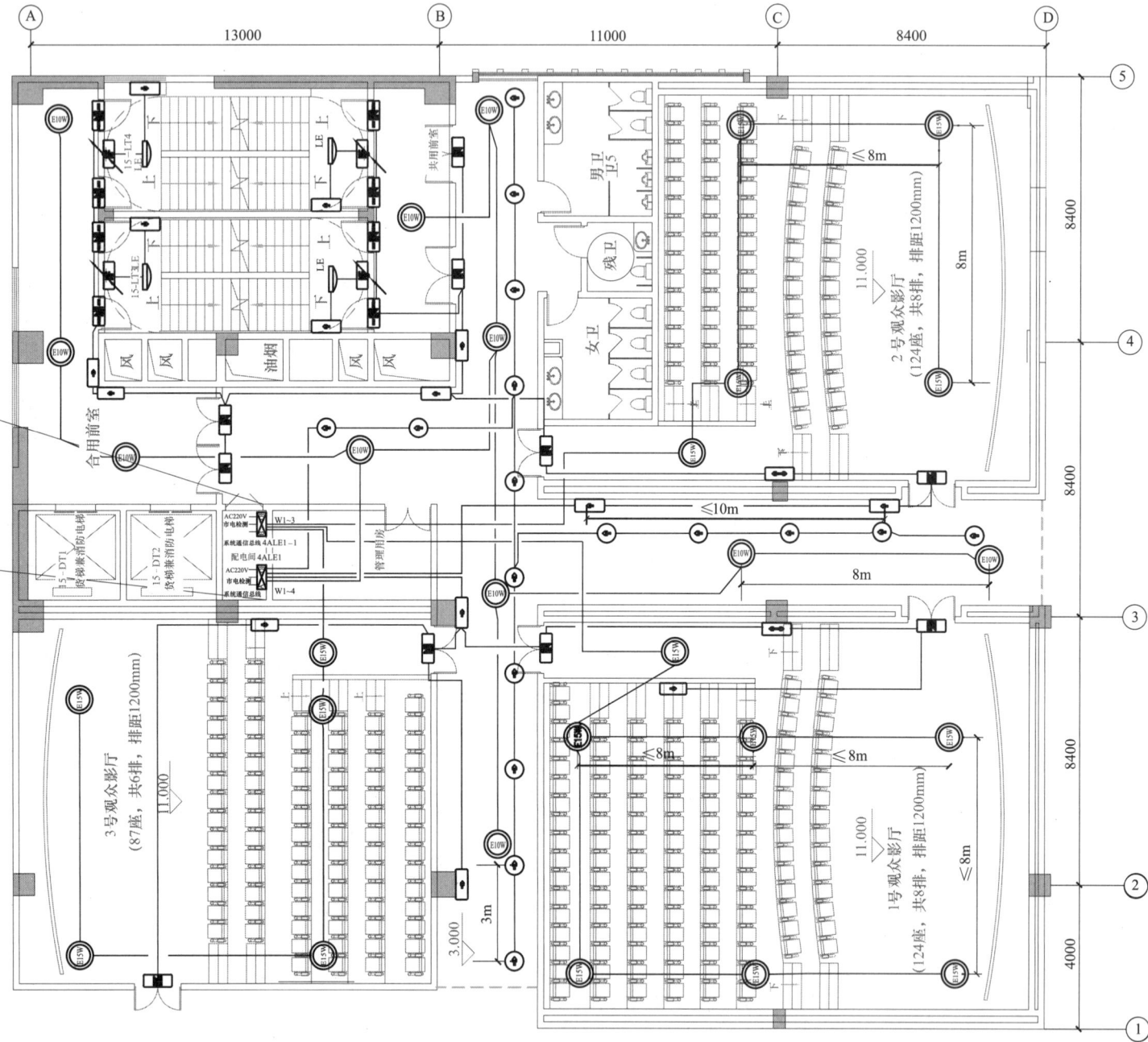

AC 220V
市电检测
系统通信总线
配电间
W1~W3
4ALE1-1
4ALE1

AC 220V
市电检测
系统通信总线
W1~W3

A型应急照明集中电源系统图（8回路）

箱体编号：4ALE1
功率：0.3kVA/0.6kVA/1kVA

消防供电：引自消防配电箱，WDZN-BYJ-3×2.5mm²
市电检测：引自正常照明配电箱；WDZN-BYJ-3×1.5mm²
信号通信：引自应急照明控制器；NH-RVSP-2×1.5mm²

市电检测模块
控制显示单元
通信模块
充电单元
DC36V
货梯兼消防电梯

DC36V输出
W1: WDZN-BYJ-2×2.5mm²-SC20 应急疏散指示回路
W2: WDZN-BYJ-2×2.5mm²-SC20 应急疏散指示回路
W3: WDZN-BYJ-2×2.5mm²-SC20 应急疏散指示回路
W4: WDZN-BYJ-2×2.5mm²-SC20 应急疏散地埋指示回路

尺寸：长×宽×高
550mm×220mm×750mm(0.3kVA/0.6kVA)
600mm×290mm×750mm(1kVA)

B型应急照明集中电源系统图（4回路）

箱体编号：4ALE1-1
功率：1kVA/3kVA

消防供电：引自消防配电箱，WDZN-BYJ-3×2.5mm²
市电检测：引自正常照明配电箱；WDZN-BYJ-3×1.5mm²
信号通信：引自应急照明控制器；NH-RVSP-2×1.5mm²

市电检测模块
控制显示单元
通信模块
充电单元
DC216V
货梯兼消防电梯

平时AC220V/应急DC216输出
W1: 电源线 WDZN-BYJ-3×2.5mm²-SC20
通信线 NH-RVS-2×1.5mm²-SC20
影院B型应急疏散指示回路
W2: 电源线 WDZN-BYJ-3×2.5mm²-SC20
通信线 NH-RVS-2×1.5mm²-SC20
影院B型应急疏散指示回路
W3: 电源线 WDZN-BYJ-3×2.5mm²-SC20
通信线 NH-RVS-2×1.5mm²-SC20
影院B型应急疏散指示回路

尺寸：长×宽×高
560mm×490mm×1500mm(1kVA/3kVA)

平面图标注：
13000　11000　8400
8400　8400　4000

2号观众影厅（124座，共8排，排距1200mm）
3号观众影厅（87座，共6排，排距1200mm）
1号观众影厅（124座，共8排，排距1200mm）
男卫　女卫　残卫
合用前室　前室
配电间 4ALE1
货梯兼消防电梯
风　消烟

商业综合体影院应急照明平面图（工程实例一）	图号	YJZM1-8
欧普照明股份有限公司	页	8

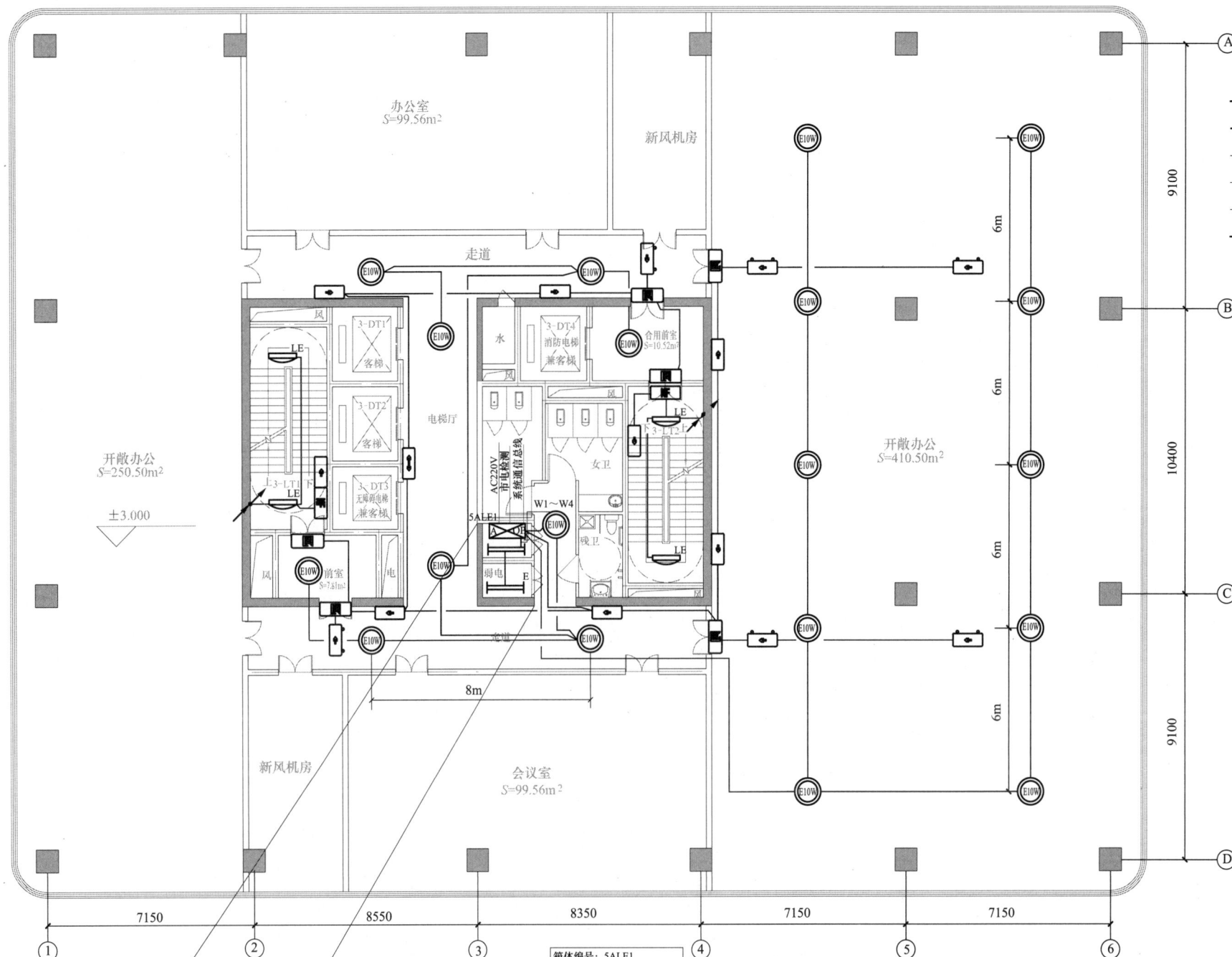

消防应急照明典型场景照度模拟表

区域	最低照度	实测照度	灯具	光通量	灯具布置间距	安装高度
办公区	3lx	3.1lx	10W筒灯	800lm	6m	3m
走道	3lx	4.5lx	10W筒灯	800lm	8m	3m

图例	说明	功能描述
	OP-BLJC-Ⅱ-1W	A型中型标志灯——安全出口
	OP-BLJC-Ⅱ-1W	A型中型标志灯——疏散出口
	OP-BLJC-Ⅱ-1W	A型中型标志灯——楼层
	OP-BLJC-Ⅱ-1W	A型中型标志灯——单向
	OP-BLJC-Ⅱ-1W	A型中型标志灯——双向
	OP-BLJC-Ⅱ-1W	A型中型标志灯——双面单向
	OP-BLJC-Ⅱ-1W	A型中型标志灯——双面双向
	OP-ZFJC-E10W	A型应急吸顶灯——雷达
	OP-ZFJC-E10W	A型应急筒灯——嵌装
	OP-ZFJC-E15W	A型应急三防支架灯
	OP-D-nkVA	A型应急照明集中电源

注:
建筑面积大于400m² 以上需要设置应急照明。

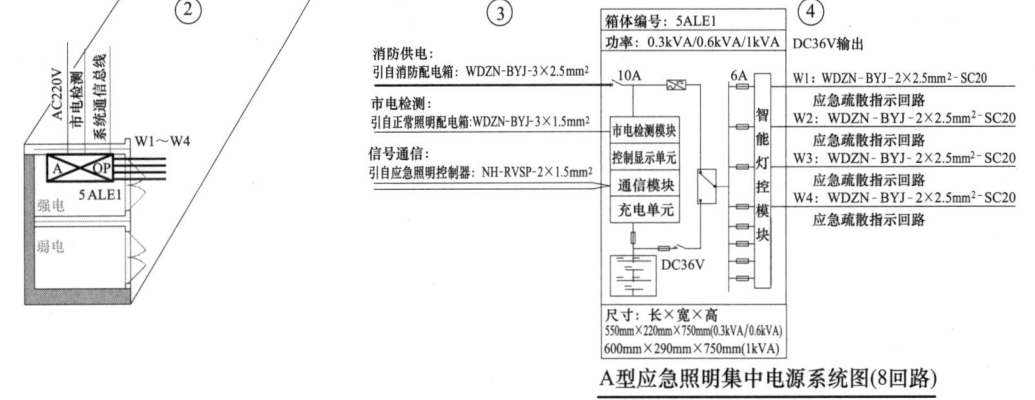

办公室
S=99.56m²

新风机房

走道

开敞办公
S=250.50m²

±3.000

开敞办公
S=410.50m²

电梯厅

合用前室
S=10.52m²

客梯

消防电梯
兼客梯

无障碍兼
客梯

女卫

男卫

新风机房

会议室
S=99.56m²

前室
S=7.51m²

5ALE1

AC220V
市电检测
系统通信总线

W1～W4

弱电

8m

9100

10400

9100

6m

6m

6m

6m

6m

6m

7150 8550 8350 7150 7150

箱体编号: 5ALE1
功率: 0.3kVA/0.6kVA/1kVA   DC36V输出

消防供电:
引自消防配电箱:WDZN-BYJ-3×2.5mm²

市电检测:
引自正常照明配电箱:WDZN-BYJ-3×1.5mm²

信号通信:
引自应急照明控制器:NH-RVSP-2×1.5mm²

10A

市电检测模块
控制显示单元
通信模块
充电单元

6A

智能灯控模块

W1: WDZN-BYJ-2×2.5mm²-SC20
应急疏散指示回路
W2: WDZN-BYJ-2×2.5mm²-SC20
应急疏散指示回路
W3: WDZN-BYJ-2×2.5mm²-SC20
应急疏散指示回路
W4: WDZN-BYJ-2×2.5mm²-SC20
应急疏散指示回路

DC36V

尺寸: 长×宽×高
550mm×220mm×750mm(0.3kVA/0.6kVA)
600mm×290mm×750mm(1kVA)

A型应急照明集中电源系统图(8回路)

AC220V
市电检测
系统通信总线

W1～W4

强电

5ALE1

弱电

商业综合体办公楼应急照明平面图(工程实例一)	图号	YJZM1-9
欧普照明股份有限公司	页	9

11

主机放置于配电间

A型应急照明集中电源
OP-D-0.6kVA
ALE1

AC220V /50Hz
WDZN-BYJ-3×2.5mm²
市电检测
WDZN-BYJ-3×1.5mm²

NH-RVSP-2×1.5mm²-SC15通信总线

火灾报警控制器
或火灾报警控制器(联动型)

火灾报警输出信号

OPPLE
OP-C

AC220V 50Hz

应急照明控制器(壁挂式)

活动室
14m²

餐厅
±3.200

≤10m

3m

6m

≤10m

包间1
17m²

包间2
16.5m²

系统通信总线

配电间
3.6m²

办公室、订单间
5.5m²

W1~W4
市电检测
AC220V
ALE1

8000 8000 6000

① ② ③ ④

系统通信总线

W1~W4

应急照明控制器(壁挂式)

市电检测
AC220V
ALE1
配电间
3.6m²

火灾报警

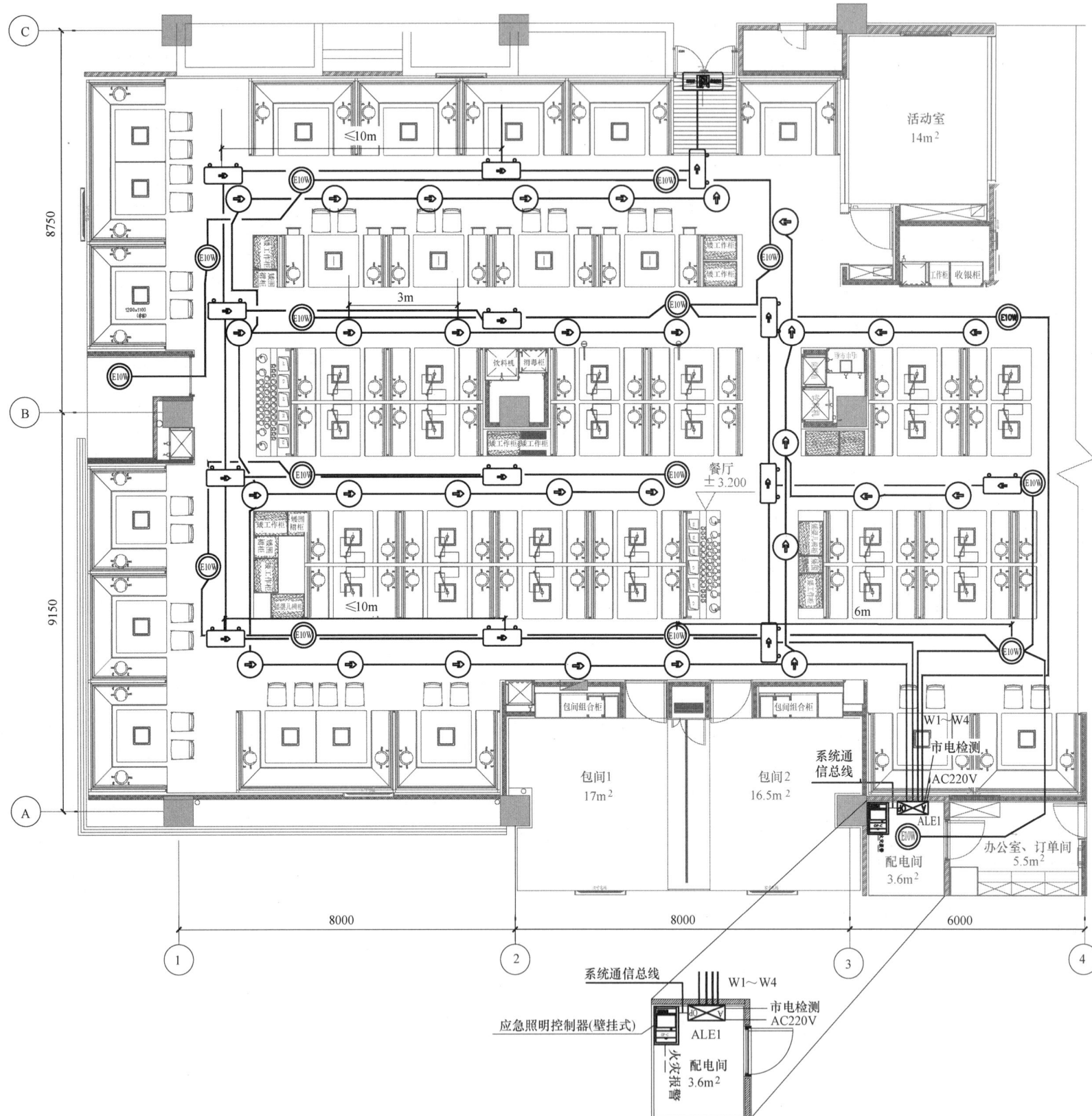

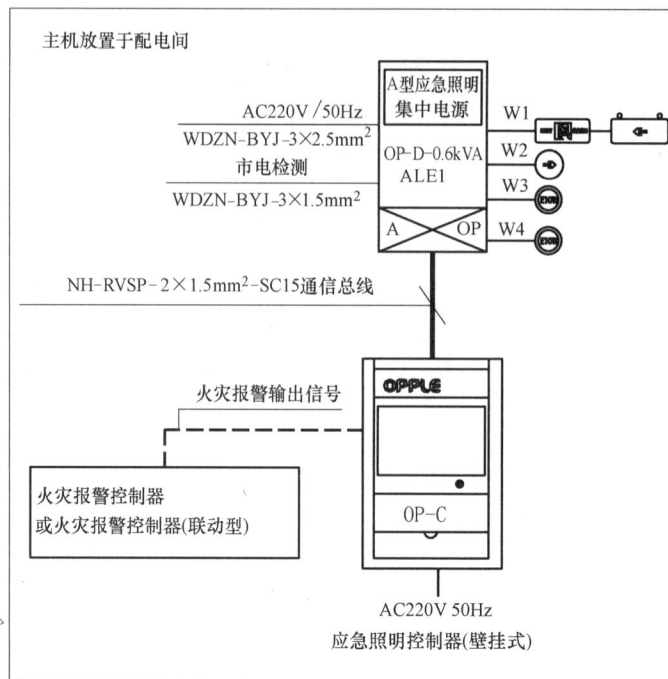

图例	说明	功能描述
	OP-BLJC-Ⅱ-1W	A型中型标志灯——安全出口
	OP-BLJC-Ⅱ-1W	A型中型标志灯——双面单向
	OP-ZFJC-E10W	A型应急筒灯——嵌装
	OP-BLJC-Ⅰ-0.5W	地埋标志灯——单向
	OP-D-nkVA	A型应急照明集中电源
	OP-C	应急照明控制器(壁挂式)

消防应急照明典型场景照度模拟表

区域	最低照度	实测照度	灯具	光通量	灯具布置间距	安装高度
走道	3lx	8.9lx	10W筒灯	800lm	6m	3.2m

注:
综合体内有一些大型店铺会独立设置一套集中控制型消防应急照明
与疏散指示系统,如超市、餐饮等。

商业综合体连锁餐饮应急照明平面图(工程实例一)	图号	YJZM1-10
欧普照明股份有限公司	页	10

报警阀间
热力室

20m

20m

24m

24m

钢柱间距10m 钢柱间距10m 钢柱间距10m

储存区(丙2类)
防火分区1-B
S=4030.15m²
±10.000

叉车暂停区
W1~W2
配电间
1ALE1-1 1ALE1

AC220V
市电检测
系统通信总线

AC220V
市电检测
系统通信总线

A | 10000
B | 10000
C | 24m
D | 10000
E | 10000

10000 | 10000 | 10000 | 10000 | 10000 | 10000 | 10000 | 10000

① ② ③ ④ ⑤ ⑥ ⑦ ⑧ ⑨

A型应急照明集中电源系统图(8回路)

箱体编号：1ALE1
功率：0.3kVA/0.6kVA/1kVA

消防供电：
引自消防配电箱：
WDZN-BYJ-3×2.5mm²
市电检测：
引自正常照明配电箱：
WDZN-BYJ-3×1.5mm²
信号通信：
引自应急照明控制器：
NH-RVSP-2×1.5mm²

10A   6A
市电检测模块
控制显示单元
通信模块
充电单元

智能灯控模块

DC36V输出
W1: WDZN-BYJ-2×2.5mm²-SC20
应急疏散指示回路
W2: WDZN-BYJ-2×2.5mm²-SC20
应急疏散指示回路

DC36V

尺寸：长×宽×高
550mm×220mm×750mm(0.3kVA/0.6kVA)
600mm×290mm×750mm(1kVA)

B型应急照明集中电源系统图(4回路)

箱体编号：1ALE1-1
功率：1kVA/3kVA

消防供电：
引自消防配电箱：
WDZN-BYJ-3×2.5mm²
市电检测：
引自正常照明配电箱：
WDZN-BYJ-3×1.5mm²
信号通信：
引自应急照明控制器：
NH-RVSP-2×1.5mm²

10A
市电检测模块
控制显示单元
通信模块
充电单元

供电回路模块
通信回路模块

平时AC220V/应急DC216输出
W1: 电源线 WDZN-BYJ-3×2.5mm²-SC20
通信线 NH-RVS-2×1.5mm²-SC20
B型应急疏散指示回路
W2: 电源线 WDZN-BYJ-3×2.5mm²-SC20
通信线 NH-RVS-2×1.5mm²-SC20
B型应急疏散指示回路

DC216V

尺寸：长×宽×高
560mm×490mm×150mm(1kVA/3kVA)

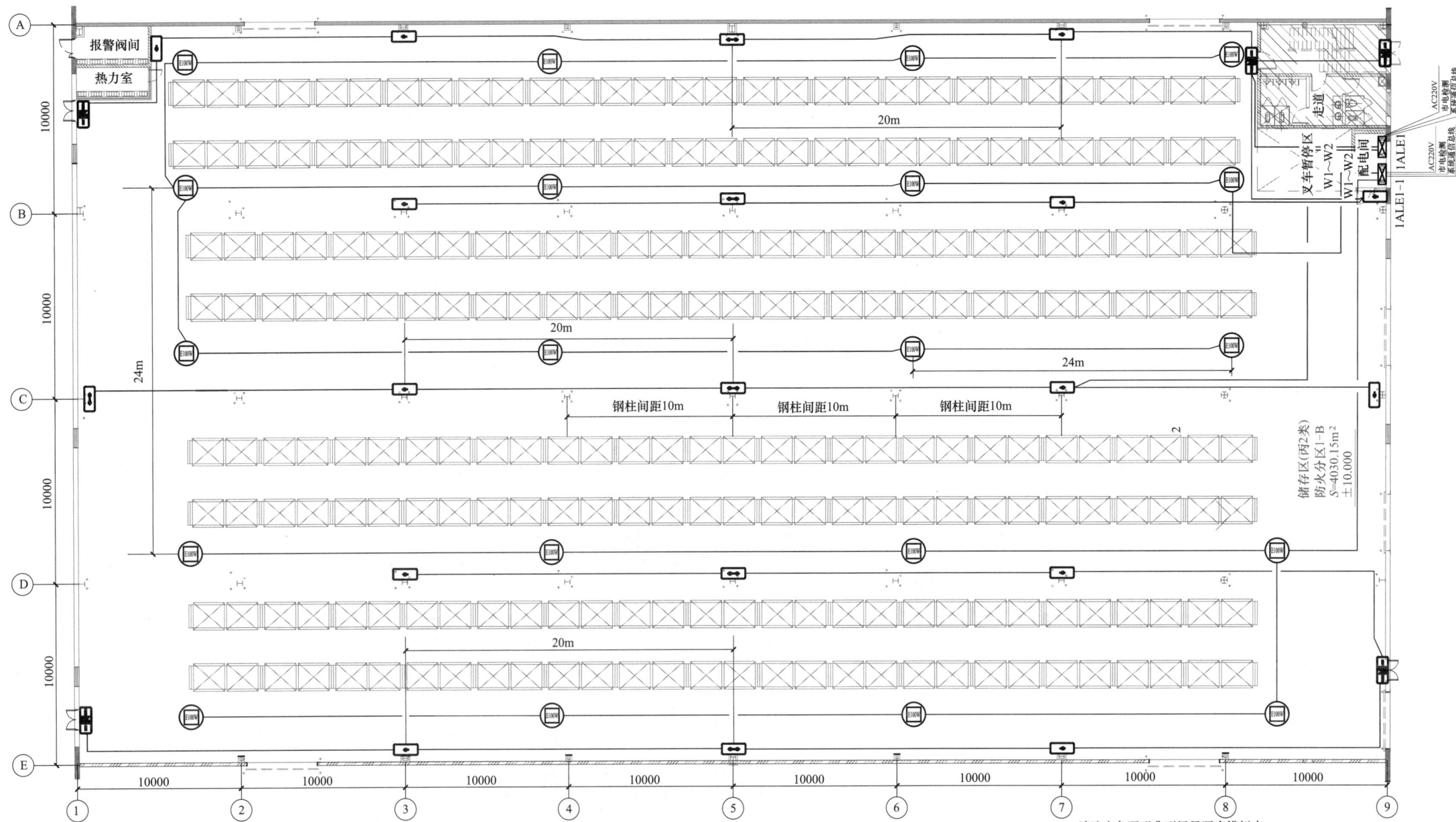

消防应急照明典型场景照度模拟表

区域	最低照度	实测照度	灯具	光通量	灯具布置间距	安装高度
仓库	3lx	9.9lx	100W天棚灯	13000lm	24m	10m

图例	说明	功能描述
	OP-BLJC-Ⅲ-3W	A型大型标志灯——安全出口
	OP-BLJC-Ⅲ-3W	A型大型标志灯——向左
	OP-BLJC-Ⅲ-3W	A型大型标志灯——双向
	OP-ZFJC-E100W -220V-MTP01	B型应急天棚灯
	OP-D-nkVA	A型应急照明集中电源
	OP-D-nkVA	B型应急照明集中电源

注：
规范要求(摘自《消防应急照明和疏散指示系统技术规范》GB 51309—2018)：
1.根据3.2.1 6 1)条，室内高度大于4.5m的场所，应选择特大型或大型标志灯。
2.仓库层高10m，采用B型应急照明灯具。

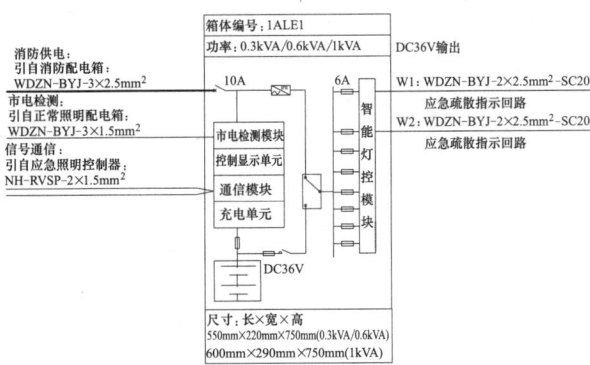

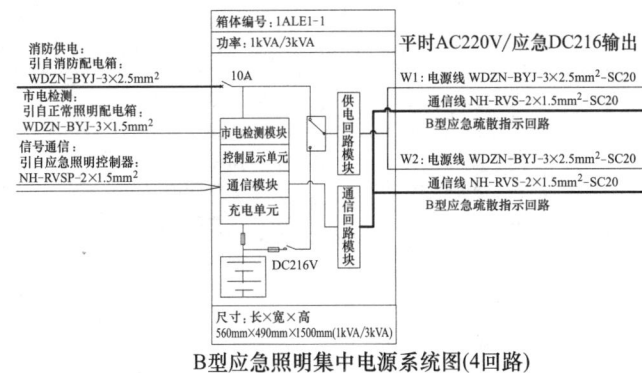

工业仓库应急照明平面图（工程实例二）	图号	YJZM1-11
欧普照明股份有限公司	页	11

13

洁净厂房应急照明平面图（工程实例三）

平面图标注：

- 氨水化学房 乙类2区
- 甲类化学房 甲类2区 N8
- 毒性气体房 2区 N8
- 腐蚀性气体房 2区 N8
- 可燃性气体房 甲类2区 N8
- 7号楼梯间
- 气体入口室 2区 N8
- 预留气体房 N8
- 惰性气体房 N8
- 扩大前室4 3.00
- 气体纯度分析室 N8
- 气体纯化室1 N8
- 研磨液化学房(原液供应) N8
- 气化区监控室 N8
- 加压送风机房3
- 洁净前室 3.00
- 8号楼梯间
- 气体纯化室2 N8
- 阀组间4
- 弱电间4
- 洁净生产区 N8
- ±2.500 684mm²

FM甲-1023b GFJM-3030 FM甲-1523b FM甲-1523b FM甲-1523b
FM乙-2123b FM甲-2123b FM甲-2123b FM甲-1523b FM乙-1523b FM乙-1523b
FM甲-1023b

1ALE1
AC220V 市电检测 系统通信总线
W1~W7

走廊7 3.00

6m ≤10m
12m 12m 12m ≤10m

轴线尺寸：6000×9 ; 竖向 14000 / 4000 / 6000 / 6000 / 6000

轴号横向 ①②③④⑤⑥⑦⑧⑨⑩ ; 纵向 A B C D E F

图例表

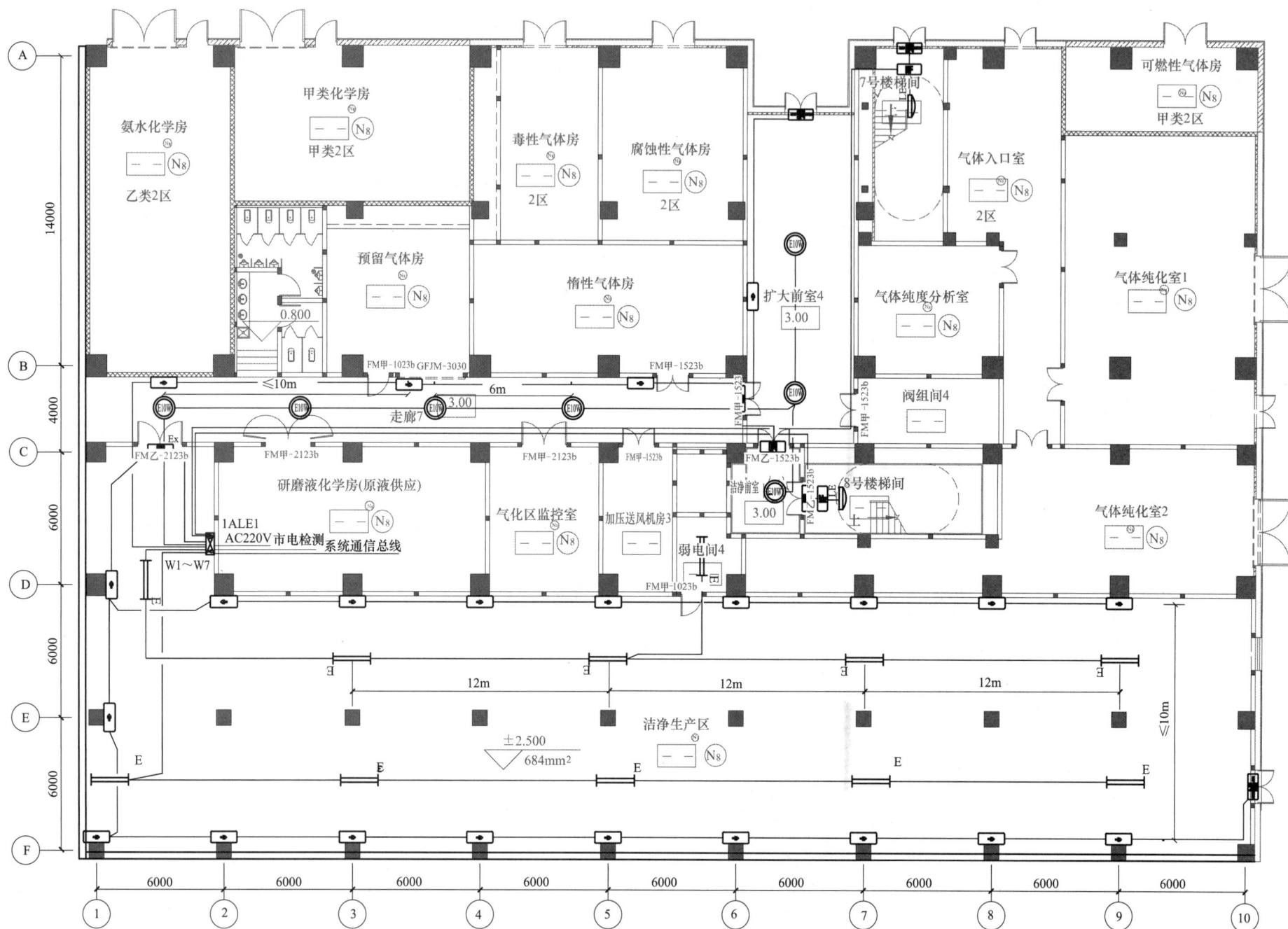

图例	说明	功能描述
	OP-BLJC-Ⅱ-1W	A型中型标志灯——安全出口
	OP-BLJC-Ⅱ-1W	A型中型标志灯——疏散出口
	OP-BLJC-Ⅱ-1W	A型中型标志灯——单向
	OP-BLJC-Ⅱ-1W	A型中型标志灯——楼层
	OP-ZFJC-E8W	A型应急洁净支架灯
	OP-ZFJC-E10W	A型应急吸顶灯——雷达
	OP-ZFJC-E10W	A型应急筒灯——嵌装
	OP-D-nkVA	A型应急照明集中电源

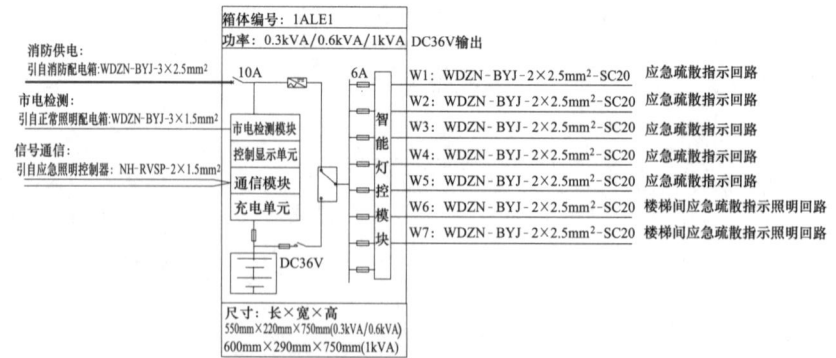

A型应急照明集中电源系统图(8回路)

箱体编号：1ALE1
功率：0.3kVA/0.6kVA/1kVA DC36V输出

消防供电：引自消防配电箱:WDZN-BYJ-3×2.5mm²
市电检测：引自正常照明配电箱:WDZN-BYJ-3×1.5mm²
信号通信：引自应急照明控制器:NH-RVSP-2×1.5mm²

10A 6A
市电检测模块
控制显示单元
通信模块
充电单元
智能灯控模块

DC36V

W1: WDZN-BYJ-2×2.5mm²-SC20 应急疏散指示回路
W2: WDZN-BYJ-2×2.5mm²-SC20 应急疏散指示回路
W3: WDZN-BYJ-2×2.5mm²-SC20 应急疏散指示回路
W4: WDZN-BYJ-2×2.5mm²-SC20 应急疏散指示回路
W5: WDZN-BYJ-2×2.5mm²-SC20 应急疏散指示回路
W6: WDZN-BYJ-2×2.5mm²-SC20 楼梯间应急疏散指示照明回路
W7: WDZN-BYJ-2×2.5mm²-SC20 楼梯间应急疏散指示照明回路

尺寸：长×宽×高
550mm×220mm×750mm(0.3kVA/0.6kVA)
600mm×290mm×750mm(1kVA)

消防应急照明典型场景照度模拟表

区域	最低照度	实测照度	灯具	光通量	灯具布置间距	安装高度
走道	3lx	3.0lx	5W防爆灯	300lm	6m	2.5m
生产区	3lx	3.3lx	8W洁净支架灯	600lm	12m	2.5m

洁净厂房应急照明平面图（工程实例三）	图号	YJZM1-12
欧普照明股份有限公司	页	12

体育馆-篮球场应急照明平面图（工程实例四）

平面图标注：

A B C D E F （纵向轴线，间距均为8400）

1 2 3 4 5 6 7 8 9 10 （横向轴线，间距均为8400）

±0.000 体育馆

≤24m

1ALE1 1ALE1-1

W1
AC220V 市电检测系统通信总线
AC220V 市电检测系统通信总线
W1 W2

A型应急照明集中电源系统图（8回路）

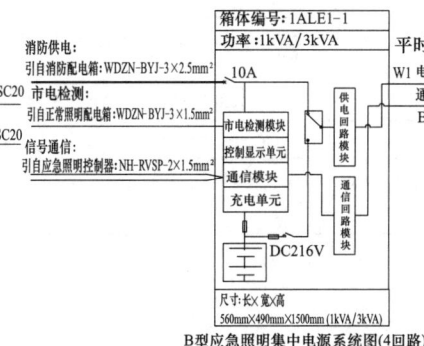

箱体编号：1ALE1
功率：0.3kVA/0.6kVA/1kVA   DC36V输出

消防供电：
引自消防配电箱：WDZN-BYJ-3×2.5mm²

市电检测：
引自正常照明配电箱：WDZN-BYJ-3×1.5mm²

信号通信：
引自应急照明控制器：NH-RVSP-2×1.5mm²

10A
6A
市电检测模块
控制显示单元
通信模块
充电单元
智能灯控模块

DC36V

W1:WDZN-BYJ-2×2.5mm²-SC20
应急疏散指示回路
W2:WDZN-BYJ-2×2.5mm²-SC20
应急疏散指示回路

尺寸：长×宽×高
550mm×220mm×750mm(0.3kVA/0.6kVA)
600mm×290mm×750mm(1kVA)

B型应急照明集中电源系统图（4回路）

箱体编号：1ALE1-1
功率：1kVA/3kVA   平时AC220V/应急DC216输出

消防供电：
引自消防配电箱：WDZN-BYJ-3×2.5mm²

市电检测：
引自正常照明配电箱：WDZN-BYJ-3×1.5mm²

信号通信：
引自应急照明控制器：NH-RVSP-2×1.5mm²

10A
市电检测模块
控制显示模块
通信模块
充电单元
供电回路模块
通信回路模块

DC216V

W1 电源线 WDZN-BYJ-3×2.5mm²-SC20
通信线 NH-RVS-2×1.5mm²-SC20
B型应急疏散指示回路

尺寸：长×宽×高
560mm×490mm×590mm(1kVA/3kVA)

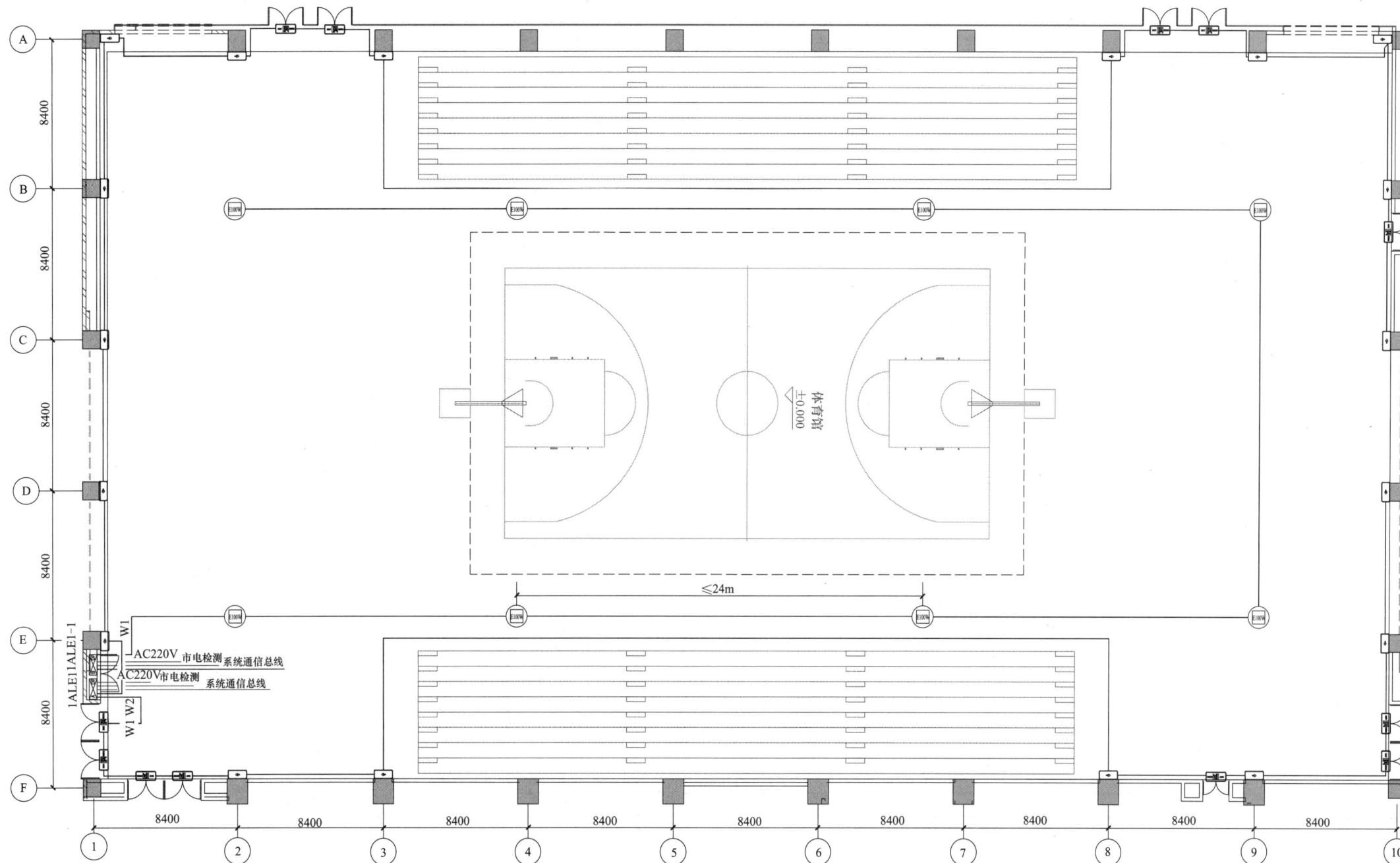

消防应急照明典型场景照度模拟表

区域	最低照度	实测照度	灯具	光通量	灯具布置间距	安装高度	平均照度
体育馆	3lx	9.9lx	100W天棚灯	13000lm	24m	10m	24lx

注：
体育馆层高10m，采用B型应急照明灯具。
规范要求（摘自《体育建筑电气设计规范》JGJ 354—2014）：
根据第9.1.4条，体育建筑的应急照明应符合下列规定：
观众席和运动场地安全照明的平均水平照度值不应低于20lx。

图例	说明	功能描述
	OP-BLJC-Ⅲ-3W	A型大型标志灯——安全出口
	OP-BLJC-Ⅲ-3W	A型大型标志灯——向左
	OP-BLJC-Ⅲ-3W	A型大型标志灯——双向
	OP-ZFJC-E100W-220V-MTP01	B型应急天棚灯
	OP-D-nkVA	A型应急照明集中电源
	OP-D-nkVA	B型应急照明集中电源

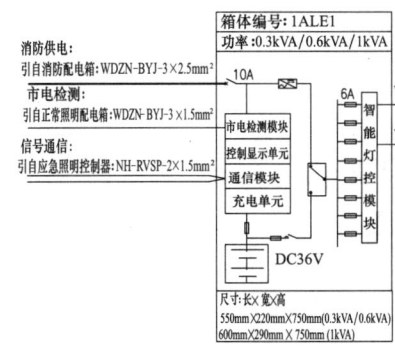

体育馆-篮球场应急照明平面图（工程实例四）	图号	YJZM1-13
欧普照明股份有限公司	页	13

① 7000 ② 7000 ③ 7000 ④ 7000 ⑤ 7000 ⑥ 7000 ⑦ 7000 ⑧

Ⓐ Ⓑ Ⓒ Ⓓ Ⓔ Ⓕ

7500 7500 7500 7500 7500

马道

E100W

24m

羽毛球场上空
▽10.000

24m

A型应急照明集中电源系统图(8回路)

箱体编号:1ALE1
功率:0.3kVA/0.6kVA/1kVA
DC36V输出
消防供电,引自消防配电箱:WDZN-BYJ-3×2.5mm²
市电检测,引自正常照明配电箱:WDZN-BYJ-3×1.5mm²
信号通信,引自应急照明控制器:NH-RVSP-2×1.5mm²
10A
6A W1:WDZN-BYJ-2×2.5mm²-SC20 应急疏散指示回路
市电检测模块
控制显示单元
通信模块
充电单元
智能灯控模块
DC36V
尺寸:长×宽×高
550mm×220mm×750m (0.3kVA/0.6kVA)
600mm×290mm×750m (1kVA)

B型应急照明集中电源系统图(4回路)

箱体编号:1ALE1-1
功率:1kVA/3kVA
平时AC220V/应急DC216输出
电源线 WDZN-BYJ-3×2.5mm²-SC20
通信线 NH-RVS-2×1.5mm²-SC20
B型应急疏散指示回路
消防供电,引自消防配电箱:WDZN-BYJ-3×2.5mm²
市电检测,引自正常照明配电箱:WDZN-BYJ-3×1.5mm²
信号通信,引自应急照明控制器:NH-RVSP-2×1.5mm²
10A
W1
市电检测模块
控制显示单元
通信模块
充电单元
供电回路模块
通信回路模块
DC216V
尺寸:长×宽×高
560mm×490mm×1500mm (1kVA/3kVA)

AC220V
市电检测
系统通信总线   1ALE1-1   W1
AC220V
市电检测
系统通信总线   1ALE1-1   W1

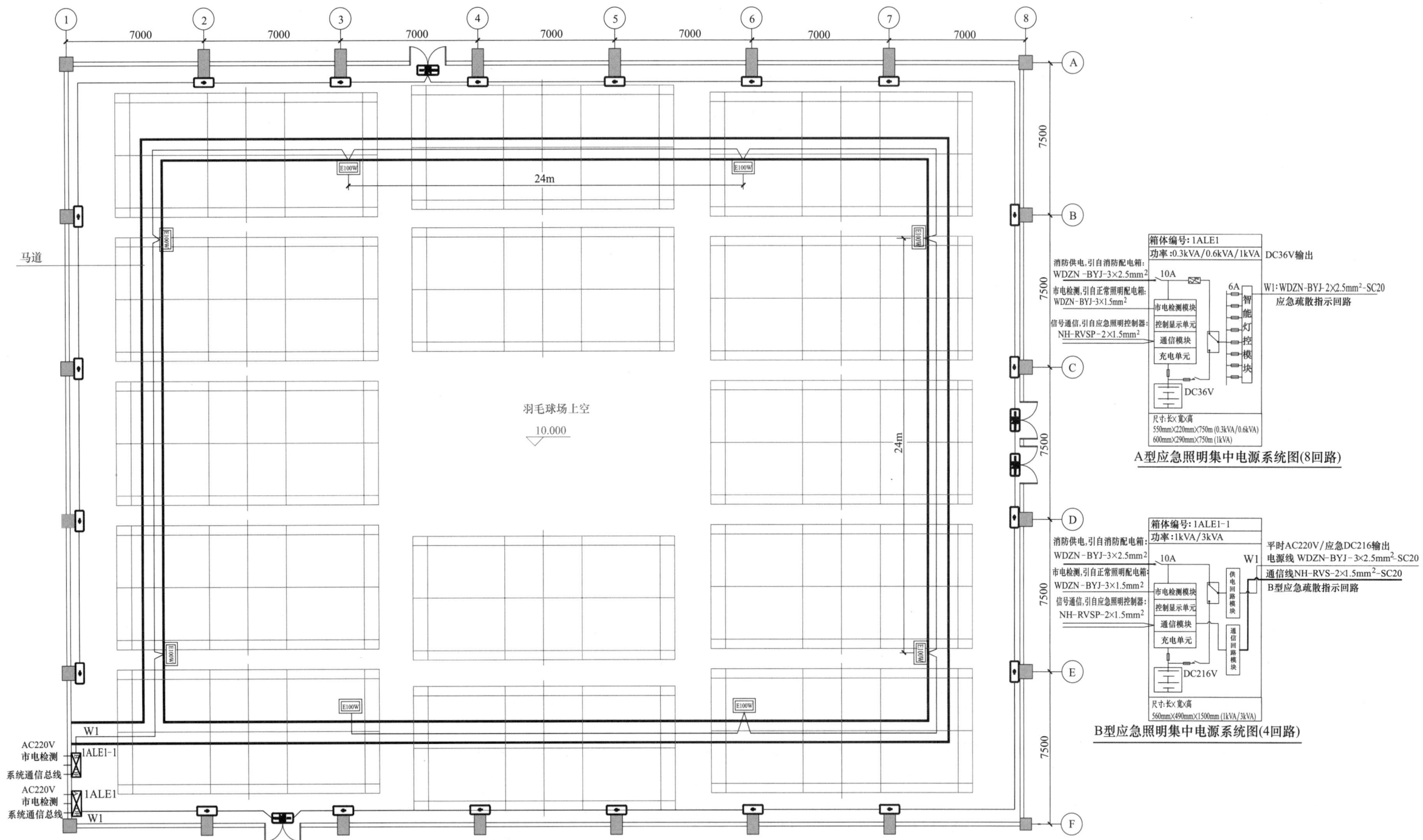

注:
1.规范要求(摘自《消防应急照明和疏散指示系统技术标准》GB 51309—2018):
(1)根据3.2.1 6)条,室内高度大于4.5m的场所,应选择特大型或大型标志灯。
(2)羽毛球场层高10m,采用B型应急照明灯具。
2.规范要求(摘自《体育建筑电气设计规范》JGJ 354—2014):
根据9.1.4条,体育建筑的应急照明应符合下列规定:观众席和运动场地安全照明的平均水平照度值不应低于20lx。

图例	说明	功能描述
	OP-BLJC-Ⅲ-3W	A型大型标志灯——安全出口
	OP-BLJC-Ⅲ-3W	A型大型标志灯——向左
	OP-BLJC-Ⅲ-3W	A型大型标志灯——向右
	OP-ZFJC-E100W-220V-MTP01	B型应急泛光灯
	OP-D-nkVA	A型应急照明集中电源
	OP-D-nkVA	B型应急照明集中电源

消防应急照明典型场景照度模拟表

区域	最低照度	实测照度	灯具	光通量	灯具布置间距	安装高度	平均照度
体育馆	3lx	11lx	100WB型应急泛光灯	8800lm	24m	10m	27lx

体育馆-羽毛球场上空应急照明平面图(工程实例四)	图号	YJZM1-14
欧普照明股份有限公司	页	14

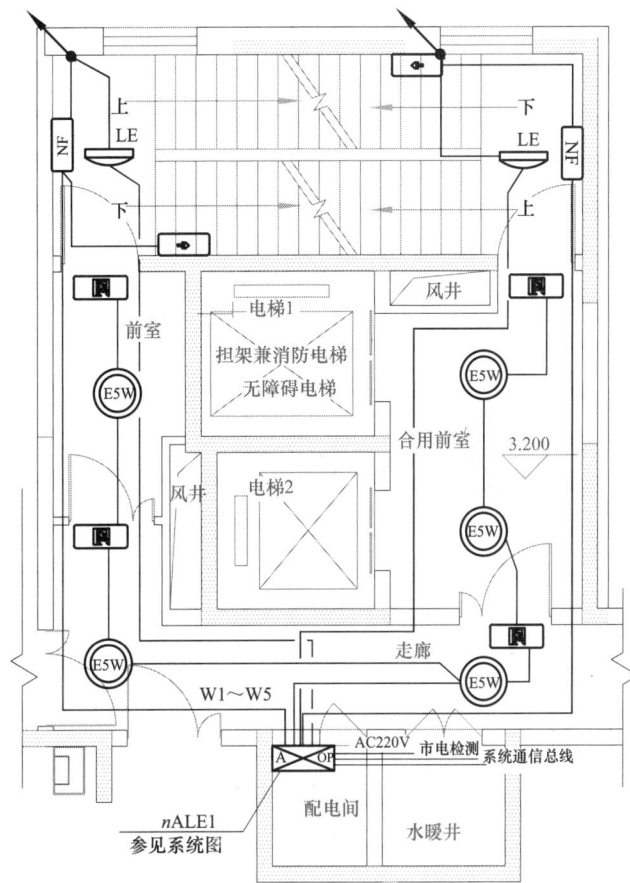

住宅标准层应急照明平面图

住宅竖向楼梯间应急照明平面图

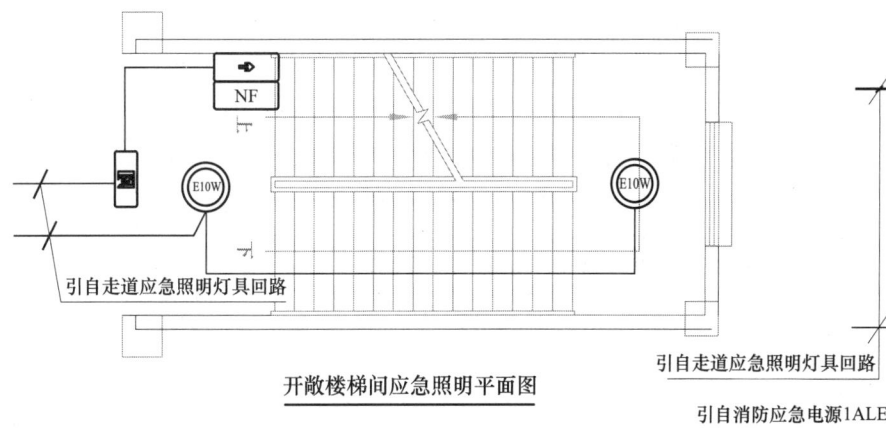

封闭楼梯间应急照明平面图

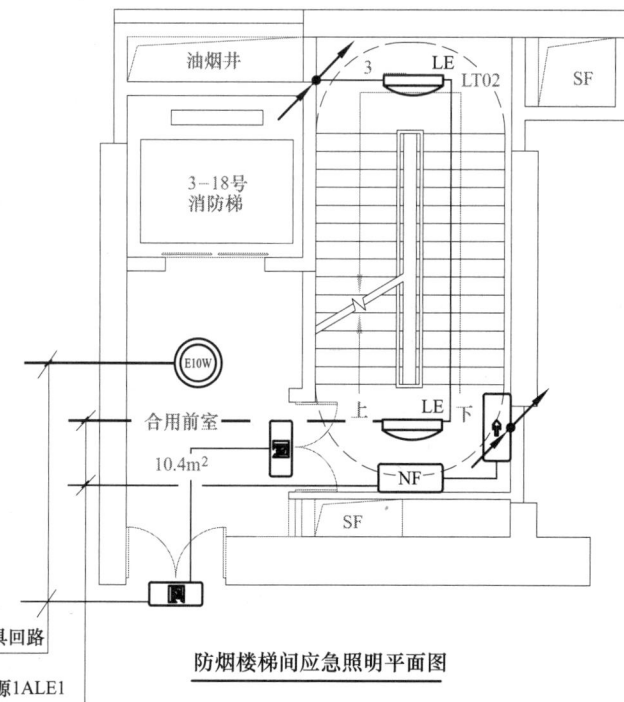

开敞楼梯间应急照明平面图

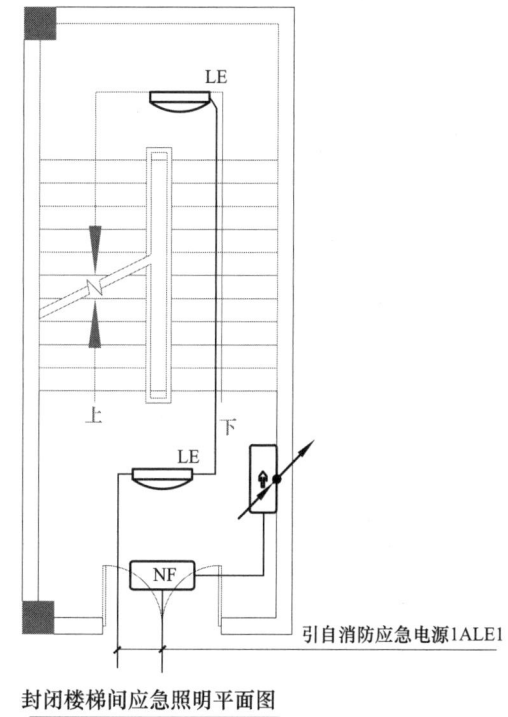

防烟楼梯间应急照明平面图

消防应急照明典型场景照度模拟表

区域	最低照度	实测照度	灯具	光通量	灯具布置间距	安装高度
楼梯间	5lx	8.81x	10W吸顶灯	800lm	单灯	3.2m
电梯厅	5lx	8.91x	5W吸顶灯	400lm	5.5m	3.2m

图例	说明	功能描述
	OP-BLJC-Ⅱ-1W	A型中型标志灯——安全出口
	OP-BLJC-Ⅱ-1W	A型中型标志灯——疏散出口
	OP-BLJC-Ⅱ-1W	A型中型标志灯——楼层
	OP-BLJC-Ⅱ-1W	A型中型标志灯——单向
LE	OP-ZFJC-E10W	A型应急吸顶灯——雷达
	OP-ZFJC-E5W	A型应急筒灯——嵌装
	OP-D-nkVA	A型应急照明集中电源

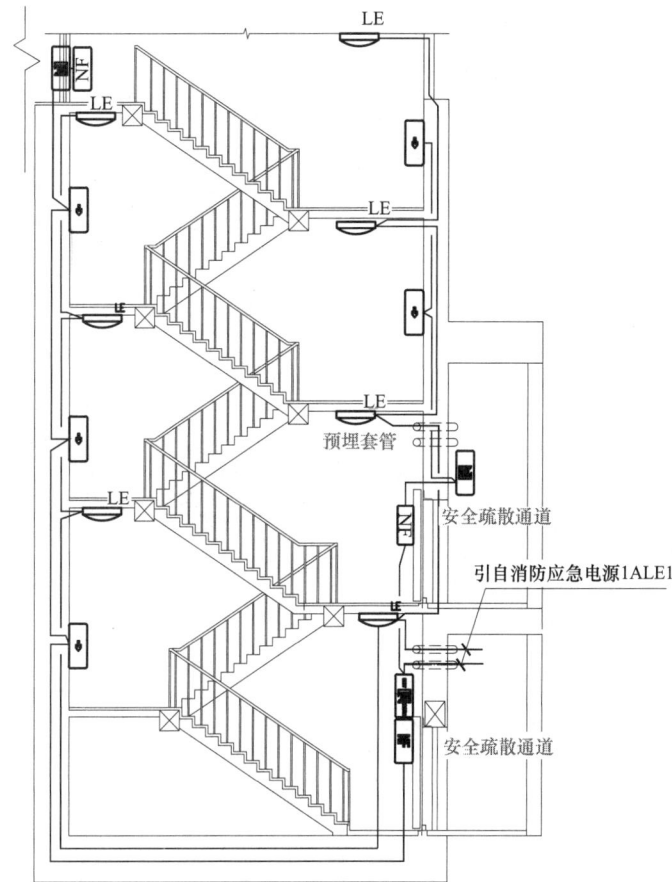

住宅层应急照明平面图（工程实例五）		图号	YJZM1-15
欧普照明股份有限公司		页	15

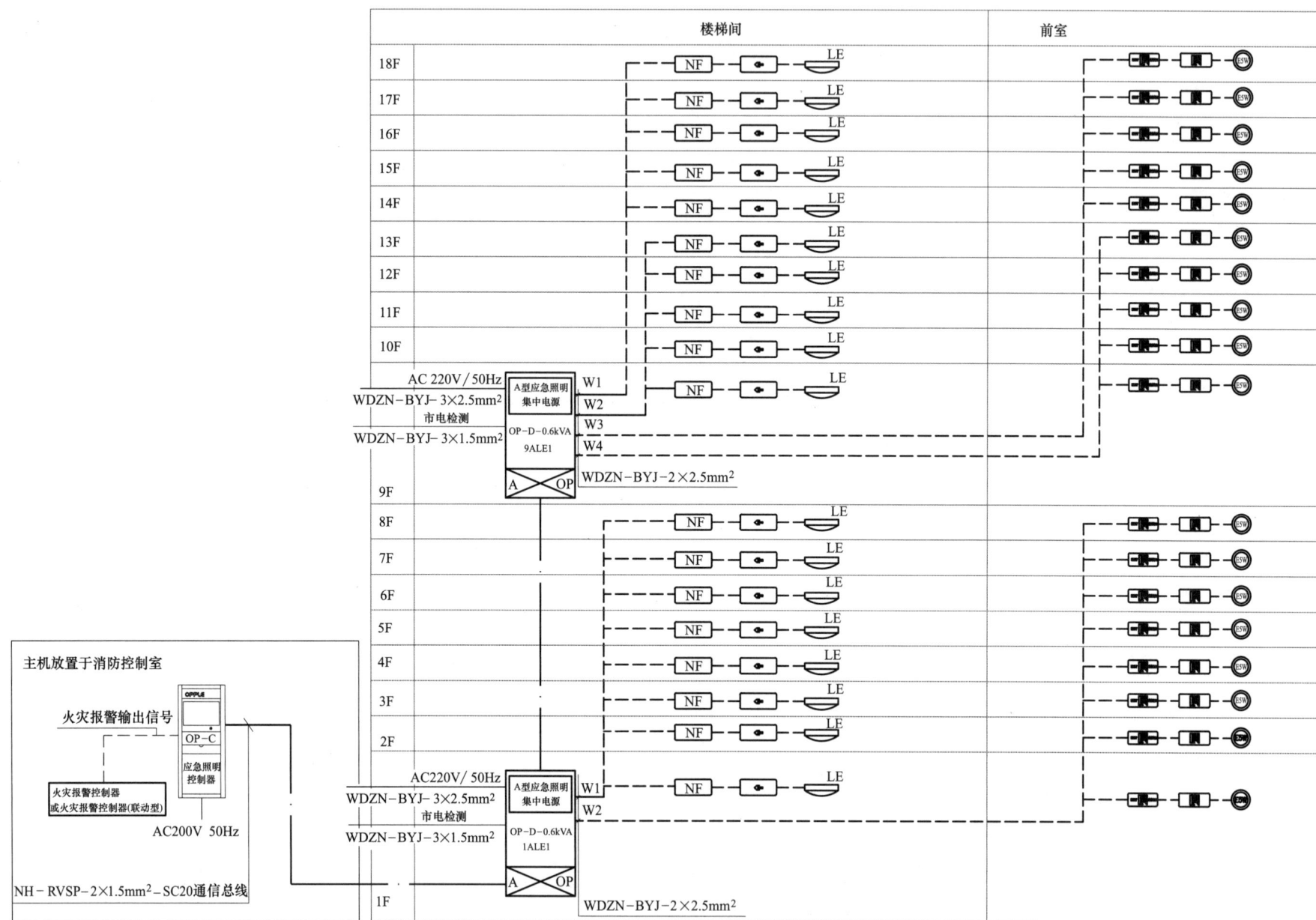

	楼梯间	前室

注:
规范要求(摘自《消防应急照明和疏散指示系统技术标准》GB 51309 — 2018):
根据3.3.7 4 2)条,沿电气竖井垂直方向为不同的楼层灯具供电时,应急照明的每个
输出回路在公共建筑中的供电范围不宜超过8层,在住宅建筑的供电范围不宜超过18层。

住宅消防应急照明和疏散指示系统图(工程实例五)	图号	YJZM1-16
欧普照明股份有限公司	页	16

序号	图块	产品名称	关键参数	产品图片	配光曲线	安装方式	适用范围
01		A 型应急吸顶灯	产品型号：OP-ZFJC-E10W 主电功耗：10W 色　　温：□4000K □5700K 光 通 量：800lm 产品尺寸：φ260mm×89mm 防护等级：IP50				楼梯间、疏散通道
02	E10W	A 型应急筒灯-嵌装	产品型号：OP-ZFJC-E10W 主电功耗：10W 色　　温：□4000K □5700K 光 通 量：800lm 产品尺寸：φ145mm×83mm 开孔尺寸：φ125mm 防护等级：IP30				疏散通道、办公空间
03	E	A 型应急支架灯	产品型号：OP-ZFJC-E15W 主电功耗：15W 色　　温：□4000K □5700K 光 通 量：1200lm 产品尺寸：φ1194mm×48mm×48mm 防护等级：IP65				地下车库、机房、隧道
04		A 型应急射灯	产品型号：OP-ZFJC-E9W 主电功耗：9W 色　　温：□3000K □4000K 光 通 量：400lm 光 束 角：24° 产品尺寸：φ82mm×90mm 防护等级：IP30				酒店通道、客房
05	E30W	B 型应急泛光灯	产品型号：OP-ZFJC-E30W 主电功耗：30W 色　　温：5700K 光 通 量：3000lm 光 束 角：80° 产品尺寸：150mm×150mm×36mm 防护等级：IP66				仓库、厂房
06	E100W	B 型应急天棚灯	产品型号：OP-ZFJC-E100W 主电功耗：100W 色　　温：□4000K □5700K 光 通 量：13000lm 光 束 角：100° 产品尺寸：φ350mm×77mm 防护等级：IP65				厂房、车辆段

系 统 概 述

1 系统概要

珠海西默电气股份有限公司总部坐落于中国珠海国家高新区珠海信息港中心，拥有将近5000m²的科研基地和生产基地，是中国消防应急灯具、照明灯具、智能照明控制系统、消防应急照明和疏散指示产品集研发、生产、销售为一体的高端综合供应商，为全国2000多个项目提供专业化定制方案。

西默电气 E-Bus 消防应急照明和疏散指示系统主机可对系统内的所有灯具进行不间断巡检、声光故障报警并显示具体故障位置；还可根据火灾报警联动信号快速、准确获得火灾点的位置信息，自动生成疏散预案，控制消防应急标志灯，为逃生人员提供最佳疏散逃生路线，实现从"就近疏散"向"安全疏散"转变。

系统内所有消防应急灯具均采用超高亮 LED 光源，再经导光板匀光处理后使灯具均匀发光。采用标准的 RS232/485 串行通信接口可直接与火灾报警系统连接，接收报警部位信息。

2 系统组成

E-Bus 消防应急照明和疏散指示系统由应急照明控制器、消防应急灯具专用应急电源（或应急照明配电箱）、应急照明灯具、应急标志灯具等组成。应急照明控制器通过 RS485 总线控制消防应急灯具专用应急电源，应急电源与灯具之间采用 E-Bus 总线通信（图1）。

3 系统设置

（1）应急照明控制器安放于消防控制室或有人值守的场所。应急照明控制器的单条通信回路能带载32台消防灯具专用应急电源（或应急照明配电箱），通过 RS485 集线器可扩展至16路通信回路；应急照明控制器与消防灯具专用应急电源之间通信距离≤1200m，当1200m≤主机与消防灯具专用应急电源通信距离≤4800m，可通过增加中继器延长通信距离，当超过4800m时，可采用光纤传输方案。

（2）消防应急灯具专用应急电源（或应急照明配电箱）一般安装于强电井、配电间；其中 A 型消防应急灯具专用应急电源（或 A 型应急照明配电箱）可以输出8回路，配电回路额定电流≤6A，B 型消防应急灯具专用应急电源可以输出4回路，配电回路额定电流≤10A。消防应急灯具专用应急电源具有正常照明 AC220V 检测功能，保证在非火灾状态正常照明断电时照明灯具点亮。

（3）应急照明灯具根据具体场景选型安装，灯具工作电压为安全电压 DC36V，采用宽电压范围设计，非持续型工作模式，平时不点亮，应急时由应急照明控制器通过通信总线控制点亮。

应急标志灯具根据具体场景选型安装，灯具工作电压为安全电压 DC36V，采用宽电压范围设计，能实现巡检、常亮、频闪、灭灯等功能。

（4）对一些比如连锁餐饮酒店、小型超市、工业厂房等小型项目，当灯具点位≤960个时，可采用应急照明控制器自带 A 型集中电源供电输出功能一体机方案。该方案由一体机、A 型应急照明灯具、A 型应急标志灯具组成，可实现由一台设备同时包含应急照明控制器及集中电源功能，实现对灯具状态监控及供电的效果。

4 系统接线

（1）应急照明控制器至 A 型应急照明集中电源（或 A 型应急照明配电箱）线制（RS485 通信总线）：NH-RVSP-2×1.5mm²（屏蔽双绞线）。一体机应急照明控制器与 A 型应急照明集中电源整合为一台设备，不用布置此线。

（2）A 型应急照明集中电源（或 A 型应急照明配电箱）至 A 型应急灯具线制：WDZN-BYJ-2×2.5mm² 穿 SC20 敷设。钢管管口连接处需做防刮线处理，在多尘或潮湿场所线管需做密封处理（灯具二总线通信电源和通信共线）。

（3）A 型应急照明集中电源（或 A 型应急照明配电箱）至 A 型地埋灯具线为防水型耐腐蚀橡胶电缆：JHS-2×2.5mm² 穿 SC20 敷设，并与厂家配套专用防水接线盒进行连接，灌防水密封胶进行密封处理。保证灯具与灯具接线头完全防水（灯具二总线通信电源和通信共线）。

（4）B 型应急照明集中电源至 B 型应急灯具线制（电源线和通信线分管敷设）：通信线 NH-RVS-2×1.5mm²-SC20＋电源线 WDZN-BYJ-3×2.5mm²-SC20 分管敷设。钢管管口连接处需做防刮线处理，在多尘或潮湿场所线管需做密封处理。

5 系统供电

（1）非火灾状态下，系统应保持主电源为灯具供电，所有非持续型照明灯应保持熄灭状态，持续型照明灯的光源应保持节电点亮模式。

（2）非火灾状态下，系统主电源断电后，集中电源控制其配接的非持续型照明灯的光源应急点亮、持续型灯具的光源由节电点亮模式转入应急点亮模式；灯具持续应急点亮时间应符合设计文件的规定；当主电源恢复供电后，集中电源控制其配接的应急灯具的光源恢复原工作状态。

（3）火灾状态下，系统所有非持续型照明灯的光源应急点亮，持续型灯具的光源由节电点亮模式转入应急点亮模式；集中电源应保持主电源输出，待接收到其主电源断电信号后，自动转入蓄电池电源输出。

（4）集中电源输出电压为 DC36V，灯具标称工作电压 DC36V，可支持 DC15V～DC45V 宽压工作。

6 设计标准及原则

《消防应急照明和疏散指示系统》GB 17945—2010
《消防联动控制系统》GB 16806—2006
《民用建筑电气设计标准》GB 51348—2019
《建筑设计防火规范（2018 版）》GB 50016—2014
《建筑照明设计标准》GB 50034—2013
《消防应急照明和疏散指示系统技术规范》GB 51309—2018

中国国家标准及其他被普遍认可的标准，并具备公安部消防产品认证中心出具的产品形式 3C 认可证书。

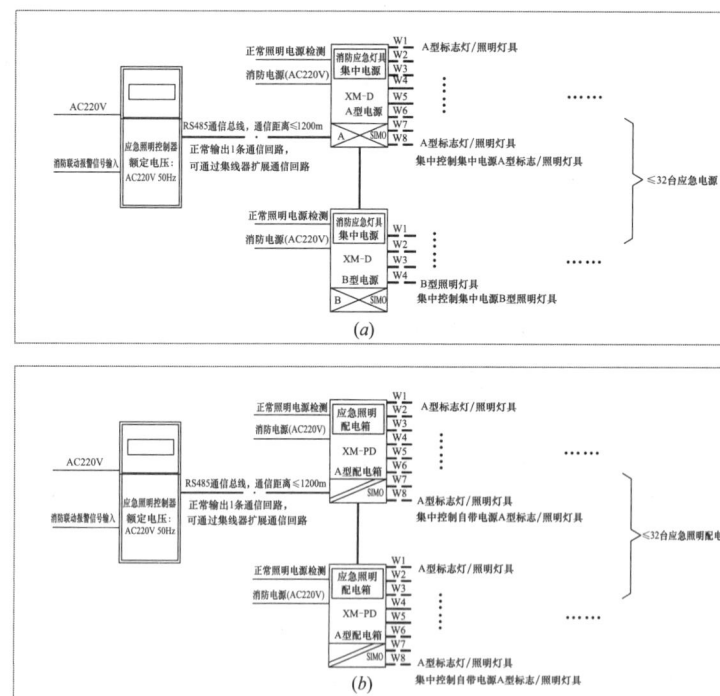

图1 系统图

（a）集中控制集中电源型系统；（b）集中控制自带电源型系统

系统概述	图号	YJZM2-1
珠海西默电气股份有限公司	页	18

图 例 表

序号	图例	产品名称	型号规格	安装方式	外形尺寸(单位:mm)(长×宽×厚)	功能描述	材质
1	E	集中电源集中控制型安全出口标志灯	XM-BLJC-1LROEⅡ1W	壁挂式安装	369×131×8	防护等级 IP30、DC36V、巡检、频闪、灭灯功能	彩钢、铝合金可选
2	E-S	集中电源集中控制型安全语音出口标志灯	XM-BLJC-10EⅡ1W	壁挂式安装	369×131×8	防护等级 IP30、DC36V、巡检、频闪、灭灯、语音功能	彩钢、铝合金可选
3	F	集中电源集中控制型楼层指示标志灯	XM-BLJC-1LROEⅡ1W	壁挂式安装	369×131×8	防护等级 IP30、DC36V、巡检、频闪、灭灯功能	彩钢、铝合金可选
4	←	集中电源集中控制型消防应急标志灯(单面左向)	XM-BLJC-1LROEⅡ1W	壁挂式安装	369×131×8	防护等级 IP30、DC36V、巡检、频闪、灭灯功能	彩钢、铝合金可选
5	→	集中电源集中控制型消防应急标志灯(单面右向)	XM-BLJC-1LROEⅡ1W	壁挂式安装	369×131×8	防护等级 IP30、DC36V、巡检、频闪、灭灯功能	彩钢、铝合金可选
6	←→	集中电源集中控制型消防应急标志灯(单面双向)	XM-BLJC-1LROEⅡ1W	壁挂式安装	369×131×8	防护等级 IP30、DC36V、巡检、频闪、灭灯、调向功能	彩钢、铝合金可选
7	E/N	集中电源集中控制型应急标志灯(禁止入内+人头)	XM-BLJC-1LROEⅡ1W	壁挂式安装	369×131×8	防护等级 IP30、DC36V、巡检、频闪、灭灯功能	彩钢、铝合金可选
8	←	集中电源集中控制型消防应急标志灯(双面单向)	XM-BLJC-2LROEⅡ1W	吊装	369×131×8	防护等级 IP30、DC36V、巡检、频闪、灭灯功能	彩钢、铝合金可选
9	←→	集中电源集中控制型消防应急标志灯(双面双向)	XM-BLJC-2LROEⅡ1W	吊装	369×131×8	防护等级 IP30、DC36V、巡检、频闪、灭灯、调向功能	彩钢、铝合金可选
10	⊗	集中电源集中控制型消防应急标志灯(双向)	XM-BLJC-1LREⅠ0.5W	嵌地安装	φ149×37	防护等级 IP67、DC36V、巡检、频闪、灭灯功能	钢化玻璃、不锈钢可选
11	⊙	集中电源集中控制型消防应急标志灯(单向)	XM-BLJC-1LEⅠ0.5W	嵌地安装	φ149×37	防护等级 IP67、DC36V、巡检、频闪、灭灯功能	钢化玻璃、不锈钢可选
12	▣	集中电源集中控制型消防应急照明灯(A 型灯具)	XM-ZFJC-E5W	吸顶/壁装	120×120×35	防护等级 IP30、DC36V、光通量≥440lm、色温 6500K	铝合金/阻燃 PC
13	✹	集中电源集中控制型消防应急照明灯(A 型灯具)	XM-ZFJC-E5W	嵌顶安装	φ105×28	防护等级 IP30、DC36V、光通量≥440lm、色温 6500K	铝合金/阻燃 PC
14	◉	集中电源集中控制型消防应急照明灯(A 型灯具)	XM-ZFJC-E15W	吊顶/吸顶	φ120×200	防护等级 IP30、DC36V、光通量≥1200lm、色温 6500K	铁、铝合金
15	◉	集中电源集中控制型消防应急照明灯(雷达感应)(A 型灯具)	XM-ZFJC-10W	吸顶安装	φ260×89	防护等级 IP30、DC36V、光通量≥800lm、色温 5700K	阻燃 PC
16	⟞15W	集中电源集中控制型消防应急照明灯(三防支架灯)(A 型灯具)	XM-ZFJC-15W	吊顶/吸顶	1194×48×48	防护等级 IP65、DC36V 光通量≥700lm、色温 5700K	铸铝
17	⟞8W	集中电源集中控制型消防应急照明灯(三防支架灯)(A 型灯具)	XM-ZFJC-8W	吊顶/吸顶	594×48×48	防护等级 IP65、DC36V 光通量≥700lm、色温 5700K	铸铝
18	30	集中电源集中控制型消防应急照明灯(B 型灯具)	XM-ZFJC-E30W	吊顶/吸顶	155×150×36	防护等级 IP65、AC220V、50Hz、光通量≥3000lm、色温 5700K	铸铝
19	50	集中电源集中控制型消防应急照明灯(B 型灯具)	XM-ZFJC-E50W	吊顶/吸顶	195×185×36	防护等级 IP65、AC220V、50Hz、光通量≥4700lm、色温 5700K	铸铝
20	100	集中电源集中控制型消防应急照明灯(B 型灯具)	XM-ZFJC-E100W	吊顶/吸顶	φ345×85	防护等级 IP65、AC220V、50Hz、光通量≥8800lm、色温 5700K	铸铝
21	150	集中电源集中控制型消防应急照明灯(B 型灯具)	XM-ZFJC-E150W	吊顶/吸顶	φ345×85	防护等级 IP65、AC220V、50Hz、光通量≥13000lm、色温 5700K	铸铝
22	100	集中电源集中控制型消防应急照明灯(B 型灯具)	XM-ZFJC-E100W	吊顶/吸顶	270×260×36	防护等级 IP65、AC220V、50Hz、光通量≥8800lm、色温 5700K	铸铝
23	A	消防应急灯具集中电源(A 型电源)	XM-D-nkVA-系列	壁装/嵌墙	750×550×220 750×600×290	n 可选 0.3kVA/0.6kVA/1kVA、防护等级 IP43、输出 DC36V、输出 8 回路、电源+通信:二总线	镀锌铁
24	B	消防应急灯具集中电源(B 型电源)	XM-D-mkVA-系列	立柜式	1500×560×490	m 可选 1kVA/3kVA/5kVA、防护等级 IP43、输出 AC220V、输出 4 回路、电源+通信:3+2	镀锌铁
25	控	应急照明控制器	XM-C-EL01	立柜式	1830×600×600	防护等级 IP30、功能:带载节点 3200、图形定位、15 寸屏幕显示、联动方式:协议、干接点	镀锌铁
26	控	应急照明控制器(壁挂主机)	XM-C-EL02	壁装	615×430×150	防护等级 IP43、功能:带载节点 3200、图形定位、15 寸屏幕显示、联动方式:协议、干接点	镀锌铁

图例表(一)	图号	YJZM2-2
珠海西默电气股份有限公司	页	19

图　例　表

序号	图例	产品名称	型号规格	安装方式	外形尺寸(单位:mm)(长×宽×厚)	功能描述	材质
1		一体机 应急照明控制器+消防应急灯具专用应急电源	XM-C-0.6kVA-4 XM-D-0.6kVA-4	壁装或嵌墙	550×220×750	防护等级IP30、功能;带载节点960、回路控制电源、主机一体、联动方式、协议、干接点	镀锌铁
2	E Ex	集中电源集中控制型安全出口标志灯(防爆型)	XM-BLJC-1LREI1W	壁挂式安装	354×165×71	防护等级IP30、DC36V、巡检、频闪、灭灯功能	铸铝
3	←Ex	集中电源集中控制型消防应急标志灯(单面左向)(防爆型)	XM-BLJC-1LREI1W	壁挂式安装	354×165×71	防护等级IP65、DC36V、巡检、频闪、灭灯功能	铸铝
4	→Ex	集中电源集中控制型消防应急标志灯(单面右向)(防爆型)	XM-BLJC-1LREI1W	壁挂式安装	354×165×71	防护等级IP65、DC36V、巡检、频闪、灭灯功能	铸铝
5	←→Ex	集中电源集中控制型消防应急标志灯(单面双向)(防爆型)	XM-BLJC-1LREI1W	壁挂式安装	354×165×71	防护等级IP65、DC36V、巡检、频闪、调向功能	铸铝
6	←→	集中电源集中控制型消防应急标志灯(单面双向)	XM-BLJC-1LREI1W	嵌墙/地埋/壁挂	370×160×34	防护等级IP67、DC36V、巡检、频闪、调向功能	钢化玻璃 不锈钢可选
7	E	集中电源集中控制型消防应急标志灯(单面安口)	XM-BLJC-1LREI1W	嵌墙/地埋/壁挂	370×160×34	防护等级IP67、DC36V、巡检、频闪、灭灯功能	钢化玻璃 不锈钢可选
8	●Ex	集中电源集中控制型消防应急照明灯(防爆型)(A型灯具)	XM-ZFJC-E5W	壁挂式安装	295×102×240	防护等级IP65、DC36V、光通量≥300lm、色温6500K	铸铝
9	⊗	集中电源集中控制型消防应急照明灯(A型灯具)	XM-ZFJC-E5W	吸顶安装/壁装	φ105×66	防护等级IP65、DC36V、光通量≥300lm、色温6500K	金属
10	◉	集中电源集中控制型消防应急照明灯(A型灯具)	XM-ZFJC-E8W	吸顶安装/壁装	φ135×100	防护等级IP65、DC36V、光通量≥390lm、色温6500K	金属
11	⊗	集中电源集中控制型消防应急照明灯(A型灯具)	XM-ZFJC-E10W	吸顶安装/壁装	φ135×100	防护等级IP65、DC36V、光通量≥480lm、色温6500K	金属
12	F→	集中电源集中控制型消防应急标志灯(多信息复合标志)	XM-BLJC-1LROEⅡ1W	壁挂式安装	369×131×8	防护等级IP30、DC36V、巡检、频闪、灭灯功能	彩钢 铝合金可选
13	F→d	集中电源集中控制型消防应急标志灯(多信息复合标志)	XM-BLJC-2LROEⅡ1W	吊装	369×131×8	防护等级IP30、DC36V、巡检、频闪、灭灯功能	彩钢 铝合金可选
14	Ed	集中电源集中控制型安全出口标志灯(大型)	XM-BLJC-2LROEⅢ3W	吊装	600×200×11	防护等级IP30、DC36V、巡检、频闪、灭灯功能	彩钢 铝合金可选
15	→d	集中电源集中控制型消防应急标志灯(大型双面单向)	XM-BLJC-2LROEⅢ3W	吊装	600×200×11	防护等级IP30、DC36V、巡检、频闪、灭灯功能	彩钢 铝合金可选
16	←→d	集中电源集中控制型消防应急标志灯(大型双面双向)	XM-BLJC-2LROEⅢ3W	吊装	600×200×11	防护等级IP30、DC36V、巡检、频闪、灭灯、调向功能	彩钢 铝合金可选
17	E	集中控制型消防应急标志灯(安口)	XM-BLZC-1LROEⅡ2W	壁挂式安装	369×131×8	防护等级IP30、DC36V、巡检、频闪、灭灯功能、自带电池	彩钢 铝合金可选
18	E/N	集中控制型应急标志灯(禁止入内+人头)	XM-BLZC-1LROEⅡ2W	壁挂式安装	369×131×8	防护等级IP30、DC36V、巡检、频闪、灭灯功能、自带蓄电池	彩钢 铝合金可选
19	E-S	集中控制型消防应急标志灯(语音安口)	XM-BLZC-1LROEⅡ2W	壁挂式安装	369×131×8	防护等级IP30、DC36V、巡检、频闪、灭灯功能、自带蓄电池	彩钢 铝合金可选
20	F	集中控制型消防应急标志灯(楼层)	XM-BLZC-1LROEⅡ2W	壁挂式安装	369×131×8	防护等级IP30、DC36V、巡检、频闪、灭灯功能、自带蓄电池	彩钢 铝合金可选
21	←	集中控制型消防应急标志灯(单面左向)	XM-BLZC-1LROEⅡ2W	壁挂式安装	369×131×8	防护等级IP30、DC36V、巡检、频闪、灭灯功能、自带蓄电池	彩钢 铝合金可选
22	→	集中控制型消防应急标志灯(单面右向)	XM-BLZC-1LROEⅡ2W	壁挂式安装	369×131×8	防护等级IP30、DC36V、巡检、频闪、灭灯功能、自带蓄电池	彩钢 铝合金可选
23	←→	集中控制型消防应急标志灯(单面双向)	XM-BLZC-1LROEⅡ2W	壁挂式安装	369×131×8	防护等级IP30、DC36V、巡检、频闪、调向功能、自带蓄电池	彩钢 铝合金可选
24	←	集中控制型消防应急标志灯(双面单向)	XM-BLZC-2LREⅡ2W	吊装	369×131×8	防护等级IP30、DC36V、巡检、频闪、调向功能、自带蓄电池	彩钢 铝合金可选
25	←→	集中控制型消防应急标志灯(双面双向)	XM-BLZC-2LREⅡ2W	吊装	369×131×8	防护等级IP30、DC36V、巡检、频闪、调向功能、自带蓄电池	彩钢 铝合金可选
26	⊖	集中控制型消防应急标志灯(双向)	XM-BLZC-1LRE12W	嵌地安装	φ250×34	防护等级IP67、DC36V、巡检、频闪、灭灯功能、自带蓄电池	钢化玻璃 不锈钢可选
27	⊖	集中控制型消防应急标志灯(单向)	XM-BLZC-1LE12W	嵌地安装	φ250×34	防护等级IP67、DC36V、巡检、频闪、调向功能、自带蓄电池	钢化玻璃 不锈钢可选
28	⊠	集中控制型消防应急照明灯(A型灯具)	XM-ZFZC-E5W	吸顶/壁装	120×120×35	防护等级IP30、DC36V、光通量≥480lm、自带蓄电池	铝合金/阻燃PC
29	⊗	集中控制型消防应急照明灯(A型灯具)	XM-ZFZC-E5W	嵌顶安装	φ105×28	防护等级IP30、DC36V、光通量≥480lm、自带蓄电池	铝合金/阻燃PC
30		应急照明配电箱	XM-PD-C	壁装或嵌墙	400×200×500	防护等级IP30、通信、灯具监控、回路灯具供电功能	镀锌铁

	图例表(二)	图号	YJZM2-3
	珠海西默电气股份有限公司	页	20

1号楼竖电井

$n≤32$台应急电源

$3F\sim nF$

正常照明电源检测
消防电源(AC220V)

消防应急灯具
集中电源
XM-D
A型电源
A SIMO

$2F$

正常照明电源检测
消防电源(AC220V)

消防应急灯具
集中电源
XM-D
B型电源
B SIMO

W1
W2
W3
W4

安装高度≤8m,采用B型照明灯具
不超过4个回路
配电回路额定电流≤10A

正常照明电源检测
消防电源(AC220V)

消防应急灯具
集中电源
XM-D
A型电源
A SIMO

W1
W2
W3
W4
W5
W6
W7
W8

A型标志灯具

A型地面标志灯具

不超过8个回路
配电回路
额定电流≤6A

安装高度≤8m,
采用A型照明灯具

应急照明控制器标准产品可提供1个通信接口,通过集线器可扩展通信接口(可选4、8、16口集线器)

每条回路最多可带32台应急电源

消防控制室

火灾报警控制器
或火灾报警控制器(联动型)

火灾报警输出信号

应急照明控制器(主机)
XM-C

西默云端/互联网网口

AC220V 50Hz
(消防电源)

$1F$

集线器
交换机

RS485通信总线,通信距离≤1200m;
1200m≤通信距离≤4800m增加中继器;
当通信距离≥4800m时,可采用光纤传输方案

RJ45网线

应急照明控制器标准产品提供1个网络端口,
通过交换机可扩展网络端口数量,最多可带载16台应急照明控制器分机。
应急照明控制器可带载≤3200灯点位;每当超过3200点位时,需增加1台应急照明控制器

2号楼竖电井

$n≤32$台应急电源

$2F\sim nF$

正常照明电源检测
消防电源(AC220V)

消防应急灯具
集中电源
XM-D
A型电源
A SIMO

$1F$

3号楼竖井

$n≤32$台应急电源

$2F\sim nF$

正常照明电源检测
消防电源(AC220V)

消防应急灯具
集中电源
XM-D
B型电源
B SIMO

$1F$

4号楼竖井

$n≤32$台应急电源

$2F\sim nF$

正常照明电源检测
消防电源(AC220V)

消防应急灯具
集中电源
XM-D
A型电源
A SIMO

$1F$

5号楼竖井

$n≤32$台应急电源

$2F\sim nF$

正常照明电源检测
消防电源(AC220V)

消防应急灯具
集中电源
XM-D
A型电源
A SIMO

$1F$

6号楼竖井

$n≤32$台应急电源

$2F\sim nF$

正常照明电源检测
消防电源(AC220V)

消防应急灯具
集中电源
XM-D
A型电源
A SIMO

$1F$

消防分控制室或有人值守场所

火灾报警控制器
或火灾报警控制器(联动型)

火灾报警输出信号

应急照明控制器(分机1)
XM-C

AC220V 50Hz
(消防电源)

集线器

RS485通信总线

应急照明控制器标准产品可
提供1个通信接口,通过集线器
可扩展通信接口(可选4、8、
16口集线器)

消防分控制室或有人值守场所

火灾报警控制器
或火灾报警控制器(联动型)

火灾报警输出信号

应急照明控制器(分机2)
XM-C

AC220V 50Hz
(消防电源)

RS485通信总线

注:
1.线形说明

------ A型标志灯具、A型照明灯具电源线(线型:WDZN-BYJ-2×2.5mm²)

------ A型地面标志灯具电源线(线型:JHS-2×2.5mm²)

------ B型照明灯具电源线(线型:WDZN-BYJ-3×2.5mm²+NH-RVS-2×1.5mm²分管敷设)

------ 火灾报警输出信号线(线型:NH-RVSP-2×1.5mm²)

—— RS485通信总线(线型:NH-RVSP-2×1.5mm²)

—— 消防电源电源线(线型:WDZN-BYJ-3×2.5mm²)

—— 市电检测线(线型:WDZN-BYJ-3×1.5mm²)

—— RJ45网线

2.集线器:主要用于通信端口扩展,网络规模延展。

3.中继器:主要用于通信信号放大,延长通信距离。

4.交换机:而交换机的作用是在局域网中连接各个应急照明控制器,使应急照明控制器组成网络。

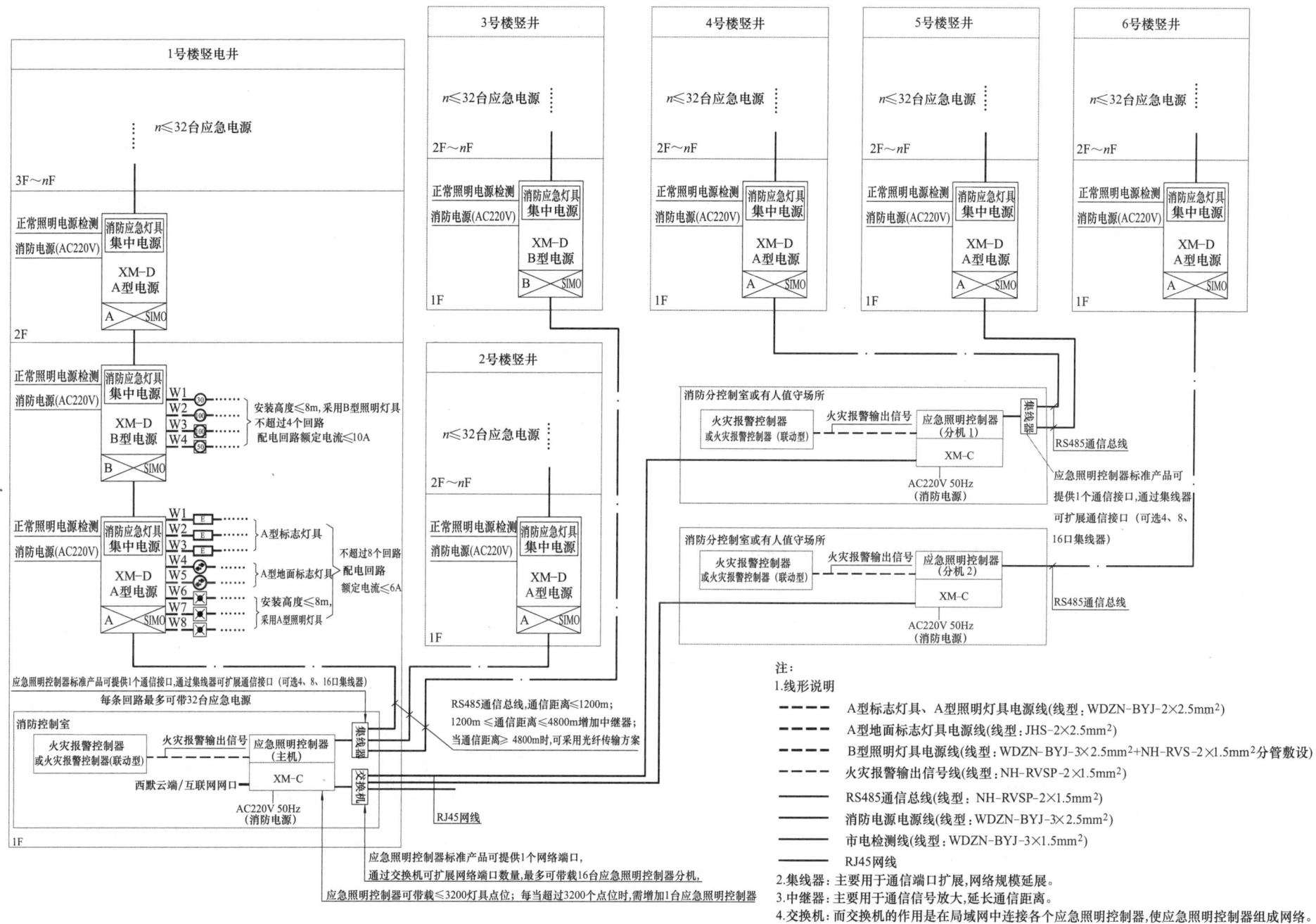

集中电源集中控制型系统组网图	图号	YJZM2-4
珠海西默电气股份有限公司	页	21

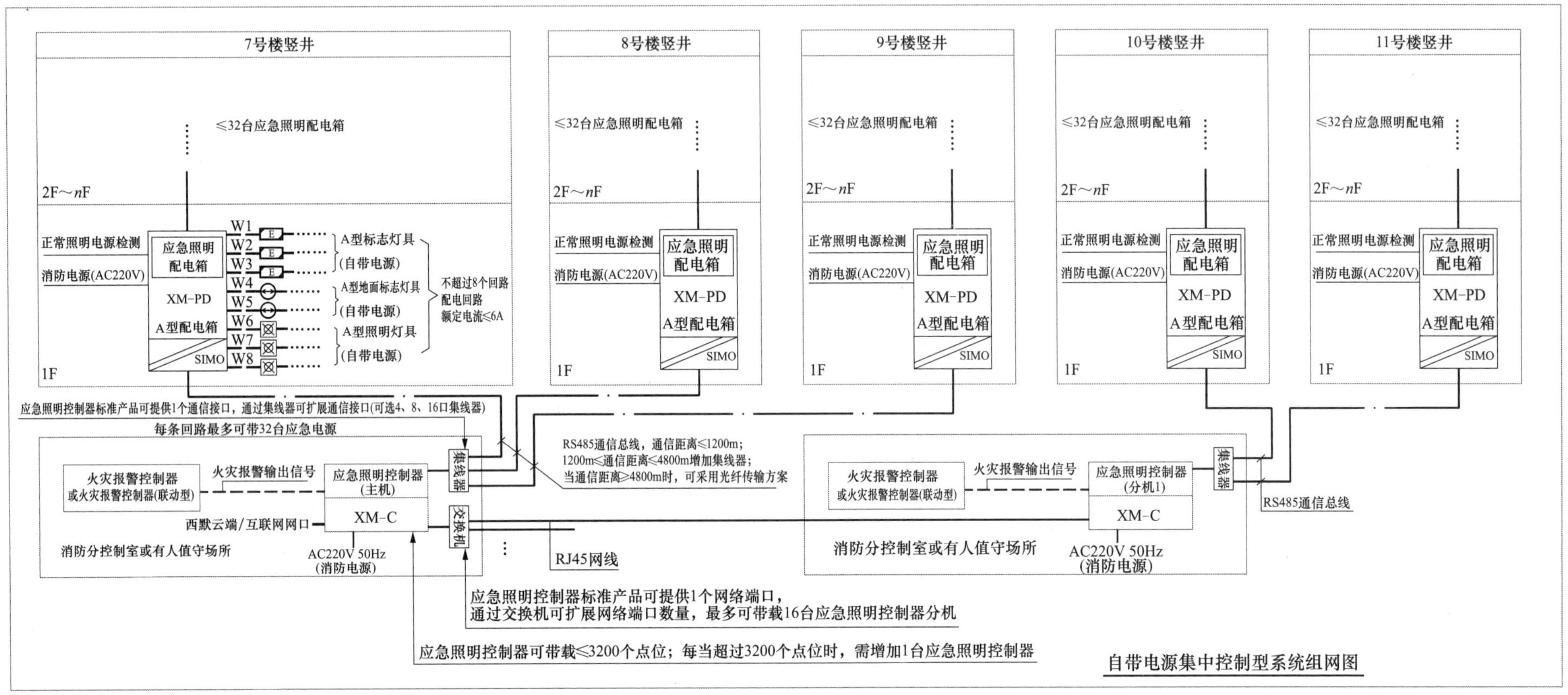
7号楼竖井
8号楼竖井
9号楼竖井
10号楼竖井
11号楼竖井
≤32台应急照明配电箱
2F～nF
1F
正常照明电源检测
消防电源(AC220V)
应急照明配电箱
XM-PD
A型配电箱
SIMO
W1
W2
W3
W4
W5
W6
W7
W8
A型标志灯具
(自带电源)
A型地面标志灯具
(自带电源)
A型照明灯具
(自带电源)
不超过8个回路
配电回路
额定电流≤6A
应急照明控制器标准产品可提供1个通信接口，通过集线器可扩展通信接口(可选4、8、16口集线器)
每条回路最多可带32台应急电源
RS485通信总线，通信距离≤1200m;
1200m≤通信距离≤4800m增加集线器;
当通信距离≥4800m时，可采用光纤传输方案
火灾报警控制器
或火灾报警控制器(联动型)
火灾报警输出信号
应急照明控制器
(主机)
XM-C
集线器
交换机
西默云端/互联网网口
消防分控制室或有人值守场所
AC220V 50Hz
(消防电源)
RJ45网线
应急照明控制器
(分机1)
RS485通信总线
应急照明控制器标准产品可提供1个网络端口，
通过交换机可扩展网络端口数量，最多可带载16台应急照明控制器分机
应急照明控制器可带载≤3200个点位；每当超过3200个点位时，需增加1台应急照明控制器

自带电源集中控制型系统组网图

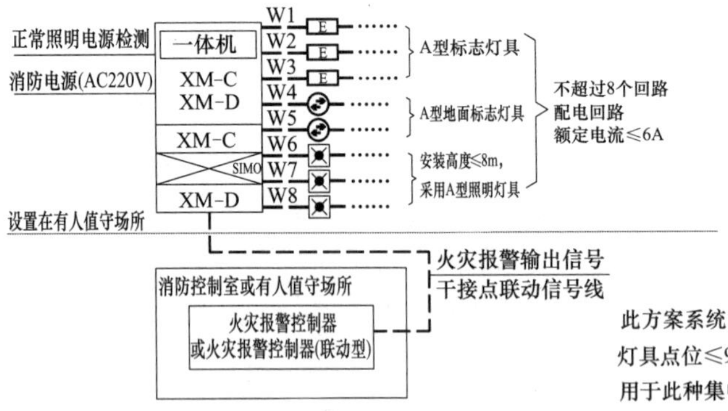
正常照明电源检测
消防电源(AC220V)
一体机
XM-C
XM-D
XM-C
SIMO
XM-D
W1
W2
W3
W4
W5
W6
W7
W8
A型标志灯具
A型地面标志灯具
安装高度≤8m,
采用A型照明灯具
不超过8个回路
配电回路
额定电流≤6A
设置在有人值守场所
火灾报警输出信号
干接点联动信号线
消防控制室或有人值守场所
火灾报警控制器
或火灾报警控制器(联动型)

集中电源集中控制型(一体机)系统图

此方案系统由一体机、A型应急照明灯具、A型应急标志灯具组成。灯具点位≤960连锁餐饮酒店、小型超市、工业厂房等小型项目适用于此种集中电源集中控制型（一体机）方案。

注：

线形说明

- A型标志灯具、A型照明灯具电源线(线型：WDZN-BYJ-2×2.5mm²)
- A型地面标志灯具电源线(线型：JHS-2×2.5mm²)
- B型照明灯具电源线(线型：WDZN-BYJ-3×2.5mm²+NH-RVS-2×1.5mm²分管敷设)
- 火灾报警输出信号线(线型:NH-RVSP-2×1.5mm²)
- RS485通信总线(线型：NH-RVSP-2×1.5mm²)
- 消防电源电源线(线型：WDZN-BYJ-3×2.5mm²)
- 市电检测线(线型：WDZN-BYJ-3×1.5mm²)
- RJ45网线

自带电源集中控制型、集中电源集中控制型一体机系统组网图	图号	YJZM2-5
珠海西默电气股份有限公司	页	22

消防电源配电箱(AC220V)
正常照明配电箱(市电检测)
应急照明控制器(系统通信总线)

10A 6A DC36V输出

控制显示单元
通信模块
充电单元

DC36V

W1: WDZN-BYJ-2×2.5mm²-SC20
W2: WDZN-BYJ-2×2.5mm²-SC20
W3: WDZN-BYJ-2×2.5mm²-SC20
W4: WDZN-BYJ-2×2.5mm²-SC20
W5: WDZN-BYJ-2×2.5mm²-SC20
W6: WDZN-BYJ-2×2.5mm²-SC20
W7: WDZN-BYJ-2×2.5mm²-SC20
W8: WDZN-BYJ-2×2.5mm²-SC20

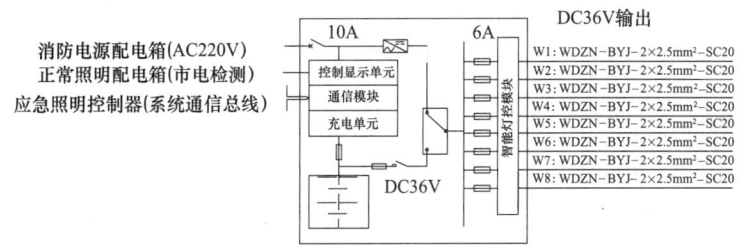

A型集中电源系统图（8回路）箱子尺寸：$L550mm×W220mm×H750mm$

XM-D-0.3kVA 电池规格：12V 18AH铅酸电池 3节
XM-D-0.6kVA 电池规格：12V 38AH铅酸电池 3节
XM-D-1kVA 电池规格：12V 70AH铅酸电池 3节
（1kVA应急电源 箱子尺寸：$L600×W290×H750mm$）

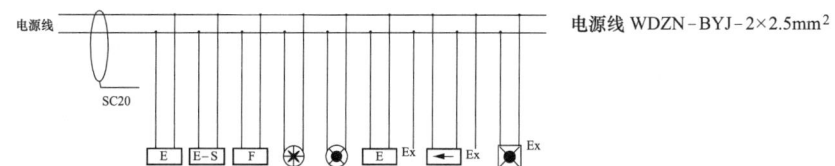

电源线   电源线 WDZN-BYJ-2×2.5mm²

SC20

E E-S F ✳ ▣ E Ex Ex ▣ Ex

集中电源集中控制型消防应急照明灯具（A型灯具）DC36V接线示意图

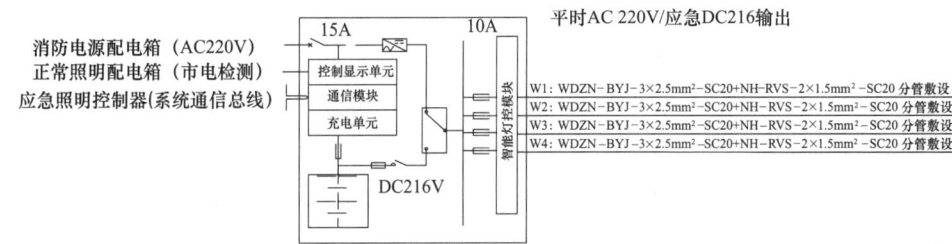

消防电源配电箱（AC220V）
正常照明配电箱（市电检测）
应急照明控制器（系统通信总线）

15A 10A 平时AC 220V/应急DC216输出

控制显示单元
通信模块
充电单元

DC216V

W1: WDZN-BYJ-3×2.5mm²-SC20+NH-RVS-2×1.5mm²-SC20 分管敷设
W2: WDZN-BYJ-3×2.5mm²-SC20+NH-RVS-2×1.5mm²-SC20 分管敷设
W3: WDZN-BYJ-3×2.5mm²-SC20+NH-RVS-2×1.5mm²-SC20 分管敷设
W4: WDZN-BYJ-3×2.5mm²-SC20+NH-RVS-2×1.5mm²-SC20 分管敷设

B型集中电源系统图（4回路）箱子尺寸：$L560mm×W490mm×H1500mm$

XM-D-1kVA-EL01 电池规格：12V 18AH铅酸电池 18节
XM-D-3kVA-EL01 电池规格：12V 33AH铅酸电池 18节
XM-D-5kVA-EL01 电池规格：12V 55AH铅酸电池 18节

电源线   耐腐蚀防水线：JHS-2×2.5mm²-SC20

SC20

集中电源集中控制型地面标志灯具（A型灯具）DC36V接线示意图

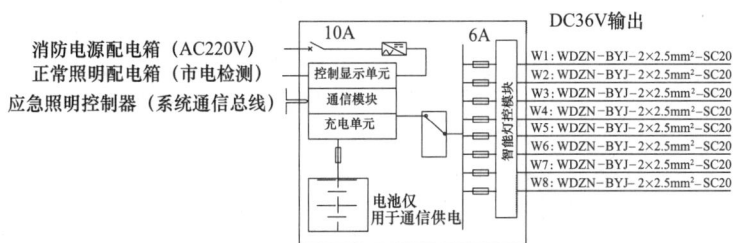

消防电源配电箱（AC220V）
正常照明配电箱（市电检测）
应急照明控制器（系统通信总线）

10A 6A DC36V输出

控制显示单元
通信模块
充电单元

电池仅
用于通信供电

W1: WDZN-BYJ-2×2.5mm²-SC20
W2: WDZN-BYJ-2×2.5mm²-SC20
W3: WDZN-BYJ-2×2.5mm²-SC20
W4: WDZN-BYJ-2×2.5mm²-SC20
W5: WDZN-BYJ-2×2.5mm²-SC20
W6: WDZN-BYJ-2×2.5mm²-SC20
W7: WDZN-BYJ-2×2.5mm²-SC20
W8: WDZN-BYJ-2×2.5mm²-SC20

A型应急照明配电箱系统图（8回路）

箱子尺寸：$L400mm×W200mm×H500mm$

XM-PD-C

SC20
电源线   电源线 WDZN-BYJ-3×2.5mm²
通信线   通信线 NH-RVS-2×1.5mm²
SC20

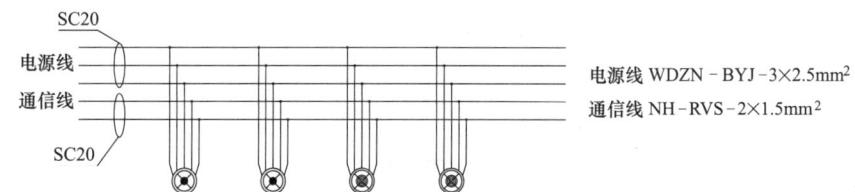

集中电源集中控制型消防应急照明灯具（B型灯具）AC220V接线示意图

集中电源/应急照明配电箱系统图	图号	YJZM2-6
珠海西默电气股份有限公司	页	23

K2+984.777

综合舱通风口1

综合舱防火门1

K3+000   K2+980   10m   10m   K2+960

人员逃生口

人员逃生口   10m   10m   10m   电力舱

人员逃生口   1ALE1-ZN1

人员逃生口   W1~W6   A型电源   综合舱

人员逃生口

人员逃生口   燃气舱

K3+006.027

燃气舱通风口2   10m   10m

燃气舱防火门2   10m   10m

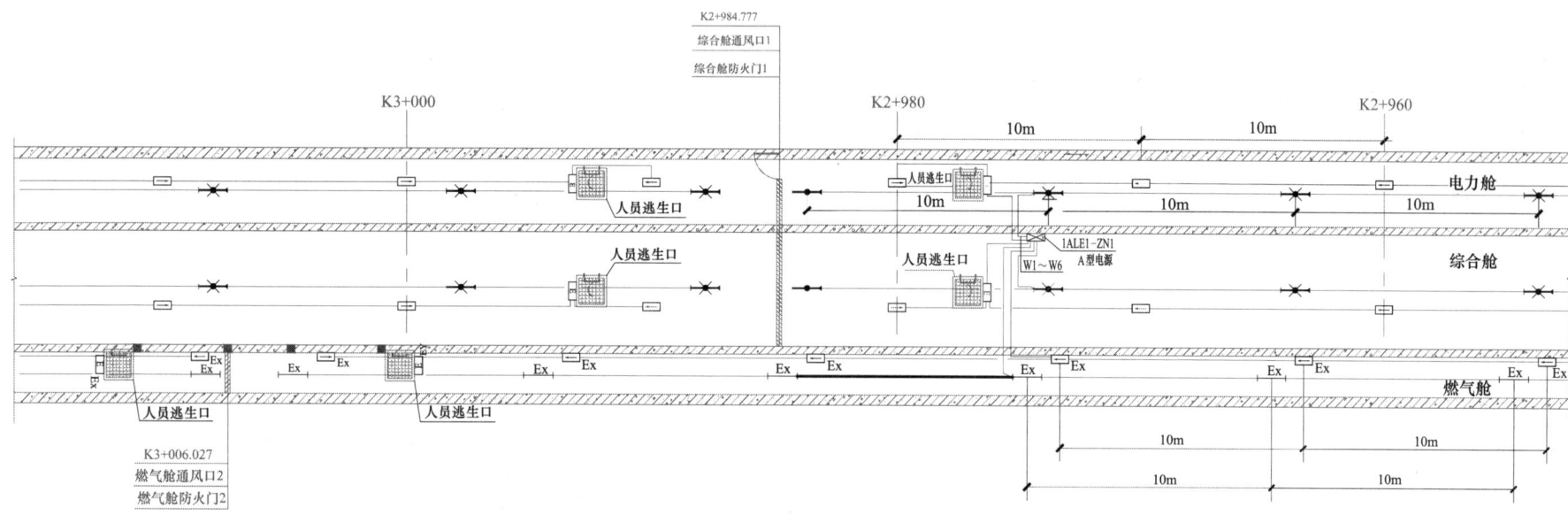

图例	型号	说明
E	XM-BLJC-1LROEⅡ1W	A型安全出口灯(壁挂)
→	XM-BLJC-1LROEⅡ1W	A型单面前向疏散指示灯(吊装)
✳	XM-ZFJC-E15W	A型应急照明灯(支架吸顶)
E Ex	XM-BLJC-10E11W	A型防爆安全出口灯 防火等级IP65
← Ex	XM-BLJC-1LE11W	A型防爆单面左向疏散指示灯 防火等级IP65
→ Ex	XM-BLJC-1RE11W	A型防爆单面右向疏散指示灯 防火等级IP65
Ex	XM-ZFJC-E15W	A型应急照明灯(支架吸顶,带防爆功能)

注:
根据《消防应急照明和疏散指示系统技术标准》GB 51309—2018第3.2.1 7 2)条,
在隧道场所、潮湿场所内设置时,灯具防护等级不应低于IP65。

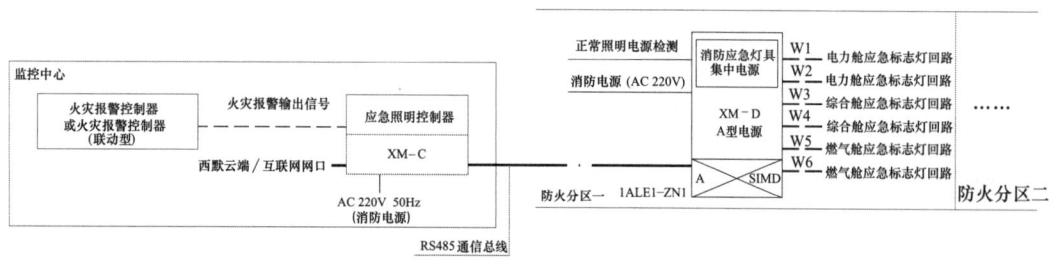

正常照明电源检测

消防电源(AC 220V)

监控中心   消防应急灯具   W1   电力舱应急标志灯回路

                                             集中电源   W2   电力舱应急标志灯回路

火灾报警控制器   火灾报警输出信号   应急照明控制器   W3   综合舱应急标志灯回路

或火灾报警控制器   XM-D   W4   综合舱应急标志灯回路

(联动型)   XM-C   A型电源   W5   燃气舱应急标志灯回路

西默云端/互联网网口   W6   燃气舱应急标志灯回路

                 AC 220V 50Hz   防火分区一   1ALE1-ZN1   A   SIMD   防火分区二

                 (消防电源)

RS485通信总线

管廊应急照明平面图（工程实例一）	图号	YJZM2-7
珠海西默电气股份有限公司	页	24

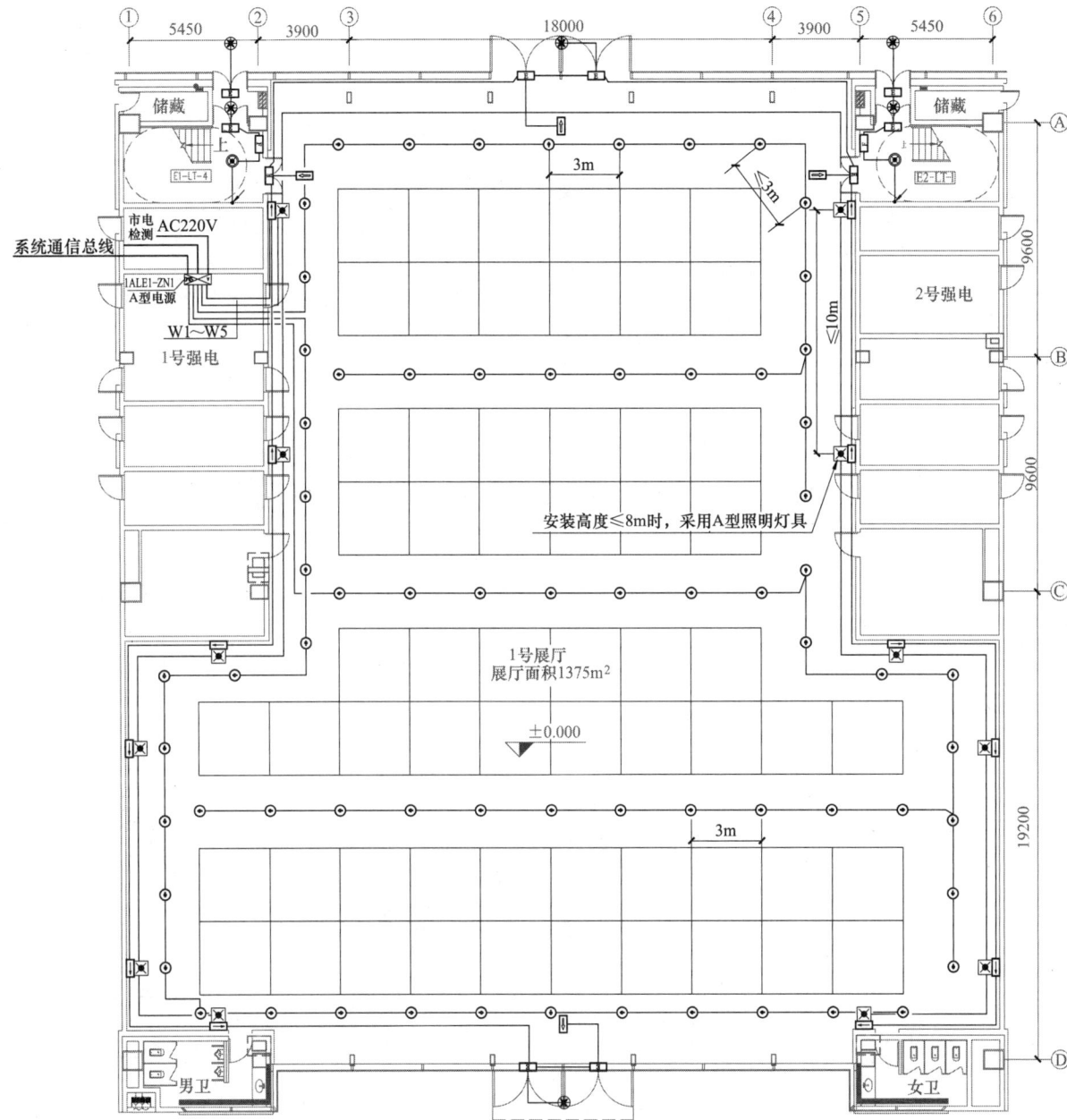

图例	型号	功能
E	XM-BLJC-1LROEⅡ1W	A型安全出口灯
F	XM-BLJC-1LROEⅡ1W	A型楼层指示灯
←	XM-BLJC-1LROEⅢ1W	A型单面左向疏散指示灯
→	XM-BLJC-1LROEⅢ1W	A型单面右向疏散指示灯
← →	XM-BLJC-2LROEⅡ1W	A型双面单向疏散指示灯（吊装）
⊠	XM-ZFJC-E5W	A型应急照明灯（壁装）
→	XM-BLJC-1LREⅠ0.5W	A型单向地埋灯
⊛	XM-ZFJC-E10W	A型应急照明灯（吸顶，带雷达感应功能）
✳	XM-ZFJC-E5W	A型应急照明灯（嵌顶）

注:
根据《消防应急照明和疏散指示系统技术标准》GB 51309—2018条文说明3.2.9条规定，设置保持视觉连续方向标志灯的场所中，方向标志灯应设置在疏散走道、疏散通道的中心位置，且为了保持人员对方向标志灯视觉识别的连续性，灯具的设置间距不应大于3m。

展厅首层应急照明平面图（工程实例二）	图号	YJZM2-8
珠海西默电气股份有限公司	页	25

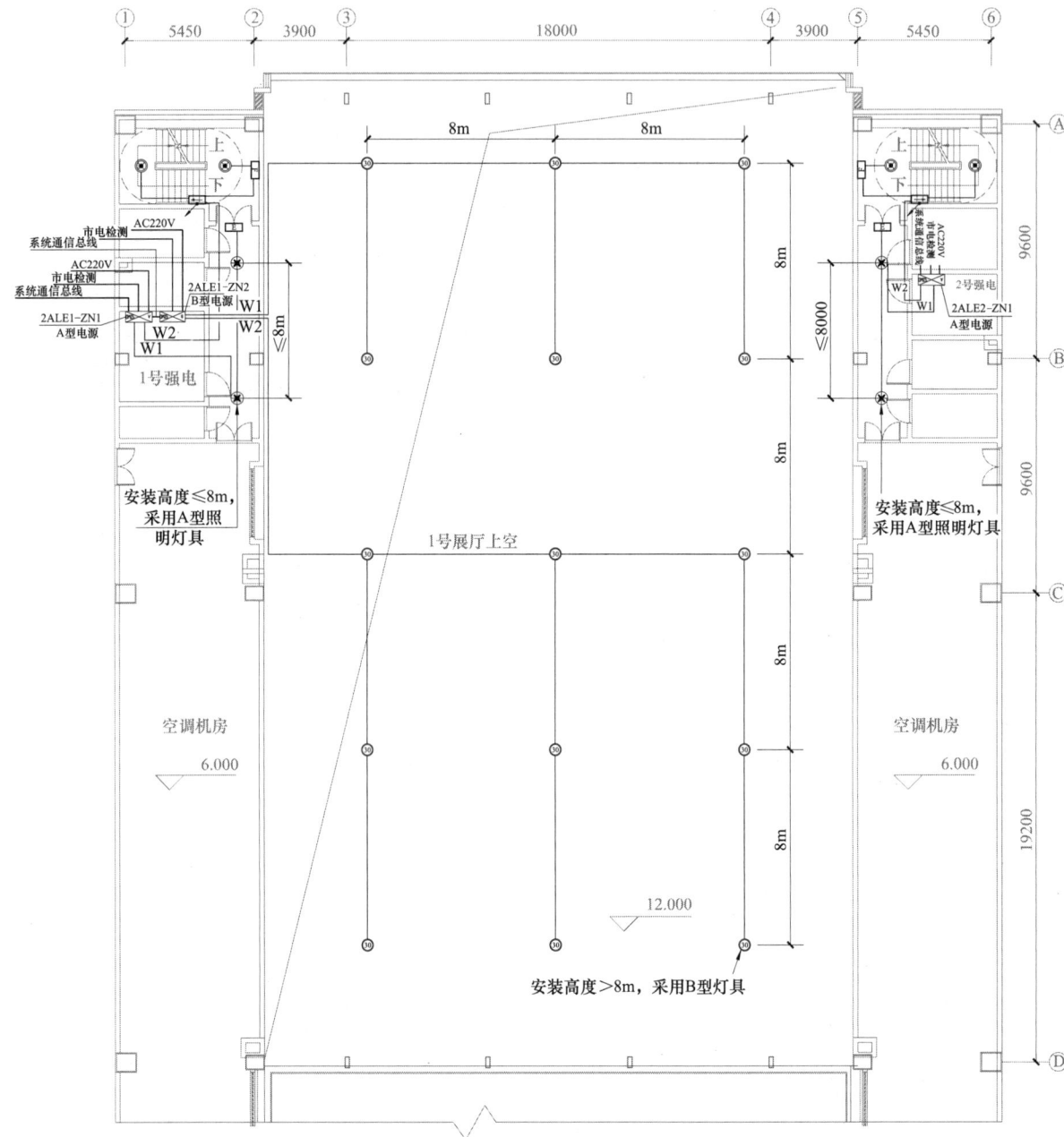

图例	型号	功能
㉚	XM-ZFJC-E30W	防护等级IP65 B型应急照明灯(吊装)
⊙	XM-ZFJC-E10W	A型应急照明灯(吸顶，带雷达感应功能)
⊗	XM-ZFJC-E5W	A型应急照明灯(嵌顶)

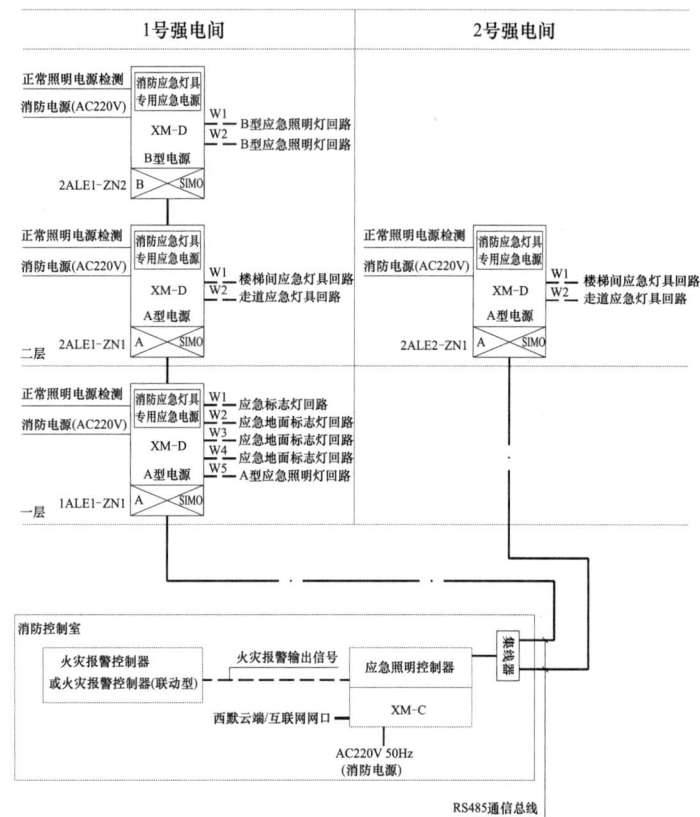

展厅二层应急照明平面图（工程实例二）	图号	YJZM2-9
珠海西默电气股份有限公司	页	26

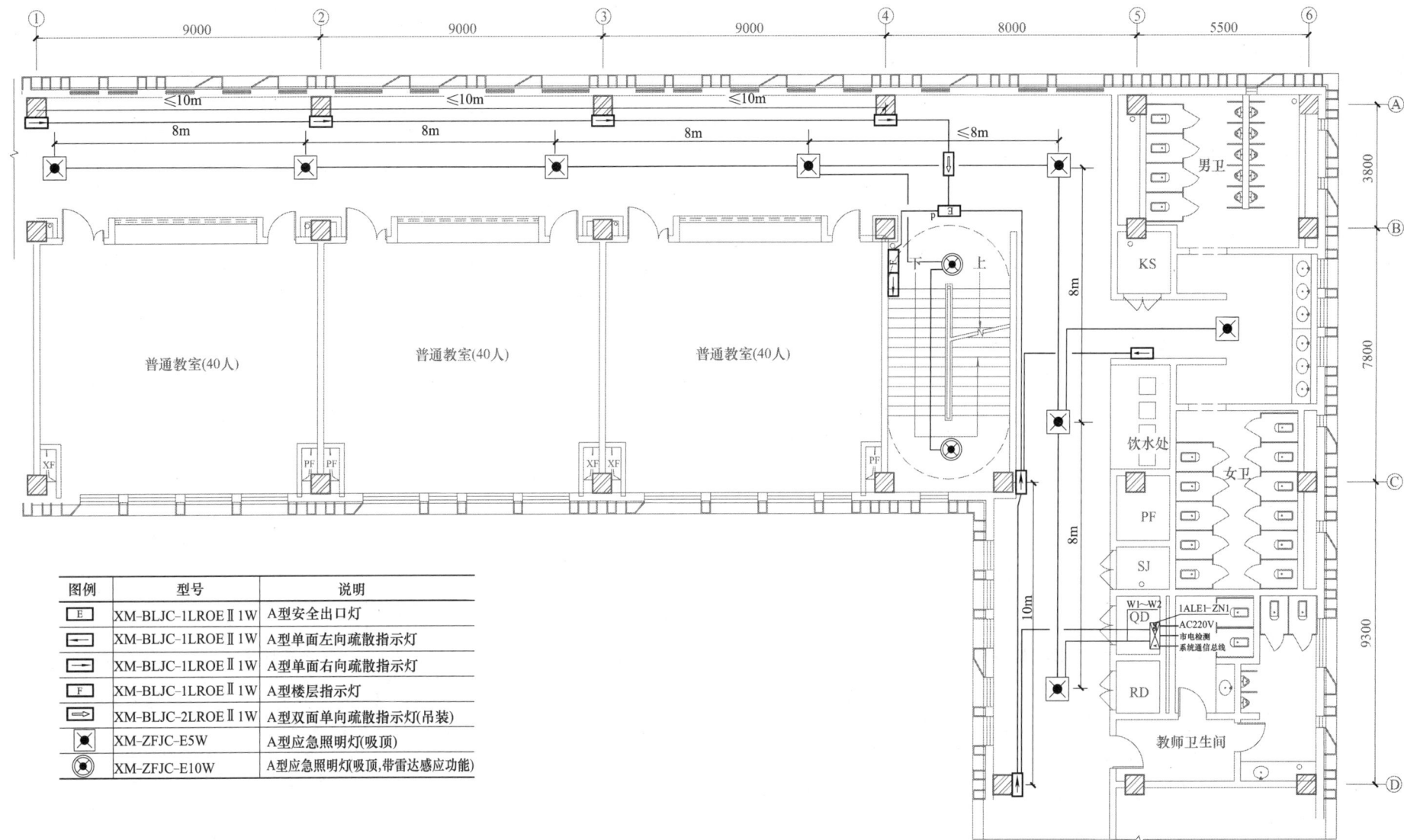

图例	型号	说明
E	XM-BLJC-1LROEⅡ1W	A型安全出口灯
←	XM-BLJC-1LROEⅡ1W	A型单面左向疏散指示灯
→	XM-BLJC-1LROEⅡ1W	A型单面右向疏散指示灯
F	XM-BLJC-1LROEⅡ1W	A型楼层指示灯
⇆	XM-BLJC-2LROEⅡ1W	A型双面单向疏散指示灯(吊装)
※	XM-ZFJC-E5W	A型应急照明灯(吸顶)
⊛	XM-ZFJC-E10W	A型应急照明灯吸顶,带雷达感应功能)

学校应急照明平面图（工程实例三）	图号	YJZM2-10
珠海西默电气股份有限公司	页	27

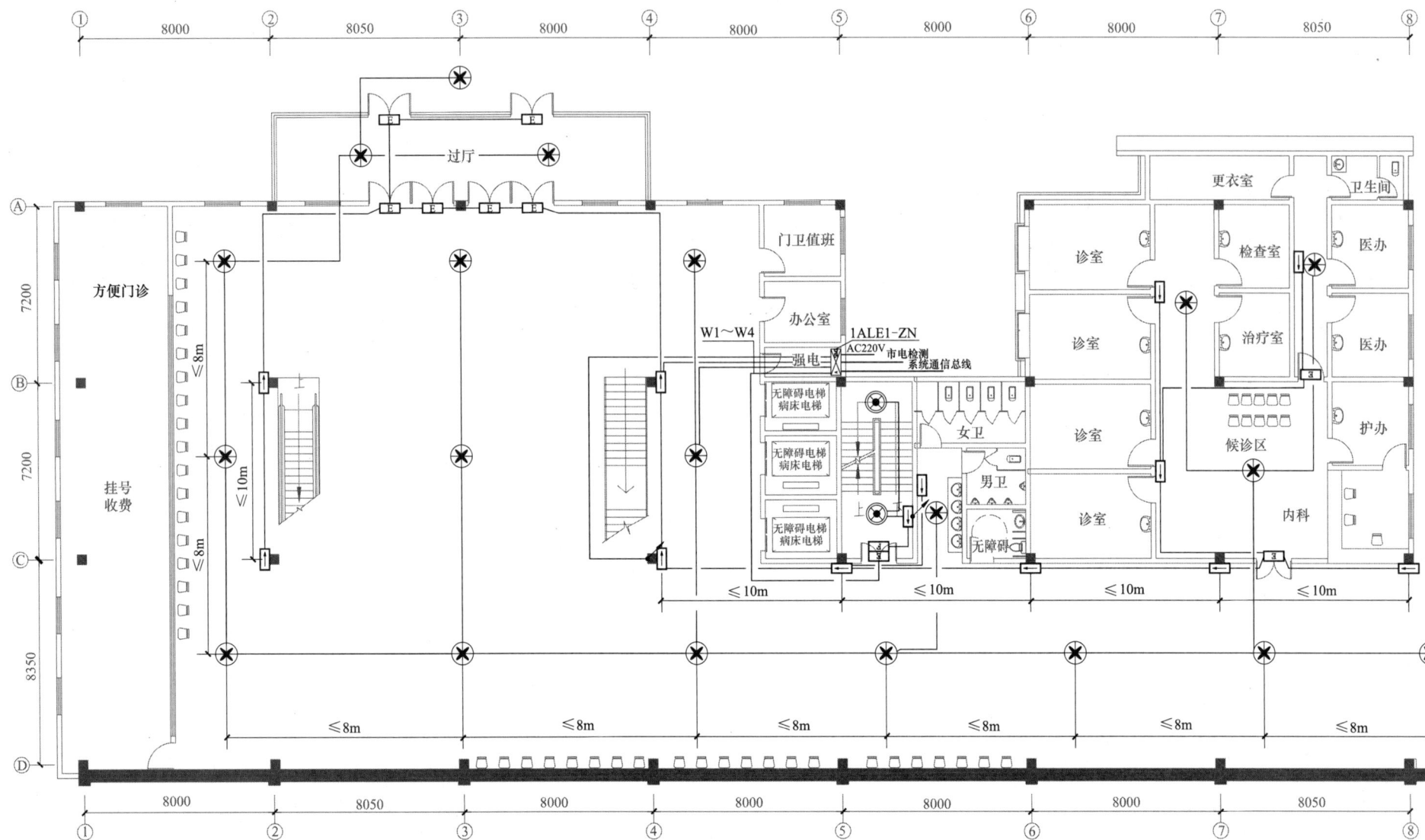

医院门诊大厅应急照明平面图（工程实例四）

图例	型号	功能
E	XM-BLJC-1LROEⅡ1W	A型安全出口灯
	XM-BLJC-1LROEⅡ1W	A型单面左向疏散指示灯
	XM-BLJC-1LROEⅡ1W	A型单面右向疏散指示灯
F	XM-BLJC-1LROEⅡ1W	A型楼层指示灯
	XM-BLJC-1LREⅠ0.5W	A型双向地埋灯
	XM-ZFJC-E5W	A型应急照明灯(嵌顶)
	XM-ZFJC-E10W	A型应急照明灯(吸顶，带雷达感应功能)

注：
适用于医院门诊、住院楼。

过厅
更衣室
卫生间
门卫值班
诊室
检查室
医办
方便门诊
办公室
1ALE1-ZN
W1～W4
AC220V 市电检测
强电
系统通信总线
治疗室
医办
挂号收费
无障碍电梯
病床电梯
女卫
诊室
候诊区
护办
无障碍电梯
病床电梯
男卫
无障碍电梯
病床电梯
上
无障碍
诊室
内科

图号	YJZM2-11
珠海西默电气股份有限公司	页 28

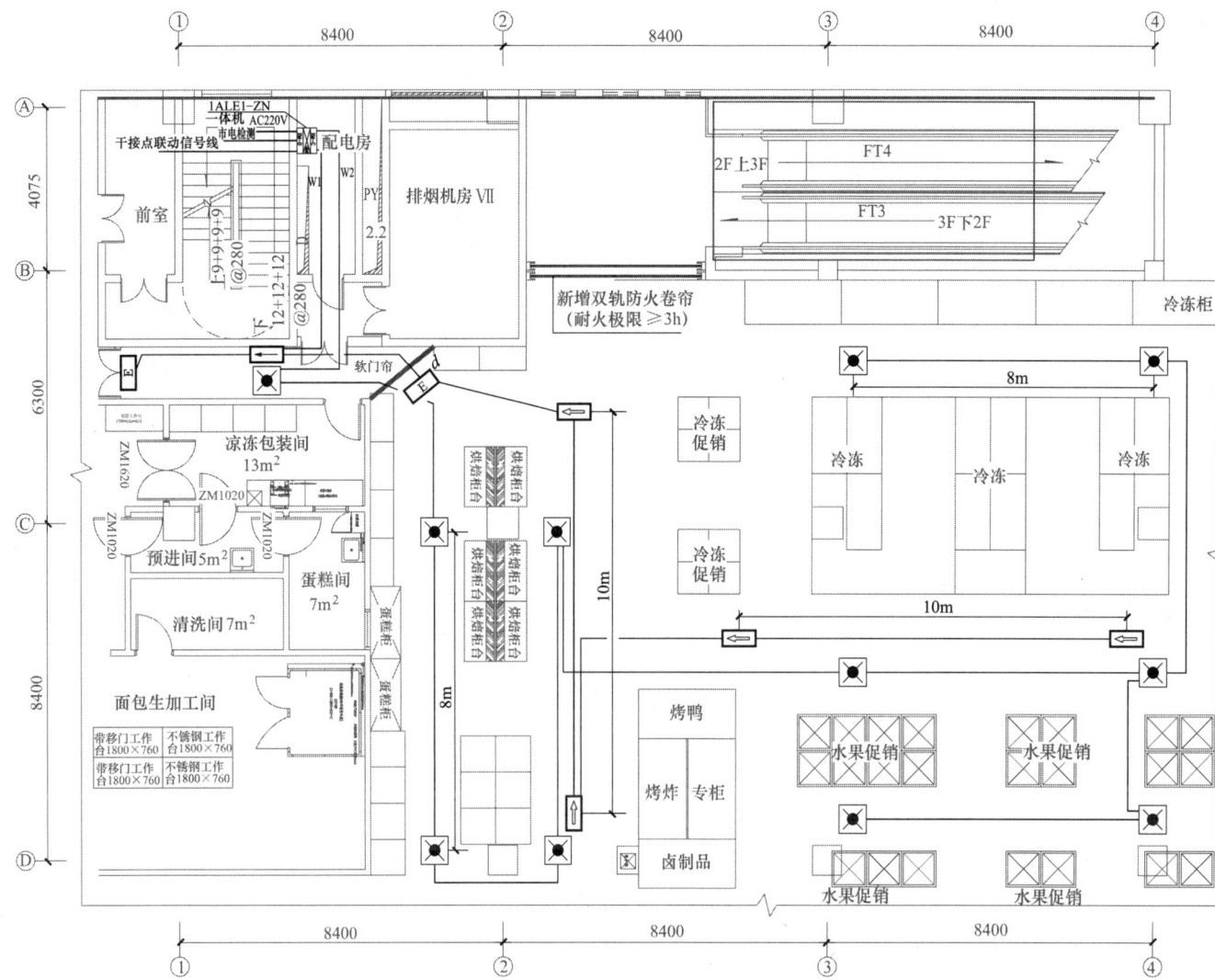

小型超市应急照明平面图

超市集中控制集中电源系统图

正常照明电源检测 —— 一体机
消防电源(AC220V) —— XM-C
XM-D —— W1
XM-C —— W2
SIMO
1ALE1-ZN —— XM-D
超市

注:
1.该项目由一体机、A型应急照明灯具、A型应急标志灯具组成。
2.一体机为应急照明+应急照明集中电源共一机箱。
3.一体机自身可带点位480,可外接一台电源最多连接点位在960以下,适用于连锁餐饮酒店、小型超市、工业厂房等小型项目。

图例	型号	功能
E	XM-BLJC-1LROEⅡ1W	A型安全出口灯
⇐	XM-BLJC-1LROEⅡ1W	A型单面左向疏散指示灯
⇒	XM-BLJC-1LROEⅡ1W	A型单面右向疏散指示灯
F	XM-BLJC-1LROEⅡ1W	A型楼层指示灯
⇒	XM-BLJC-2LROEⅡ1W	A型双面单向疏散指示灯(吊装)
▣	XM-ZFJC-E5W	A型应急照明灯(吸顶安装)

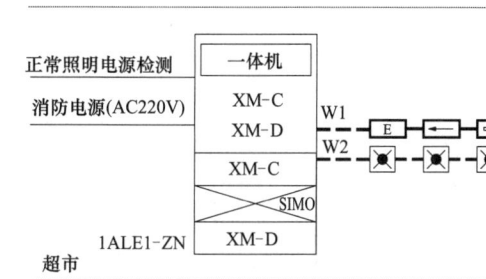

小型超市应急照明平面图（工程实例五）		图号	YJZM2-12
珠海西默电气股份有限公司		页	29

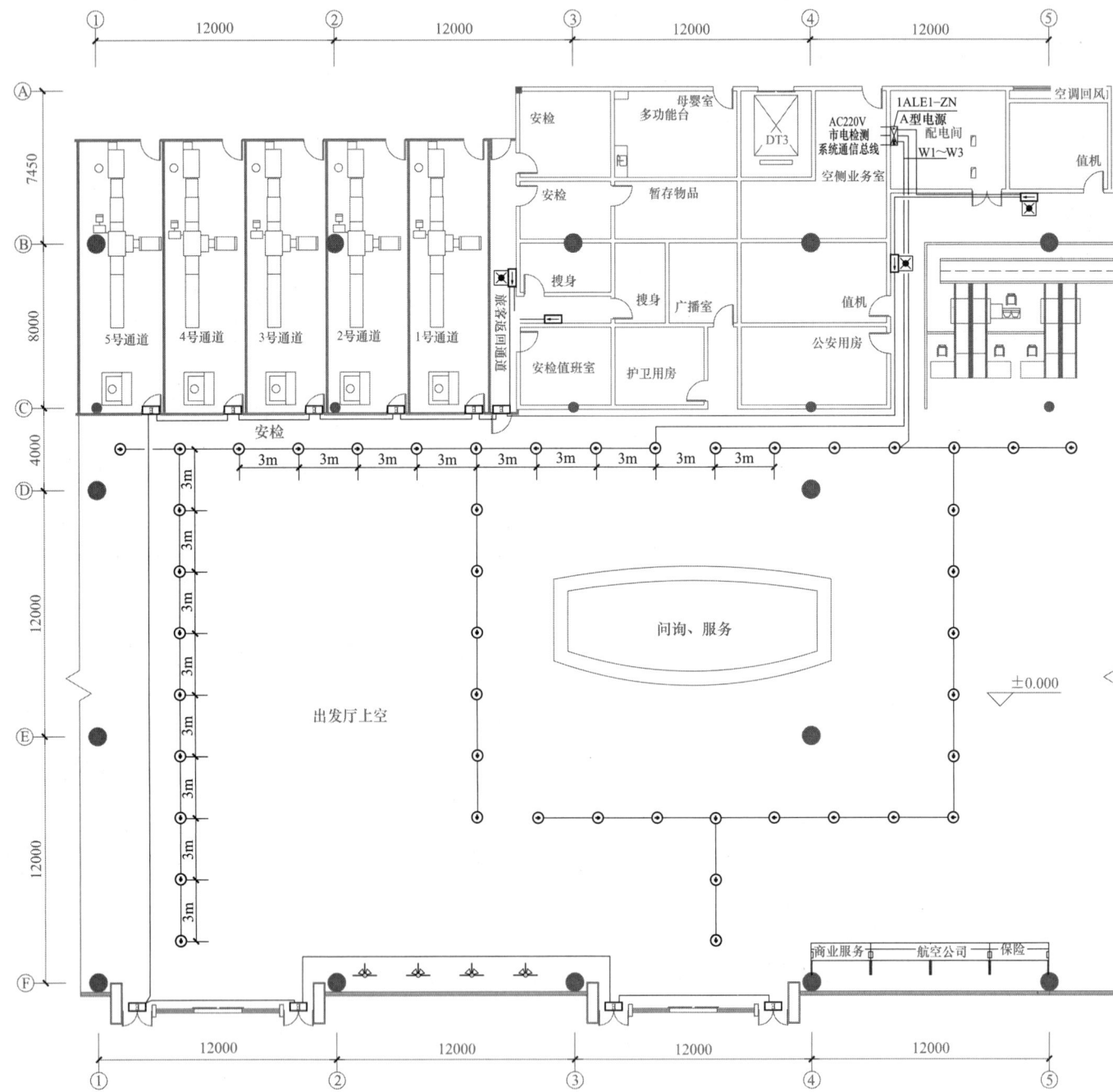

图例	型号	功能
E	XM-BLJC-1LROEⅡ 1W	A型安全出口灯
←	XM-BLJC-1LROEⅡ 1W	A型单面左向疏散指示灯
→	XM-BLJC-1LROEⅡ 1W	A型单面右向疏散指示灯
▣	XM-ZFJC-E5W	A型应急照明灯(壁装)
⊙	XM-BLJC-1LREⅠ 0.5W	A型单向地埋灯

安检
多功能台
母婴室
AC220V
市电检测
系统通信总线
1ALE1-ZN
A型电源
配电间
W1~W3
空调回风
值机
安检
暂存物品
空侧业务室

5号通道
4号通道
3号通道
2号通道
1号通道

搜身
搜身
广播室
值机
公安用房

安检值班室
护卫用房

安检

3m 3m 3m 3m 3m 3m 3m 3m 3m

问询、服务

±0.000

出发厅上空

商业服务 — 航空公司 — 保险

12000 12000 12000 12000

			机场航站楼大厅首层应急照明平面图（工程实例六）	图号	YJZM2-13
			珠海西默电气股份有限公司	页	30

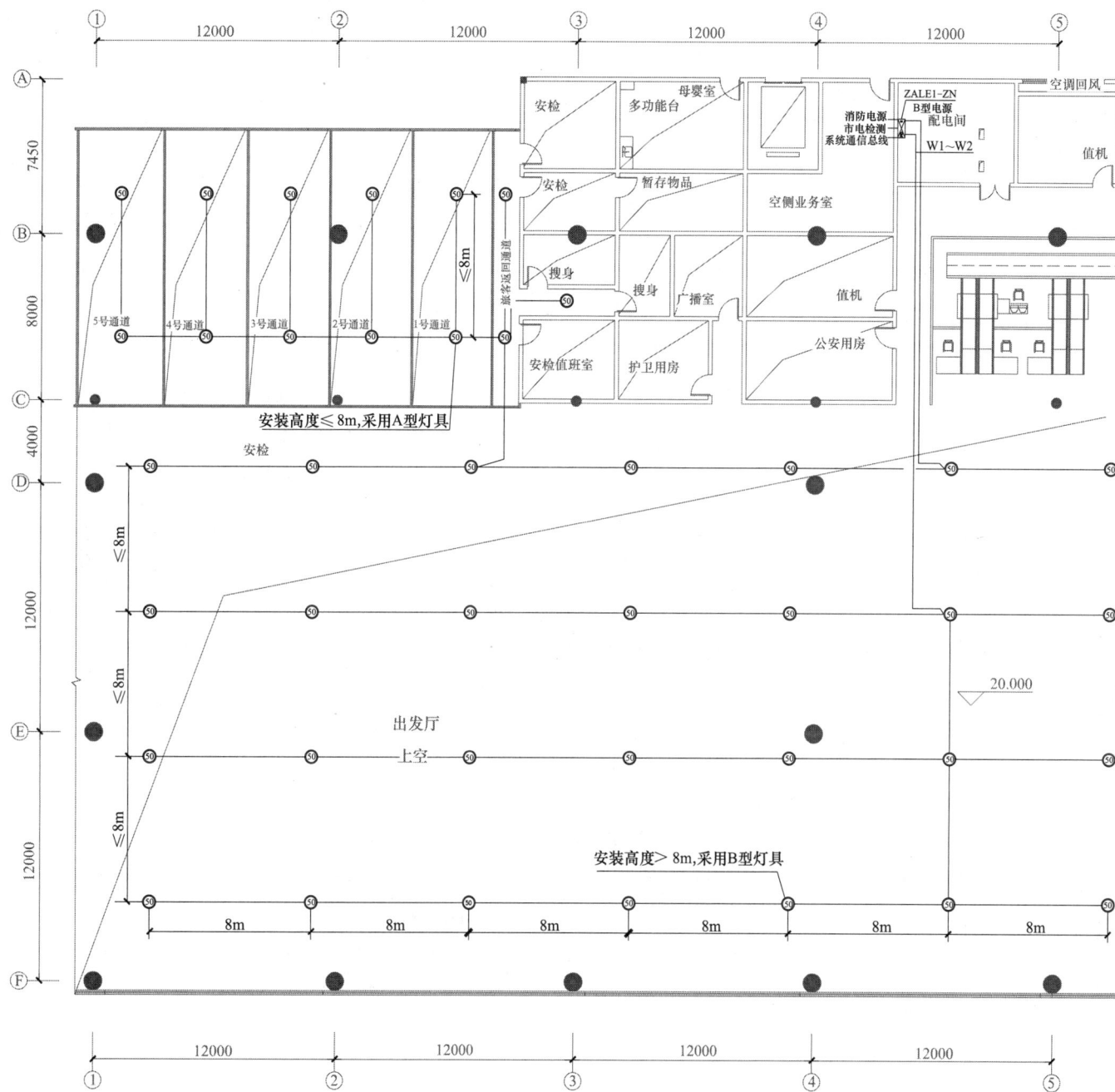

图例	型号	功能
50	XM－ZFJC －E50W	B型应急照明灯(吊装)

注:
适用于高铁站大厅、候车室,机场航站楼、候机楼。

12000 12000 12000 12000

7450
8000
4000
12000
12000

5号通道 4号通道 3号通道 2号通道 1号通道

≤8m

安装高度≤8m,采用A型灯具

安检

出发厅
上空

20.000

安装高度>8m,采用B型灯具

8m 8m 8m 8m 8m 8m

12000 12000 12000 12000

安检
多功能台
母婴室
空调回风

暂存物品
空侧业务室

ZALE1-ZN
B型电源
配电间
W1~W2

消防电源
市电检测
系统通信总线

值机

搜身
搜身
广播室
值机

安检值班室
护卫用房
公安用房

机场航站楼大厅二层应急照明平面图（工程实例六）	图号	YJZM2-14
珠海西默电气股份有限公司	页	31

33

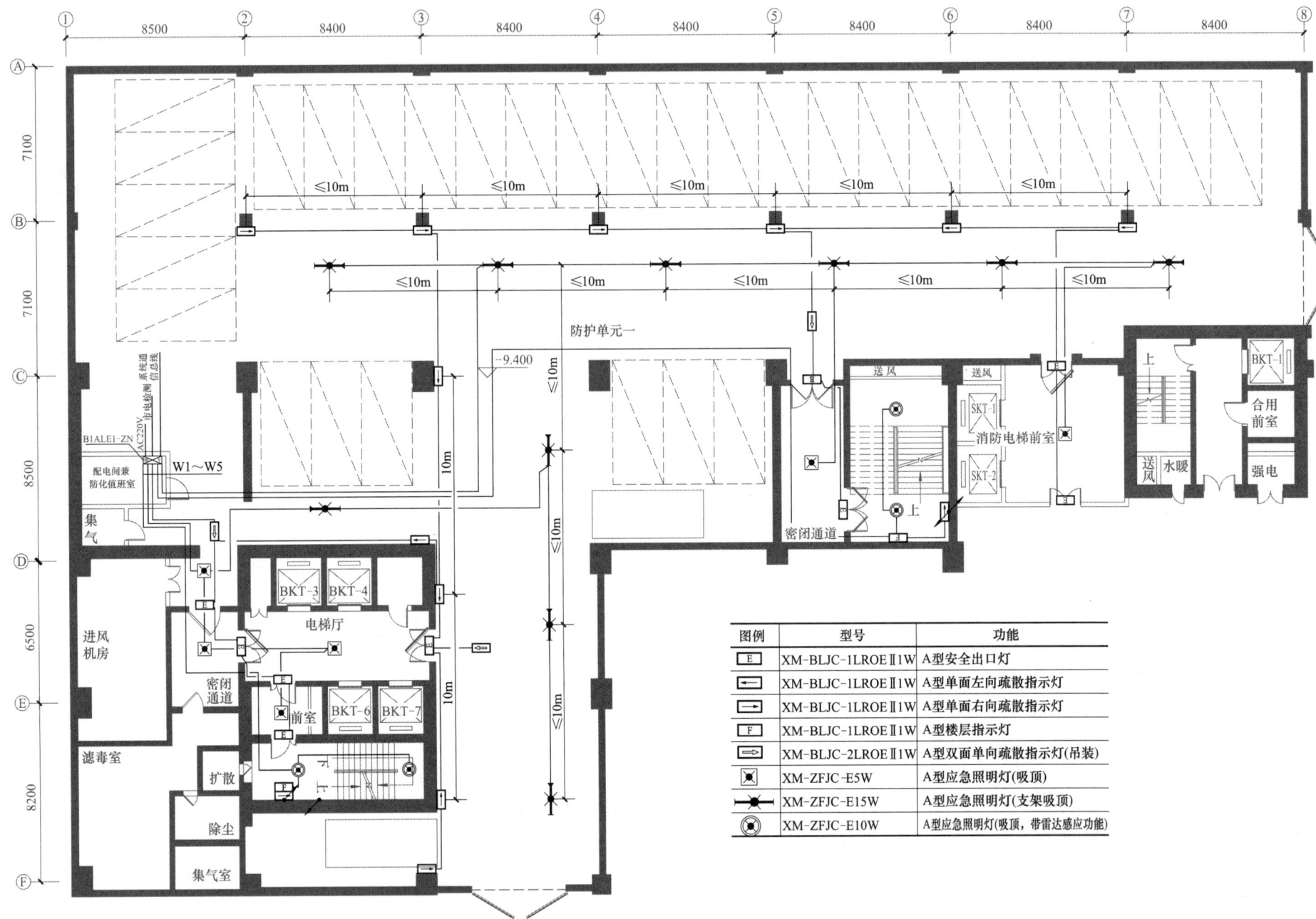

图例表:

图例	型号	功能
E	XM-BLJC-1LROEⅡ1W	A型安全出口灯
←	XM-BLJC-1LROEⅡ1W	A型单面左向疏散指示灯
→	XM-BLJC-1LROEⅡ1W	A型单面右向疏散指示灯
F	XM-BLJC-1LROEⅡ1W	A型楼层指示灯
⇄	XM-BLJC-2LROEⅡ1W	A型双面单向疏散指示灯(吊装)
⊗	XM-ZFJC-E5W	A型应急照明灯(吸顶)
⚹	XM-ZFJC-E15W	A型应急照明灯(支架吸顶)
⊛	XM-ZFJC-E10W	A型应急照明灯(吸顶,带雷达感应功能)

图中标注: 8500 8400 8400 8400 8400 8400 8400

7100 7100 8500 6500 8200

≤10m

防护单元一 -9.400 10m

送风 送风 消防电梯前室 密闭通道 合用前室 水暖 强电 上

BKT-1

配电间兼防化值班室 B1ALE1-ZN AC220V 消防电源监控系统信号总线 W1~W5

集气 进风机房 密闭通道 滤毒室 扩散 除尘 集气室

电梯厅 BKT-3 BKT-4 前室 BKT-6 BKT-7

SKT-1 SKT-2

住宅地下车库应急照明平面图(工程实例七)	图号	YJZM2-15
珠海西默电气股份有限公司	页	32

34

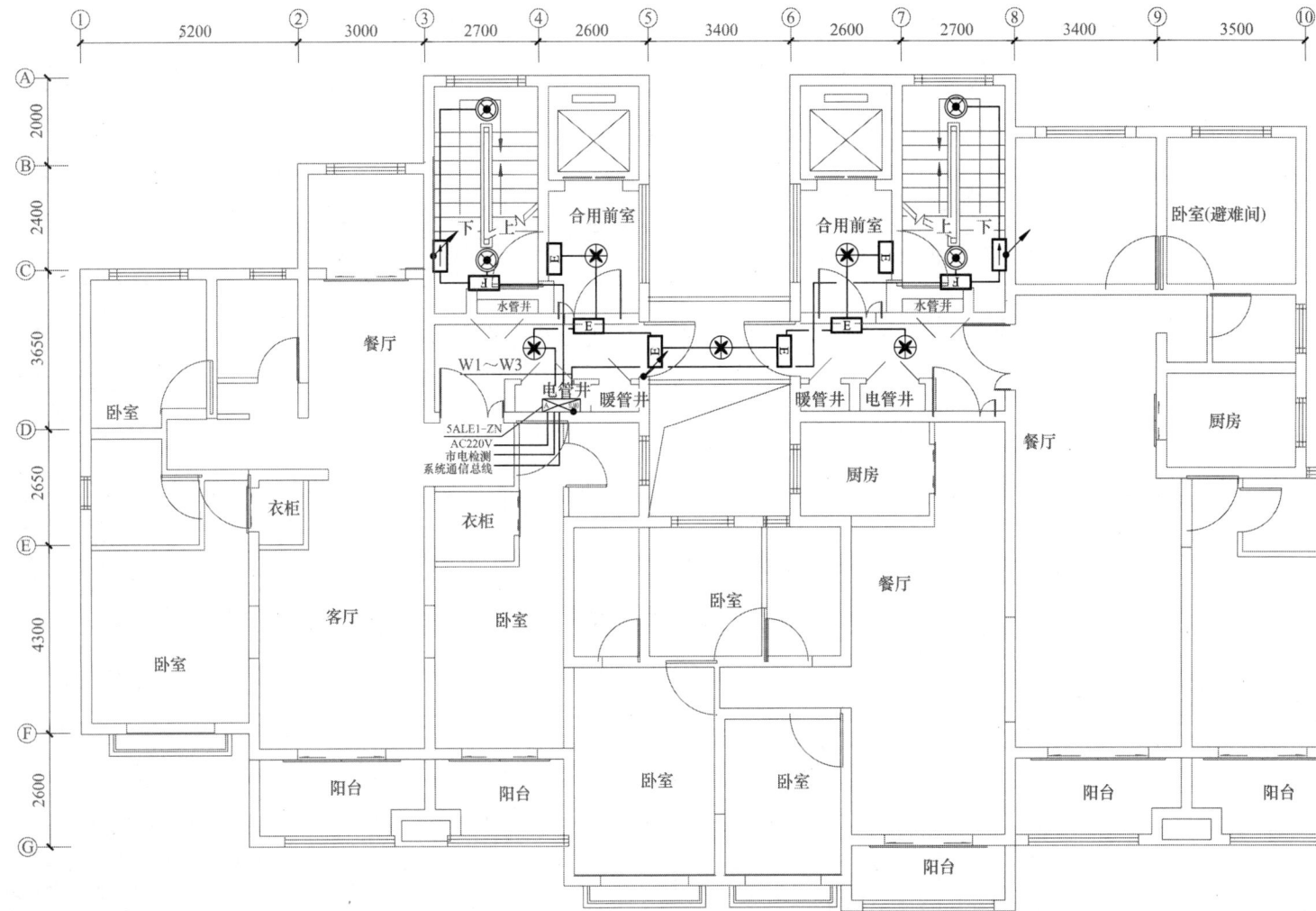

图例	型号	功能
[E]	XM-BLJC-1LROEⅡ1W	A型安全出口灯
⬅	XM-BLJC-1LROEⅡ1W	A型单面左向疏散指示灯
➡	XM-BLJC-1LROEⅡ1W	A型单面右向疏散指示灯
[F]	XM-BLJC-1LROEⅡ1W	A型楼层指示灯
⊘	XM-BLJC-1LREⅠ0.5W	A型双向地埋灯
✳	XM-ZFJC-E5W	A型应急照明灯(嵌顶)
✺	XM-ZFJC-E10W	A型应急照明灯(吸顶,带雷达感应功能)

住宅塔楼应急照明平面图（工程实例七）	图号	YJZM2-16
珠海西默电气股份有限公司	页	33

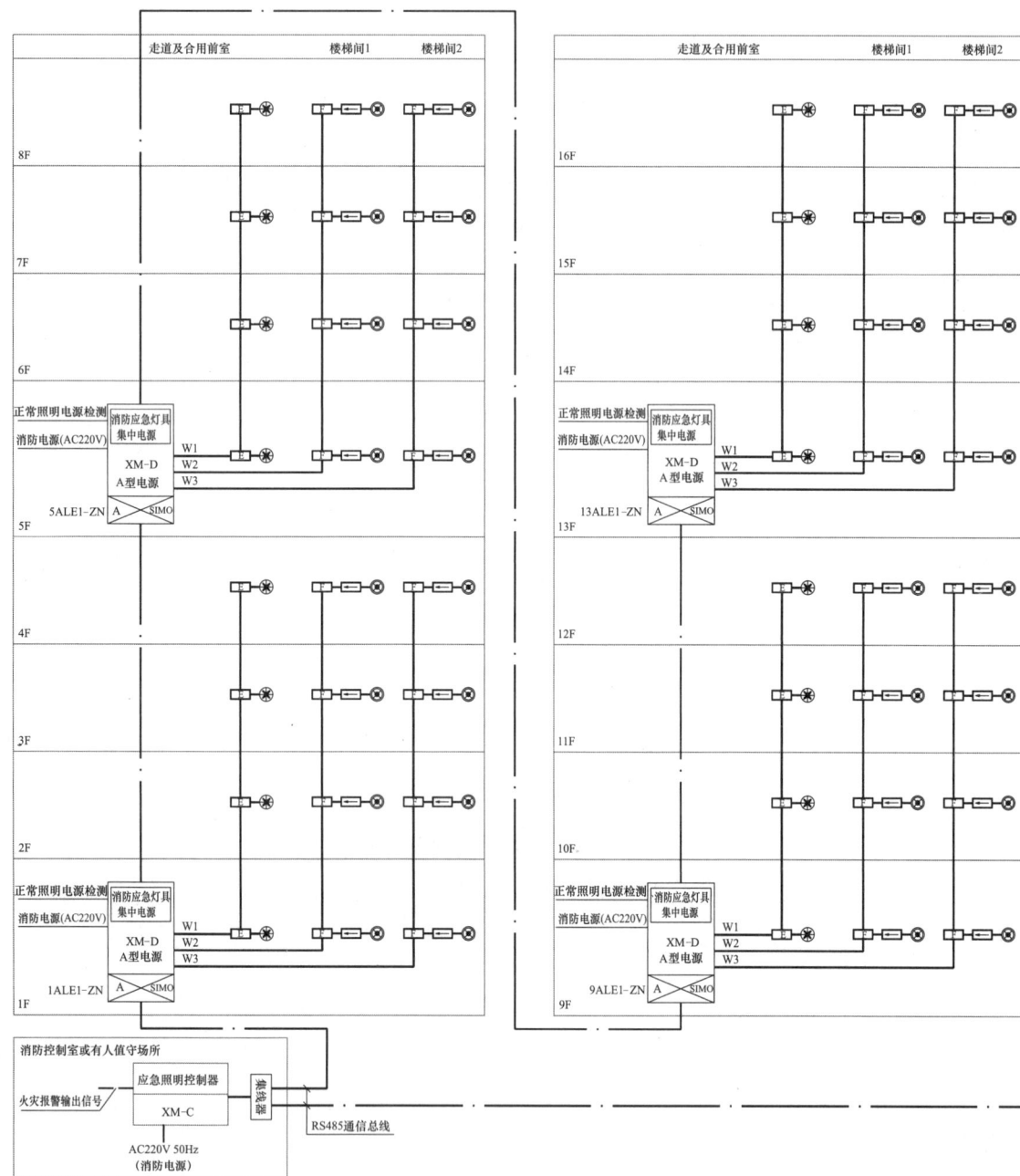

图例	型号	功能
	XM-BLJC-1LROEⅡ 1W	A型安全出口灯
	XM-BLJC-1LROEⅡ 1W	A型单面左向疏散指示灯
	XM-BLJC-1LROEⅡ 1W	A型单面右向疏散指示灯
	XM-BLJC-1LROEⅡ 1W	A型楼层指示灯
	XM-BLJC-2LROEⅡ 1W	A型双面单向疏散指示灯(吊装)
	XM-ZFJC-E5W	A型应急照明灯(吸顶)
	XM-ZFJC-E15W	A型应急照明灯(支架吸顶)
	XM-ZFJC-E10W	A型应急照明灯(吸顶,带雷达感应功能)
	XM-ZFJC-E5W	A型应急照明灯(嵌顶)

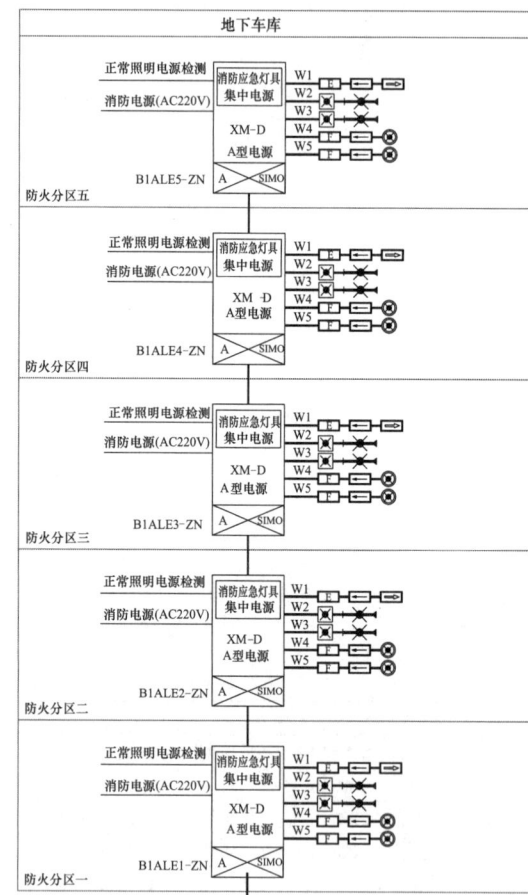

走道及合用前室　楼梯间1　楼梯间2

8F
7F
6F

正常照明电源检测
消防电源(AC220V)
消防应急灯具
集中电源
XM-D
A型电源
W1
W2
W3
5ALE1-ZN

5F
4F
3F
2F

正常照明电源检测
消防电源(AC220V)
消防应急灯具
集中电源
XM-D
A型电源
W1
W2
W3
1ALE1-ZN
1F

走道及合用前室　楼梯间1　楼梯间2

16F
15F
14F

正常照明电源检测
消防电源(AC220V)
消防应急灯具
集中电源
XM-D
A型电源
W1
W2
W3
13ALE1-ZN
13F

12F
11F
10F

正常照明电源检测
消防电源(AC220V)
消防应急灯具
集中电源
XM-D
A型电源
W1
W2
W3
9ALE1-ZN
9F

地下车库

正常照明电源检测
消防电源(AC220V)
消防应急灯具
集中电源
XM-D
A型电源
W1
W2
W3
W4
W5
防火分区五
B1ALE5-ZN

正常照明电源检测
消防电源(AC220V)
消防应急灯具
集中电源
XM-D
A型电源
W1
W2
W3
W4
W5
防火分区四
B1ALE4-ZN

正常照明电源检测
消防电源(AC220V)
消防应急灯具
集中电源
XM-D
A型电源
W1
W2
W3
W4
W5
防火分区三
B1ALE3-ZN

正常照明电源检测
消防电源(AC220V)
消防应急灯具
集中电源
XM-D
A型电源
W1
W2
W3
W4
W5
防火分区二
B1ALE2-ZN

正常照明电源检测
消防电源(AC220V)
消防应急灯具
集中电源
XM-D
A型电源
W1
W2
W3
W4
W5
防火分区一
B1ALE1-ZN

消防控制室或有人值守场所
应急照明控制器
XM-C
火灾报警输出信号
集中器
AC220V 50Hz
(消防电源)
RS485通信总线

住宅塔楼应急照明系统组网图（工程实例七）		图号	YJZM2-17
珠海西默电气股份有限公司		页	34

电源线进出口

钻10-φ6孔
打上6mm爆炸螺丝

固定铁片

510

拧紧爆炸螺丝

812

钻10-φ6孔
打上6mm爆炸螺丝

固定铁片

510

拧紧爆炸螺丝

560

拧紧爆炸螺丝

812

100

拧紧爆炸螺丝

159   202   159

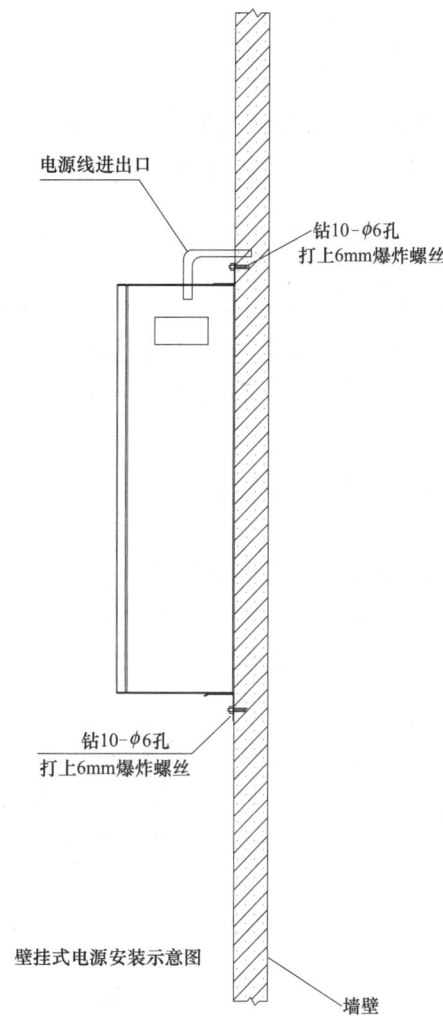

壁挂式电源安装示意图

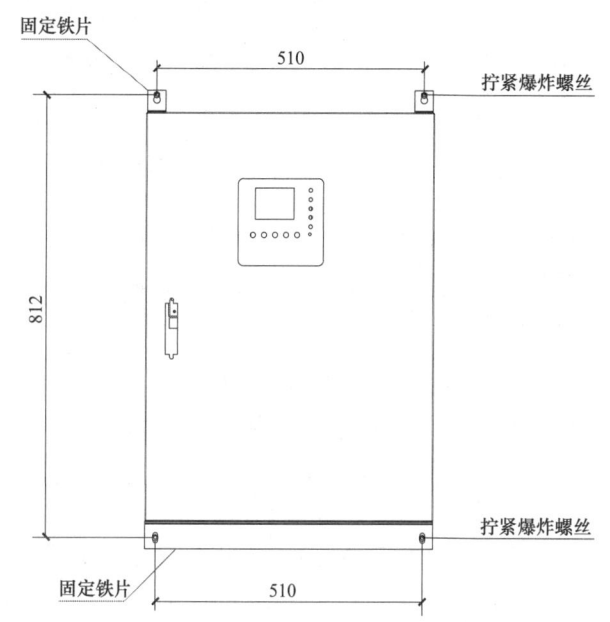

墙壁

壁挂式电源安装示意图

0.3kVA/0.6kVA 壁挂式电源安装示意图

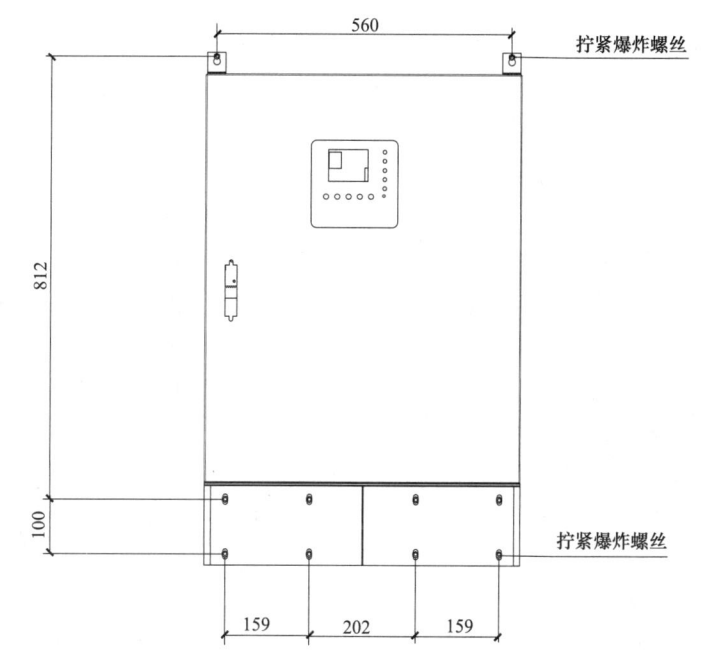

1kVA电源安装示意图

注：
1.请勿置于不平或倾斜之处。
2.请把电源放置于通风良好的地方，两侧留有维修距离。
3.请不要在上面放置物品。
4.室内壁挂式安装。
5.机柜出线口上方中间。
6.先把固定铁板用螺丝固定在机箱的上方、下方,然后按照固定铁片的开孔位置在选定的安装墙上打孔（如左图顶部水平开孔间距,底部水平开孔间距,纵向开孔间距）,孔径为 φ8深60mm,用φ6金属膨胀钉将箱体固定。

A 型集中电源安装示意图	图号	YJZM2-18
珠海西默电气股份有限公司	页	35

系 统 概 述

1 系统概要

广东盛世名门照明科技有限公司生产的消防应急照明和疏散指示系统，主要包括集中控制型与集中电源集中控制型两种系统，应急照明控制器可对消防应急灯具、线路及备用电池、集中电源的状态进行巡检、控制，如消防应急灯具、供电线路或备电电池发生故障，应急照明控制器均能够报警，并定位故障发生位置，提醒工作人员在第一时间进行维护；确保建筑内应急照明和疏散指示灯具的正常工作。当应急照明控制器在接收到火灾自动报警系统的火灾报警信号后，能自动生成最佳疏散预案，为现场人员提供安全、准确、快速的疏散路径。

系统设备及灯具符合《消防应急照明和疏散指示系统》GB 17945—2010 和《消防应急照明和疏散指示系统技术标准》GB 51309—2018 的规定，并具备应急管理部出具的 CCC 强制性认证证书和检验报告。

2 系统组成

2.1 自带电源集中控制型消防应急照明系统

（1）由应急照明控制器、应急照明配电箱、自带电源集中控制型消防应急标志灯具、自带电源集中控制型消防应急照明灯具等组成。

（2）应急照明控制器：应急照明控制器有立柜式安装与壁挂式安装两种，立柜式安装应急照明控制器人机界面操作简单，当发生火灾警报、故障报警时均可通过图像显示报警点的位置；壁挂式安装应急照明控制器控制简洁，有一键组网功能、人机界面操作简单。

（3）应急照明配电箱：内置锂离子电池作备用电源。配电箱与上级通信采用 DC36V 两总线。DC36V 两总线采用直流载波通信，在 Modbus 通信协议的基础上，进行优化编程。

（4）自带电源集中控制型消防应急照明灯具：灯具自带锂离子蓄电池，当供电线路发生故障时，灯具自动转换为应急状态。通过应急照明控制器主机控制由蓄电池为应急灯具供电。直接点亮应急照明灯具可作为普通照明使用。

2.2 集中电源集中控制型消防应急照明系统

（1）由应急照明控制器、应急照明集中电源、集中电源集中控制型消防应急标志灯具、集中电源集中控制型消防应急照明灯具等组成。

（2）应急照明控制器：集中电源集中控制型系统的应急照明控制器与自带电源集中控制型系统的应急照明控制器相同。

（3）应急照明集中电源：内置大容量蓄电池用作备用电源，当发生火警或输入主电源断开将自动转换为应急状态，应急电源自动转换为备用电源供电，转换时间≤5s。输出回路采用 DC36V 总线技术，可直接带载灯具进行通信控制。每台应急照明集中电源可输出 8 个回路，每个回路输出电流 6A。

（4）集中电源集中控制型应急照明灯具：灯具内部不设有蓄电池，灯具电源由应急照明集中电源统一供电，灯具状态由应急照明控制器统一通信控制。

3 系统设置

（1）每台应急照明控制器（SS-C-901）最多带载 200 台应急照明集中电源或 200 台应急照明配电箱，任一台应急照明控制器直接控制灯具的总数量大于 3200 个；可实现 128 台应急照明控制器之间的联网。

（2）消防应急照明集中电源输出电压为 DC36V，可配出 4 条或 8 条回路，每条回路的额定电流≤6A；配接灯具的额定功率总和不得大于配电回路额定功率的 80％、最多可带 25 只集中控制型消防应急灯具。

（3）应急照明配电箱输出电压为 DC36V，可配出 4 条或 8 条回路，每条回路的额定电流≤6A；配接灯具的额定功率总和不得大于配电回路额定功率的 80％、最多可带 25 只集中控制型消防应急灯具。

4 系统接线

（1）应急照明控制器通过通信总线与应急照明集中电源连接，通信总线采用 NH-RVSP-2×1.5mm² 线，最远传输距离 1200m。

（2）消防应急标志灯具和消防应急照明灯具以及消防应急集中电源之间通过二总线连接，总线采用 NH-RVS-2×2.5mm² 线，其中，地埋式标志灯的二总线需采用耐腐蚀橡胶线缆，穿金属管敷设，最远通信距离为 200m。

（3）应急照明控制器输出通信回路，采用 NH-RVSP-2×1.5mm²，屏蔽层应在应急照明控制器接线处进行接地。

（4）施工布线可以采用星形接法、树形接法、总线式接法等，但是要注意尽量减少回路的长度，从而减少工作时回路的电压压降。

5 系统供电

（1）非火灾状态系统正常工作模式是消防主电源（AC220V）为应急照明控制器供电，备用电源采用一节 DC12V/18AH 电池供电，当主电源故障时应急照明控制器自动转为应急工作状态。

（2）集中电源系统中，灯具的主电源及蓄电池电源均由集中电源提供，集中电源的输入及输出回路中不能装设剩余电流动作保护器，输出回路严禁接入系统以外的开关装置、插座及其他负载。

（3）应急照明集中电源、应急照明配电箱的输出电压均为 DC36V。

系统概述	图号	YJZM3-1
广东盛世名门照明科技有限公司	页	36

序号	图例	名称	型号	功能描述	安装方式(单位:mm) (长×宽×高)	备注
1	E	安全出口标志灯具(超薄金属壳体)	SS-BLZC-Ⅱ1LROE3W-D323B	LED光源、锂离子电池、功率≤3W	壁挂安装 380×152.5×8.5	
2	E	左向指示标志灯具(超薄金属壳体)	SS-BLZC-Ⅱ1LROE3W-D323B	LED光源、锂离子电池、功率≤3W	壁挂安装 380×152.5×8.5	
3	E	单向指示标志灯具(超薄金属壳体)	SS-BLZC-Ⅱ2LROE3W-D323D	LED光源、锂离子电池、功率≤3W	吊挂安装 380×152.5×8.5	
4	E	右向指示标志灯具(超薄金属壳体)	SS-BLZC-Ⅱ1LROE3W-D323B	LED光源、锂离子电池、功率≤3W	壁挂安装 380×152.5×8.5	
5	E	双向指示标志灯具(超薄金属壳体)	SS-BLZC-Ⅱ1LROE3W-D323B	LED光源、锂离子电池、功率≤3W	壁挂安装 380×152.5×8.5	
6	E	双向指示标志灯具(超薄金属壳体)	SS-BLZC-Ⅱ2LROE3W-D323D	LED光源、锂离子电池、功率≤3W	吊挂安装 380×152.5×8.5	1. 灯具自带电池。 2. 每个设备具有唯一地址码。 3. 可编程序控制。 4. 故障报警。 5. DC36V二总线
7	F E	楼层指示标志灯具(超薄金属壳体)	SS-BLZC-Ⅱ1LROE3W-D323B	LED光源、锂离子电池、功率≤3W	壁挂安装 80×152.5×8.5	
8	E	壁挂照明灯具(金属灯头与壳体)	SS-ZFZC-E3W-D424	LED光源、亮度高、锂离子电池、功率≤3W	壁挂安装 φ260×255×47	
9	E	壁挂照明灯具(阻燃塑料灯头,金属壳体)	SS-ZFZC-E3W-D423	LED光源、亮度高、锂离子电池、功率3W	壁挂安装 φ250×240×37	
10	E	嵌顶照明灯具	SS-ZFZC-E9W-D444	LED光源、亮度高、锂离子电池、功率9W	嵌顶安装 φ142×80	
11	E	吸顶照明灯具	SS-ZFZC-E5W-D435B	LED光源、亮度高、锂离子电池、功率5W	嵌顶安装 φ151×69	
12	A	应急照明配电箱	SS-PD-0.6kVA-932	回路输出、信息传递和中继、负责向区域内终端提供 DC36V 电源	壁挂/落地安装 420×146×450	1. 输出8回路。 2. 输出电压 DC36V
13	A	应急照明配电箱	SS-PD-0.3kVA-931	回路输出、信息传递和中继、负责向区域内终端提供 DC36V 电源	壁挂/落地安装 330×135×400	1. 输出4回路。 2. 输出电压 DC36V
14	A	应急照明配电箱	SS-PD-0.15kVA-933	回路输出、信息传递和中继、负责向区域内终端提供 DC24V 电源	壁挂/落地安装 330×135×400	1. 输出4回路。 2. 输出电压 DC24V
15	SC	应急照明控制器	SS-C-901	中央控制主机、与火灾自动报警系统主机联机、主电功耗 100W	立柜落地安装 600×600×1790	1. 可编程序控制。 2. 故障报警。 3. 主机自带蓄电池

消防应急照明和疏散指示系统设备表（一）	图号	YJZM3-2
广东盛世名门照明科技有限公司	页	37

序号	图例	名称	型号	功能描述	安装方式(单位:mm) (长×宽×高)	备注
1	E	安全出口标志灯具(超薄金属壳体)	SS-BLJC-1LROEⅡ2W-523B	铝合金壳体、LED光源、功率≤2W	壁挂安装 380×152.5×8.5	
			SS-BLJC-1LROEⅡ2W-522B	不锈钢壳体、LED光源、功率≤2W	吊挂安装 390×152×7	
2	←	左向指示标志灯具(超薄金属壳体)	SS-BLJC-1LROEⅡ2W-523B	铝合金壳体、LED光源、功率≤2W	壁挂安装 380×152.5×8.5	
			SS-BLJC-1LROEⅡ2W-522B	不锈钢壳体、LED光源、功率2W	吊挂安装 390×152×7	
3	←	单向指示标志灯具(超薄金属壳体)	SS-BLJC-2LROEⅡ2W-523D	铝合金壳体、LED光源、功率≤2W	吊挂安装 380×152.5×8.5	
			SS-BLJC-2LROEⅡ2W-522D	不锈钢壳体、LED光源、功率≤2W	吊挂安装 390×150×7	
4	→	右向指示标志灯具(超薄金属壳体)	SS-BLJC-1LROEⅡ2W-523B	铝合金壳体、LED光源、功率≤2W	壁挂安装 380×152.5×8.5	
			SS-BLJC-1LROEⅡ2W-522B	不锈钢壳体、LED光源、功率≤2W	吊挂安装 390×152×7	
5	←→	双向指示标志灯具(超薄金属壳体)	SS-BLJC-1LROEⅡ2W-523B	铝合金壳体、LED光源、功率≤2W	壁挂安装 380×152.5×8.5	1. 灯具由应急照明集中电源供电。 2. 每个设备具有唯一地址码。 3. 可编程序控制。 4. 故障报警。 5. DC36V两总线
			SS-BLJC-2LROEⅡ2W-523D	铝合金壳体、LED光源、功率≤2W	吊挂安装 380×152.5×8.5	
			SS-BLJC-1LROEⅡ2W-522B	不锈钢壳体、LED光源、功率≤2W	壁挂安装 390×152×7	
			SS-BLJC-2LROEⅡ2W-522D	不锈钢壳体、LED光源、功率≤2W	吊挂安装 390×150×7	
6	F	楼层指示标志灯具(超薄金属壳体)	SS-BLJC-1LROEⅡ2W-523B	铝合金壳体、LED光源、功率≤2W	壁挂安装 80×152.5×8.5	
			SS-BLJC-1LROEⅡ2W-522B	不锈钢壳体、LED光源、功率≤2W	壁挂安装 80×152.5×8.5	
7		壁挂照明灯具	SS-ZFJC-E3W-624	金属外壳、LED光源、亮度高、功率3W	壁挂安装 260×255×47	
8		嵌顶照明灯具	SS-ZFJC-E5W-643	阻燃塑料外壳LED光源、亮度高、功率5W	2.5寸嵌顶安装 φ103×69	
			SS-ZFJC-E9W-644	LED光源、亮度高、功率9W	T4嵌顶安装 φ142×80	
9		吸顶照明灯具	SS-ZFJC-E7W-643	铝合金外壳、LED光源、亮度高、功率7W	嵌顶安装 φ134×53	
			SS-ZFJC-E5W-635B	LED光源、亮度高、功率5W	吸顶安装 φ151×69	
10	A	应急照明集中电源	SS-D-0.3kVA-912D	回路输出、信息传递和中继、负责向区域内终端提供DC36V电源	壁挂/落地安装 550×250×650	1. 输出4回路。 2. 输出电压DC36V
11	A	应急照明集中电源	SS-D-0.5kVA-915B	回路输出、信息传递和中继、负责向区域内终端提供DC36V电源	落地安装 530×230×700	1. 输出8回路。 2. 输出电压DC36V

消防应急照明和疏散指示系统设备表（二）	图号	YJZM3-3
广东盛世名门照明科技有限公司	页	38

CAN通信线：NH-RVSP-2×1.5mm²

市电检测：NH-BV-3×2.5mm²

通信模块

回路控制模块

6A WE1

6A WE2

6A WE3

6A WE4

AC220V
(消防电源)

C10A

SS-PD-0.3kVA-931
SS-PD-0.15kVA-933

A型应急照明配电箱
落地/壁装(位于强电井内)

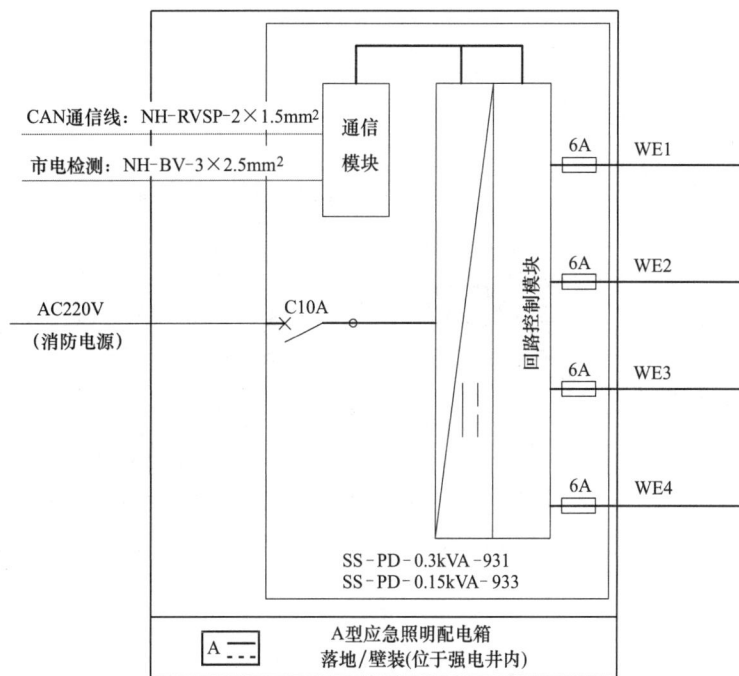

A型应急照明配电箱系统图(4路)

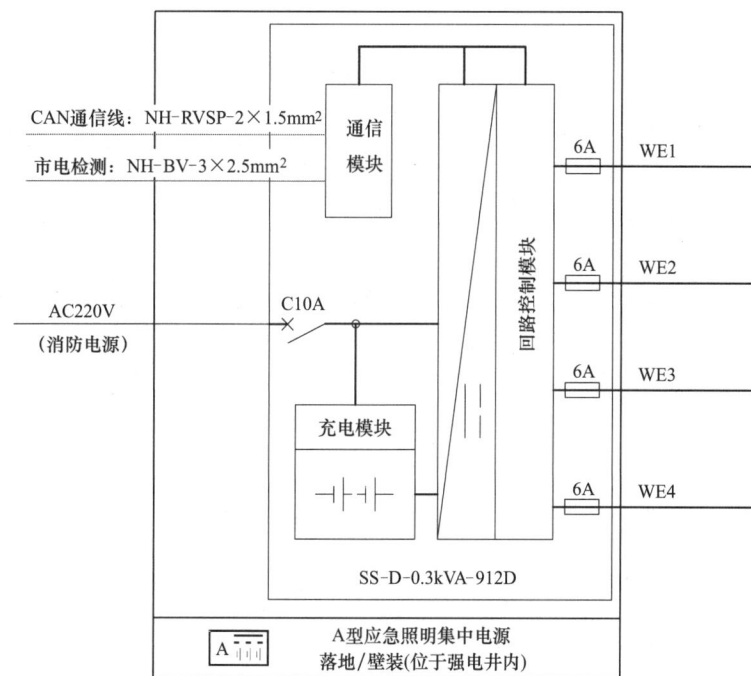

CAN通信线：NH-RVSP-2×1.5mm²

市电检测：NH-BV-3×2.5mm²

通信模块

回路控制模块

6A WE1

6A WE2

6A WE3

6A WE4

AC220V
(消防电源)

C10A

充电模块

SS-D-0.3kVA-912D

A型应急照明集中电源
落地/壁装(位于强电井内)

A型应急照明集中电源系统图(4路)

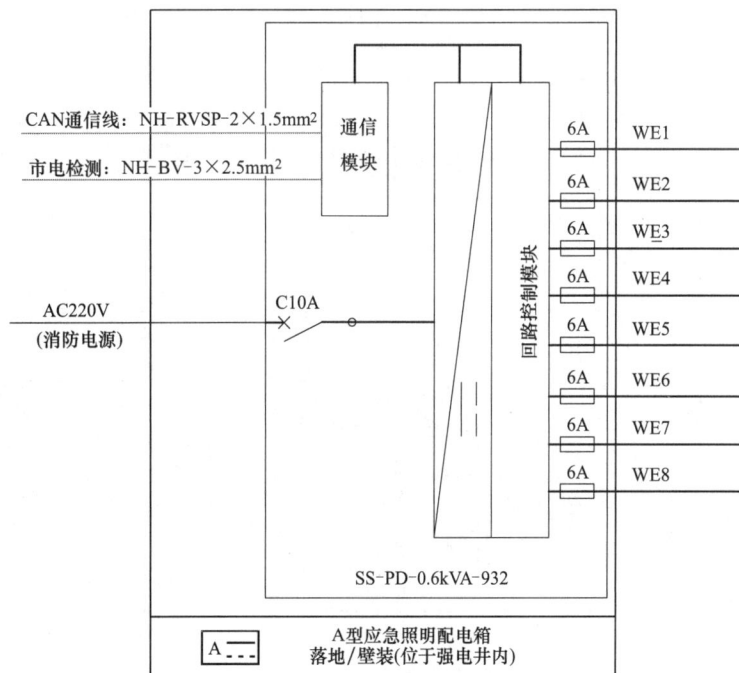

CAN通信线：NH-RVSP-2×1.5mm²

市电检测：NH-BV-3×2.5mm²

通信模块

回路控制模块

6A WE1

6A WE2

6A WE3

6A WE4

6A WE5

6A WE6

6A WE7

6A WE8

AC220V
(消防电源)

C10A

SS-PD-0.6kVA-932

A型应急照明配电箱
落地/壁装(位于强电井内)

A型应急照明配电箱系统图(8路)

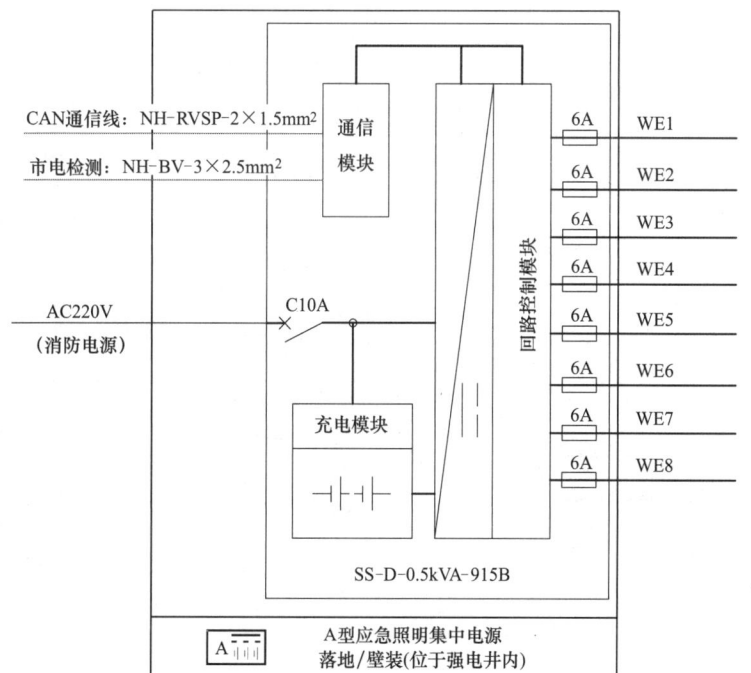

CAN通信线：NH-RVSP-2×1.5mm²

市电检测：NH-BV-3×2.5mm²

通信模块

回路控制模块

6A WE1

6A WE2

6A WE3

6A WE4

6A WE5

6A WE6

6A WE7

6A WE8

AC220V
(消防电源)

C10A

充电模块

SS-D-0.5kVA-915B

A型应急照明集中电源
落地/壁装(位于强电井内)

A型应急照明集中电源系统图(8路)

消防应急照明和疏散指示系统配电系统图	图号	YJZM3-4
广东盛世名门照明科技有限公司	页	39

41

注：
线型说明：

—————— CAN通信线：NH-RVSP-2×1.5mm²

— — — 有极性二总线：NH-RVS-2×2.5mm²

———————— RS232/485通信线：NH-RVSP-2×1.5mm²

——————— AC220V消防电源线：NH-BV-3×2.5mm²

- - - - - 市电检测线：NH-BV-3×2.5mm²

1号楼A电井	1号楼B电井

26F — WE1 / WE1

25F 市电检测 消防电源 A — WE2 / 市电检测 消防电源 A — WE2

24F — WE3 / WE3

标准层每3层设置1台应急照明集中电源 / 标准层每3层设置1台应急照明集中电源

8F — WE1 / WE1

7F 市电检测 消防电源 A — WE2 / 市电检测 消防电源 A — WE2

6F — WE3 / WE3

5F 市电检测 消防电源 A — WE1 WE2 / 市电检测 消防电源 A — WE1 WE2

4F 市电检测 消防电源 A — WE1 WE2 / 市电检测 消防电源 A — WE1 WE2

3F 市电检测 消防电源 A — WE1 WE2 / 市电检测 消防电源 A — WE1 WE2

2F 市电检测 消防电源 A — WE1 WE2 / 市电检测 消防电源 A — WE1 WE2

1F 市电检测 消防电源 A — WE1 WE2 / 市电检测 消防电源 A — WE1 WE2

图形显示装置

RS232 | C | RS485
火灾报警控制器 (联动型)

消防电源 SC W1 W2
应急照明控制器 SS-C-901

CAN通信线

通信距离≤1200m,应急照明控制器, 控制点位不得超过3200个点位

1号楼消防控制中心

有极性二总线：NH-RVS-2×2.5mm²
通信距离≤200m,每回路设备≤25个

市电检测 消防电源 A — WE1 / WE2 ... WE8
CAN通信线

E ← → F …… ■
E ← → F …… ■
E ← → F …… ■

每台应急照明集中电源可配出4～8回路

2号楼 电井	3号楼 电井

6F 市电检测 消防电源 A — WE1 WE2 / 市电检测 消防电源 A — WE1 WE2

5F 市电检测 消防电源 A — WE1 WE2 / 市电检测 消防电源 A — WE1 WE2

4F 市电检测 消防电源 A — WE1 WE2 / 市电检测 消防电源 A — WE1 WE2

3F 市电检测 消防电源 A — WE1 WE2 / 市电检测 消防电源 A — WE1 WE2

2F 市电检测 消防电源 A — WE1 WE2 / 市电检测 消防电源 A — WE1 WE2

1F 消防电源 SC W1 W2
应急照明控制器 SS-C-901

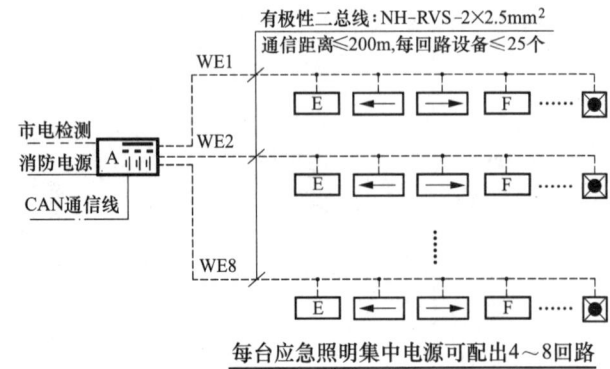

集中电源集中控制型应急照明和疏散指示系统图	图号	YJZM3-5
广东盛世名门照明科技有限公司	页	40

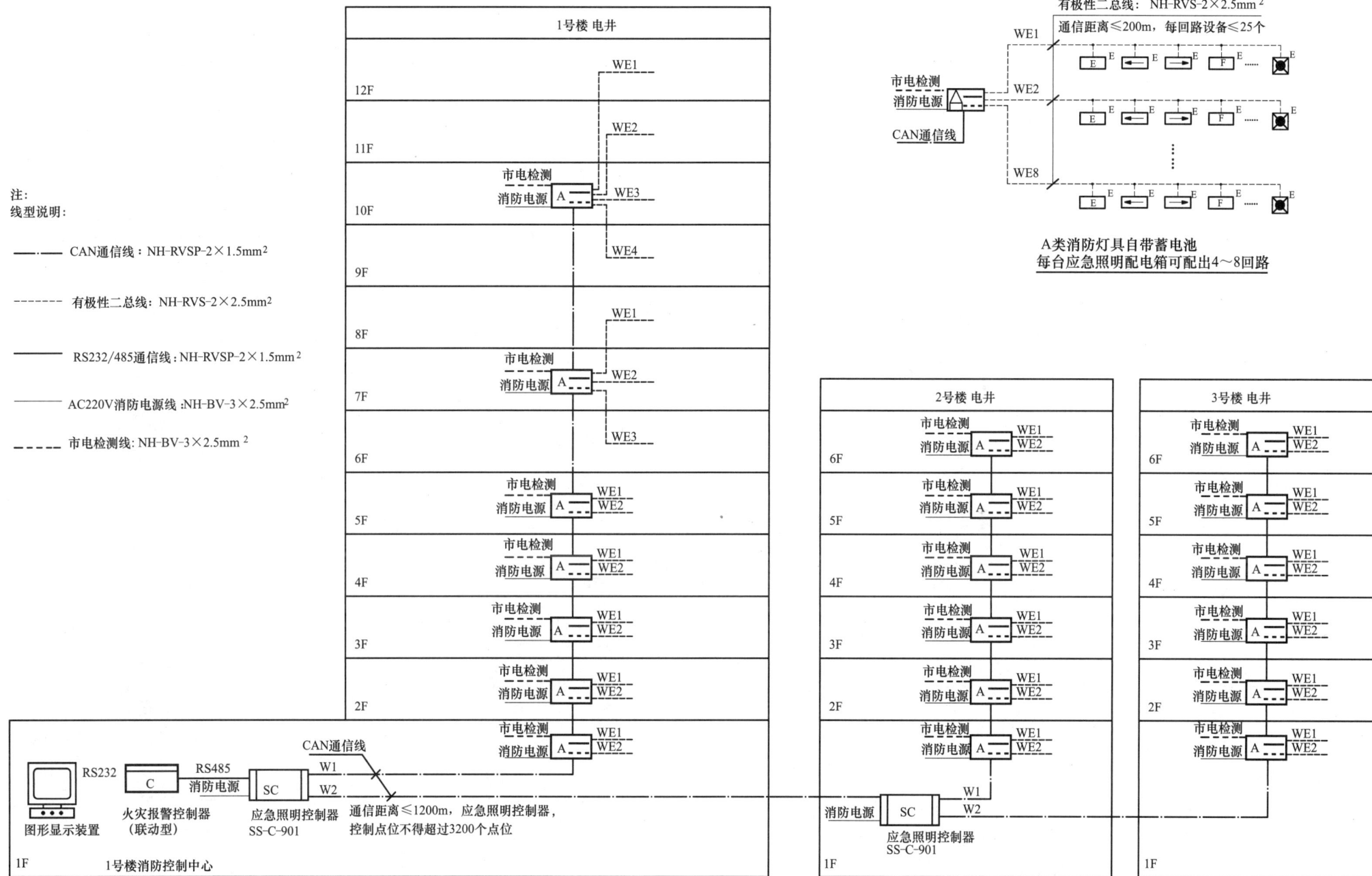

注:
线型说明:

──── CAN通信线: NH-RVSP-2×1.5mm²

------ 有极性二总线: NH-RVS-2×2.5mm²

──── RS232/485通信线: NH-RVSP-2×1.5mm²

──── AC220V消防电源线 :NH-BV-3×2.5mm²

-·-·- 市电检测线: NH-BV-3×2.5mm²

有极性二总线: NH-RVS-2×2.5mm²
通信距离≤200m,每回路设备≤25个

市电检测
消防电源
CAN通信线

A类消防灯具自带蓄电池
每台应急照明配电箱可配出4～8回路

1号楼 电井

12F   WE1
11F   WE2
10F 市电检测 消防电源 A   WE3
9F   WE4
8F   WE1
7F 市电检测 消防电源 A   WE2
6F   WE3
5F 市电检测 消防电源 A WE1 WE2
4F 市电检测 消防电源 A WE1 WE2
3F 市电检测 消防电源 A WE1 WE2
2F 市电检测 消防电源 A WE1 WE2

2号楼 电井
6F 市电检测 消防电源 A WE1 WE2
5F 市电检测 消防电源 A WE1 WE2
4F 市电检测 消防电源 A WE1 WE2
3F 市电检测 消防电源 A WE1 WE2
2F 市电检测 消防电源 A WE1 WE2

3号楼 电井
6F 市电检测 消防电源 A WE1 WE2
5F 市电检测 消防电源 A WE1 WE2
4F 市电检测 消防电源 A WE1 WE2
3F 市电检测 消防电源 A WE1 WE2
2F 市电检测 消防电源 A WE1 WE2

图形显示装置
RS232
火灾报警控制器(联动型)
RS485 消防电源
应急照明控制器 SS-C-901
CAN通信线 W1 W2
市电检测 消防电源 A WE1
通信距离≤1200m,应急照明控制器,控制点位不得超过3200个点位

消防电源 SC W1 W2
应急照明控制器 SS-C-901

1F 1号楼消防控制中心
1F
1F

自带电源集中控制型应急照明和疏散指示系统图	图号	YJZM3-6
广东盛世名门照明科技有限公司	页	41

43

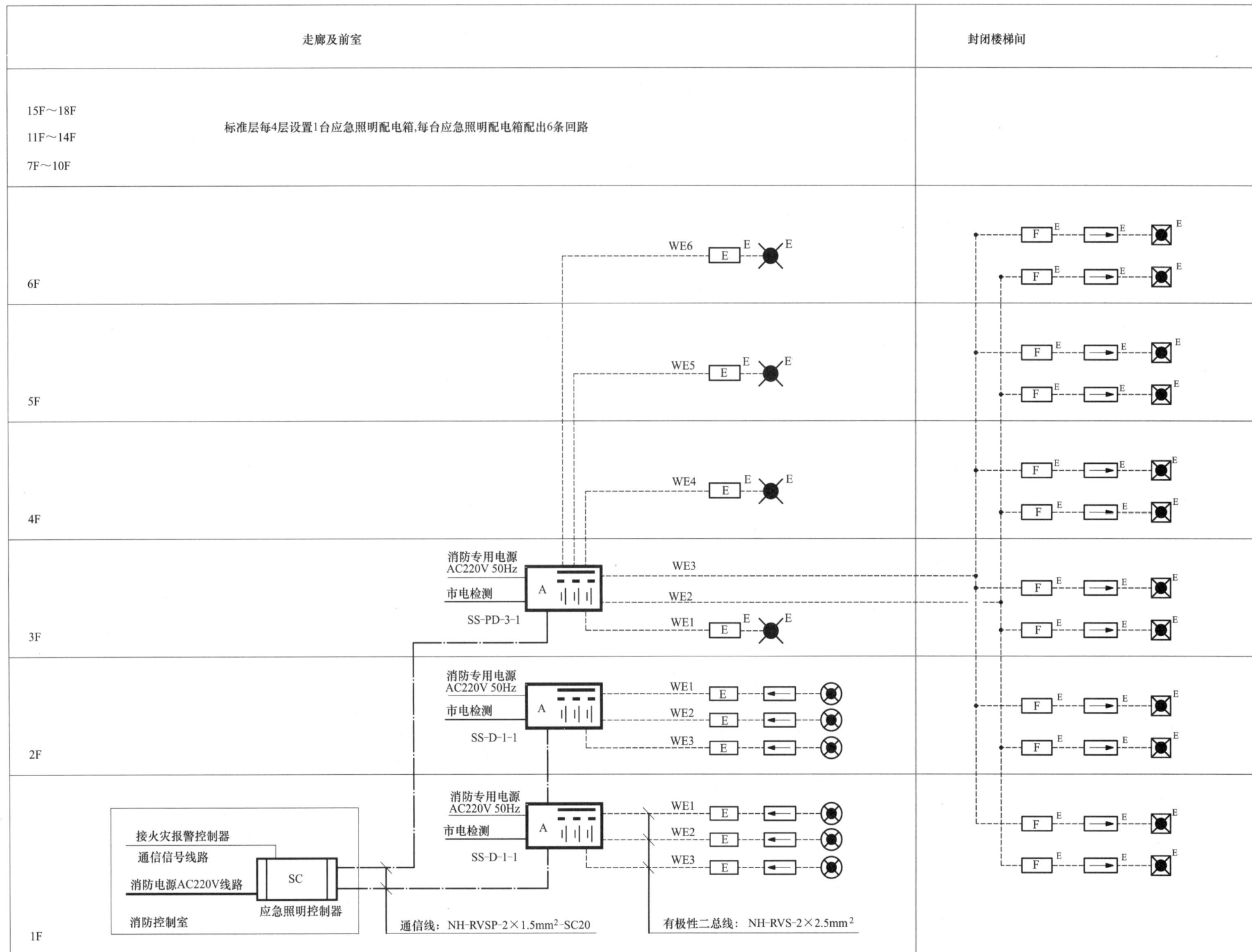

走廊及前室	封闭楼梯间

15F～18F
11F～14F
7F～10F

标准层每4层设置1台应急照明配电箱,每台应急照明配电箱配出6条回路

6F WE6

5F WE5

4F WE4

3F
消防专用电源 AC220V 50Hz
市电检测
SS-PD-3-1
WE3
WE2
WE1

2F
消防专用电源 AC220V 50Hz
市电检测
SS-D-1-1
WE1
WE2
WE3

1F
接火灾报警控制器
通信信号线路
消防电源AC220V线路
消防控制室
应急照明控制器 SC
消防专用电源 AC220V 50Hz
市电检测
SS-D-1-1
WE1
WE2
WE3
通信线：NH-RVSP-2×1.5mm²-SC20
有极性二总线：NH-RVS-2×2.5mm²

注：系统组成的各个消防产品，均应满足《消防应急照明和疏散指示系统技术标准》GB 51309—2018、产品认证和市场准入要求。

商住一体化工程系统图

商住一体消防应急照明和疏散指示系统图（工程实例一）	图号	YJZM3-7
广东盛世名门照明科技有限公司	页	42

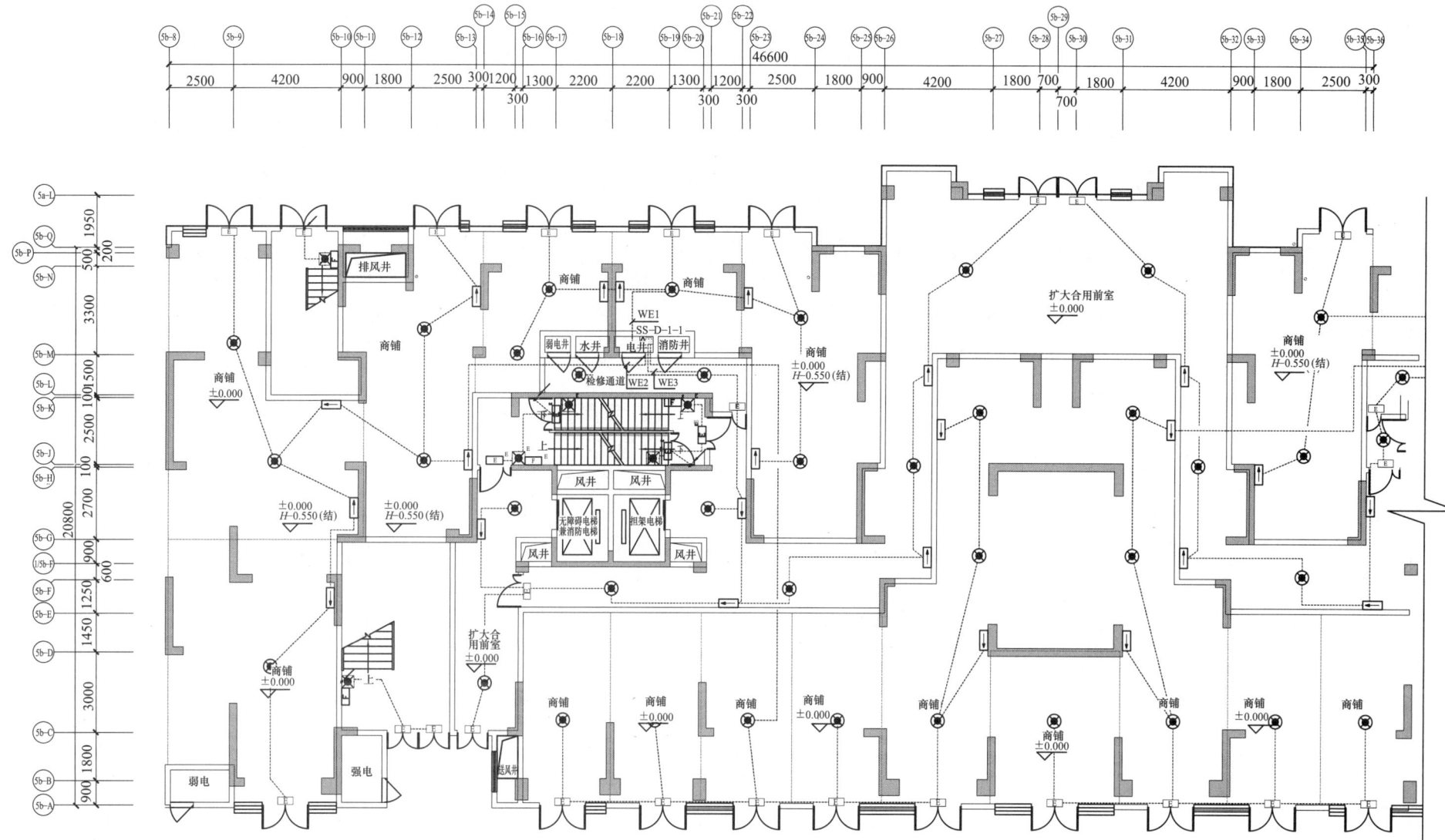

一层消防应急照明和疏散指示系统平面图1:200

图例	设备名称	安装方式	备注
▭	安全出口标志灯具	壁挂，底边距门框上方0.2m	DC36V,2W,由应急照明集中电源集中供电,供电时间90min
▭	楼层指示灯	壁挂，底边距地2.2m	DC36V，2W，由应急照明集中电源集中供电,供电时间90min
▭	单向指示标志灯具	壁挂，底边距地0.5m	DC36V，2W，由应急照明集中电源集中供电,供电时间90min
▭D	单向指示标志灯具	吊装，底边距地2.5m	DC36V，2W，由应急照明集中电源集中供电,供电时间90min
⊠	消防应急照明灯具	壁挂，底边距地2.5m	DC36V，3W，由应急照明集中电源集中供电,供电时间90min
⊙	消防应急照明灯具	嵌顶安装	DC36V，5W，由应急照明集中电源集中供电,供电时间90min
A...	应急照明集中电源(含分配电装置)	落地式、壁挂式安装	应急照明集中电源,供电时间90min
▭F	安全出口标志灯具	壁挂,底边距门框上方0.2m	DC36V，3W，自带蓄电池组,供电时间90min
▭E	楼层指示灯	壁挂，底边距地2.2m	DC36V，3W，自带蓄电池组,供电时间90min
⊠E	消防应急照明灯具	壁挂，底边距地2.5m	DC36V，3W，自带蓄电池组,供电时间90min

商住一体一层消防应急照明和疏散指示系统平面图（工程实例一）	图号	YJZM3-8
广东盛世名门照明科技有限公司	页	43

45

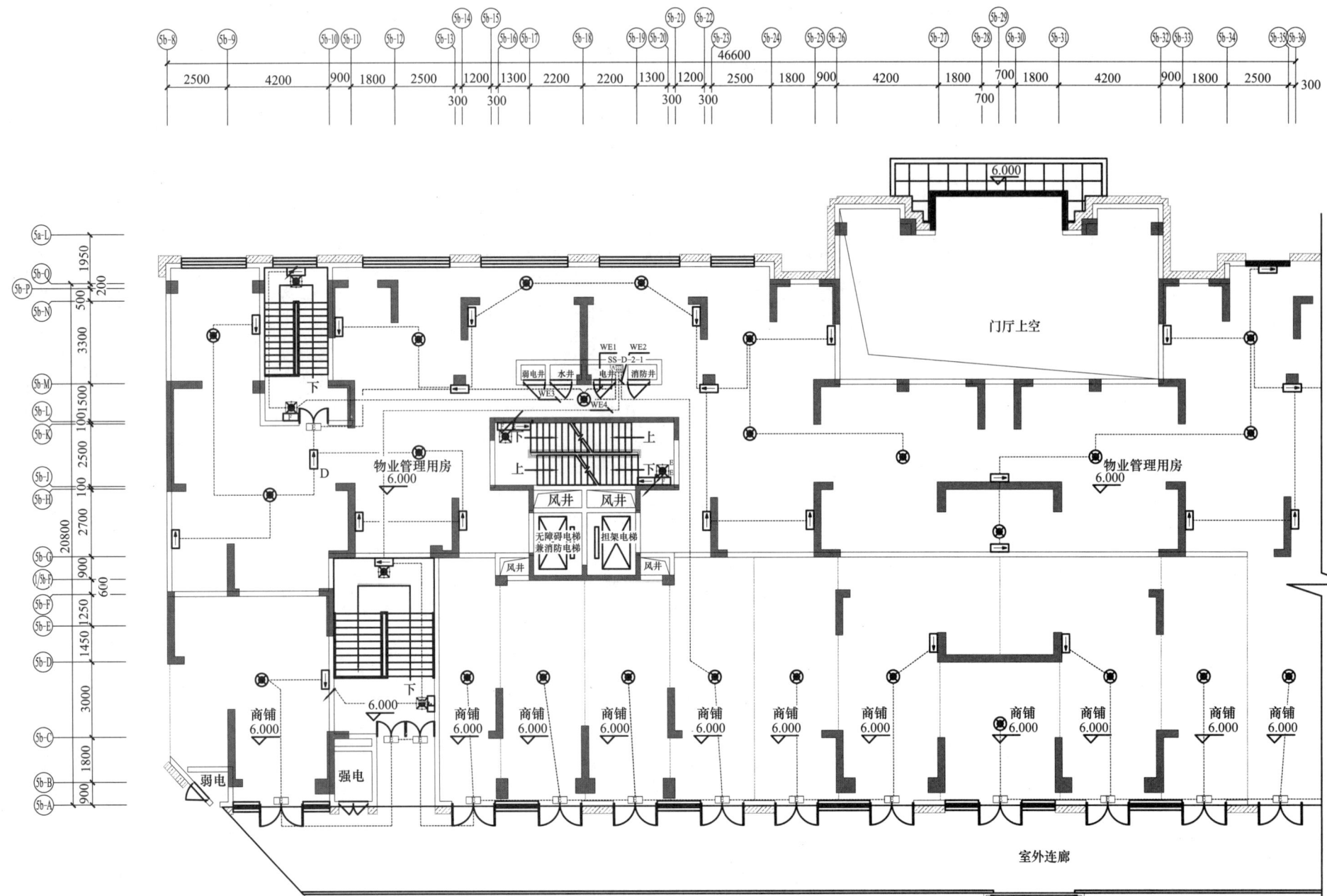

二层消防应急照明和疏散指示系统平面图 1:200

图例	设备名称	安装方式	备注
▭	安全出口标志灯具	壁挂，底边距门框上方0.2m	DC36V，2W，由应急照明集中电源集中供电，供电时间90min
▭	楼层指示灯	壁挂，底边距地2.2m	DC36V，2W，由应急照明集中电源集中供电，供电时间90min
▭	单向指示标志灯具	壁挂，底边距地0.5m	DC36V，2W，由应急照明集中电源集中供电，供电时间90min
▭	单向指示标志灯具	吊装，底边距地2.5m	DC36V，2W，由应急照明集中电源集中供电，供电时间90min
▣	消防应急照明灯具	壁挂，底边距地2.5m	DC36V，3W，由应急照明集中电源集中供电，供电时间90min
⊛	消防应急照明灯具	嵌顶安装	DC36V，5W，由应急照明集中电源集中供电，供电时间90min
Ⓐ	应急照明集中电源(含分配电装置)	落地式、壁挂式安装	应急照明集中电源 供电时间90min
▭ᴱ	单向指示标志灯具	壁挂，底边距地0.5m	DC36V，3W，自带蓄电池组，供电时间90min
▭ᴱ	楼层指示灯	壁挂，底边距地2.2m	DC36V，3W，自带蓄电池组，供电时间90min
▣ᴱ	消防应急照明灯具	壁挂，底边距地2.5m	DC36V，3W，自带蓄电池组，供电时间90min

商住一体二层消防应急照明和疏散指示系统平面图（工程实例一）	图号	YJZM3-9
广东盛世名门照明科技有限公司	页	44

46

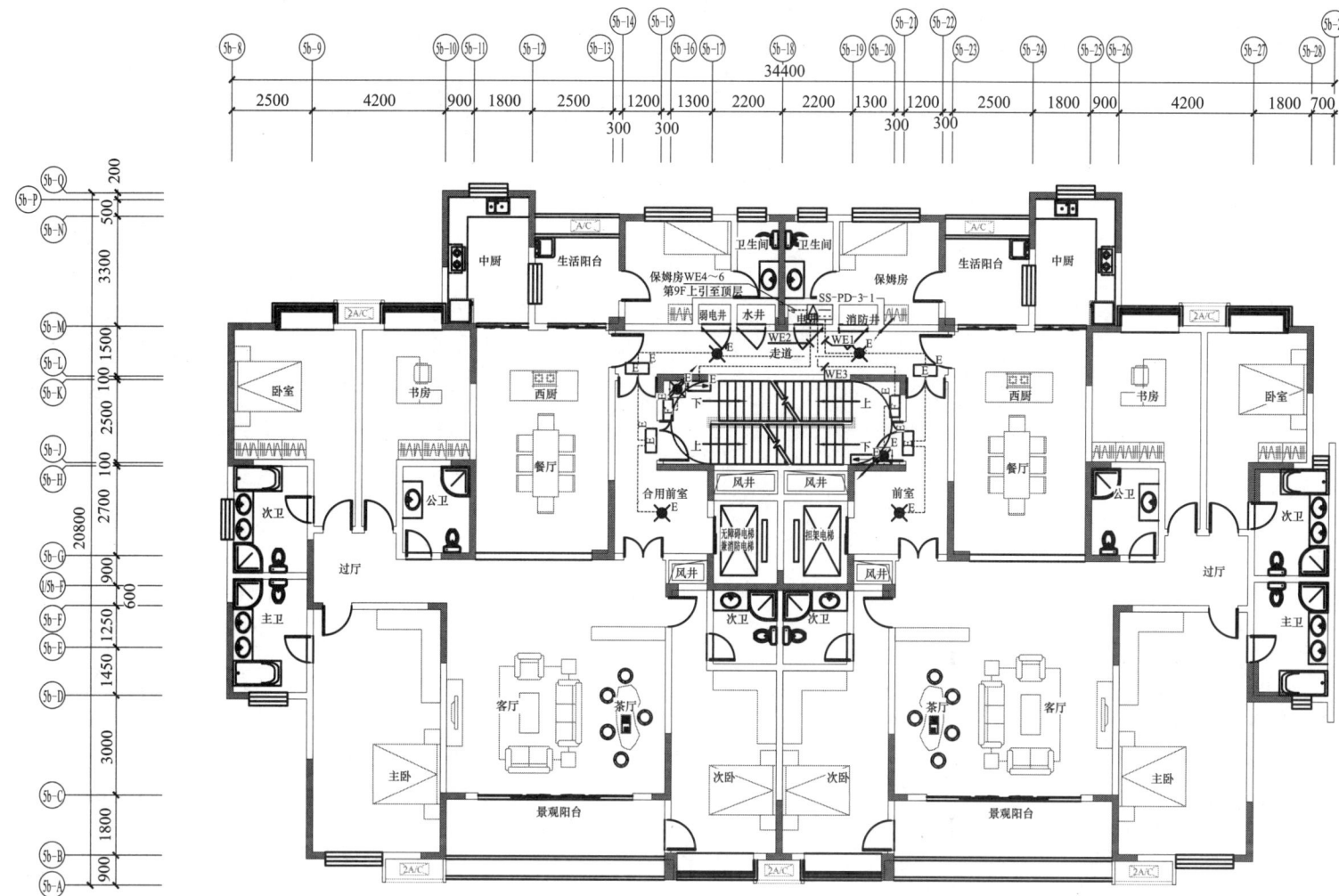

标准层消防应急照明和疏散指示系统平面图 1:200

注：住宅区域采用自带电源集中控制型消防应急照明和疏散指示系统。

图例	设备名称	安装方式	备注
⬜ᴱ	安全出口标志灯具	壁挂，底边距门框上方0.2m	DC36V，3W，自带蓄电池组，供电时间90min
⬜ᴱ	楼层指示灯	壁挂，底边距地2.2m	DC36V，3W，自带蓄电池组，供电时间90min
⬜ᴱ	单向指示标志灯具	壁挂，底边距地0.5m	DC36V，3W，自带蓄电池组，供电时间90min
◙ᴱ	消防应急照明灯具	壁挂，底边距地2.5m	DC36V，3W，自带蓄电池组，供电时间90min
✹ᴱ	消防应急照明灯具	吸顶安装	DC36V，5W，自带蓄电池组，供电时间90min
⬜	应急照明配电箱	落地式、壁挂式安装	应急照明配电箱，为灯具提供充电电源

商住一体标准层消防应急照明和疏散指示系统平面图（工程实例一）	图号	YJZM3-10
广东盛世名门照明科技有限公司	页	45

47

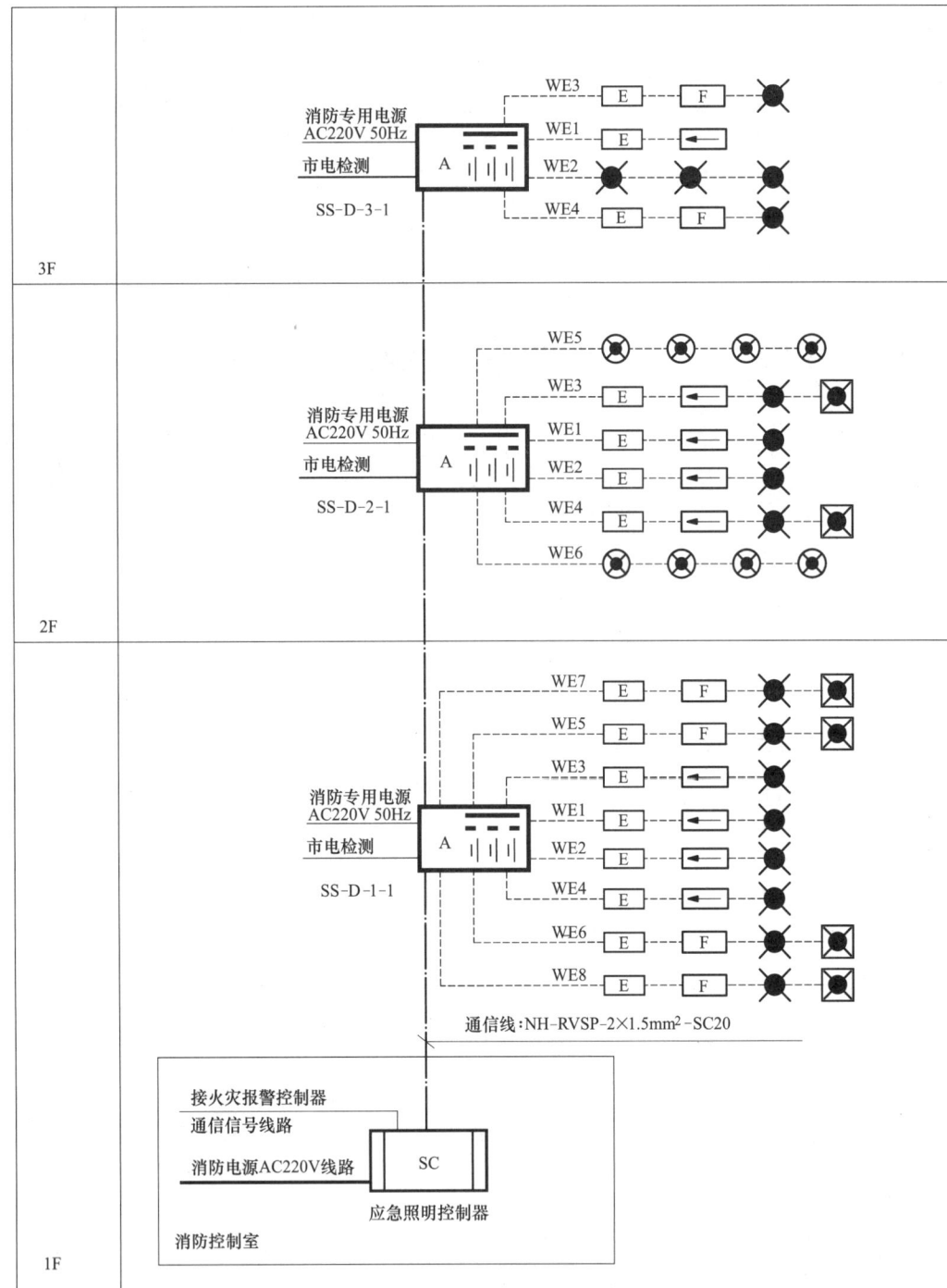

体育建筑工程系统图

注：
1.线型说明：

— · — CAN通信线：NH-RVSP-2×1.5mm²

- - - - - 有极性二总线：NH-RVS-2×2.5mm²

———— AC220V电源线：NH-BV-3×2.5mm²

2.系统组成的各个消防产品，均应满足《消防应急照明和疏散指示系统技术标准》
GB 51309—2018、产品认证和市场准入要求。

小型体育建筑消防应急照明和疏散指示系统图（工程实例二）	图号	YJZM3-11
广东盛世名门照明科技有限公司	页	46

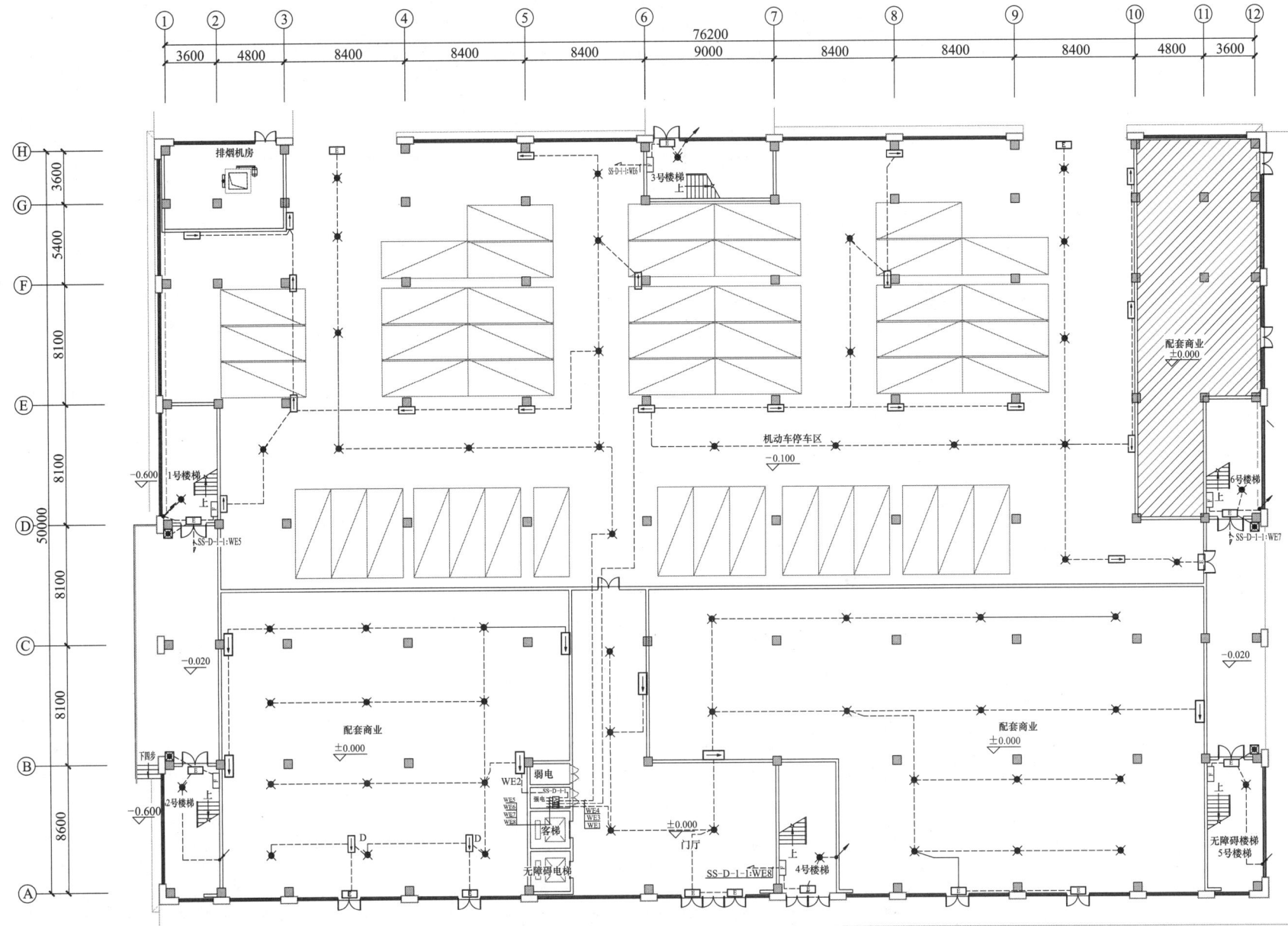

一层消防应急照明和疏散指示系统平面图 1:200

图例	设备名称	安装方式	备注
	安全出口标志灯具	壁挂,底边距门框上方0.2m	DC36V,1W,由应急照明集中电源集中供电,供电时间90mim
	楼层指示灯	壁挂,底边距地2.2m	DC36V,1W,由应急照明集中电源集中供电,供电时间90mim
	单向指示标志灯具	壁挂,底边距地0.5m	DC36V,1W,由应急照明集中电源集中供电,供电时间90mim
	单向指示标志灯具	吊装,底边距地2.5m	DC36V,1W,由应急照明集中电源集中供电,供电时间90mim
	消防应急照明灯具	壁挂,底边距地2.5m	DC36V,3W,由应急照明集中电源集中供电,供电时间90mim
	消防应急照明灯具	吸顶安装	DC36V,5W,由应急照明集中电源集中供电,供电时间90mim
	应急照明集中电源(含分配电装置)	落地式、壁挂式安装	应急照明集中电源,供电时间90min

消防应急照明典型场景照度计算

区域	规范要求照度	实测照度	灯具	光通量	安装高度
配套商业	3lx	10.5lx	5W筒灯	450lm	4.2m
车库	1lx	10.5lx	5W筒灯	450lm	4.2m
楼梯间	5lx	18.7lx	5W筒灯	450lm	3m

小型体育建筑一层消防应急照明和疏散指示系统平面图(工程实例二)	图号	YJZM3-12
广东盛世名门照明科技有限公司	页	47

49

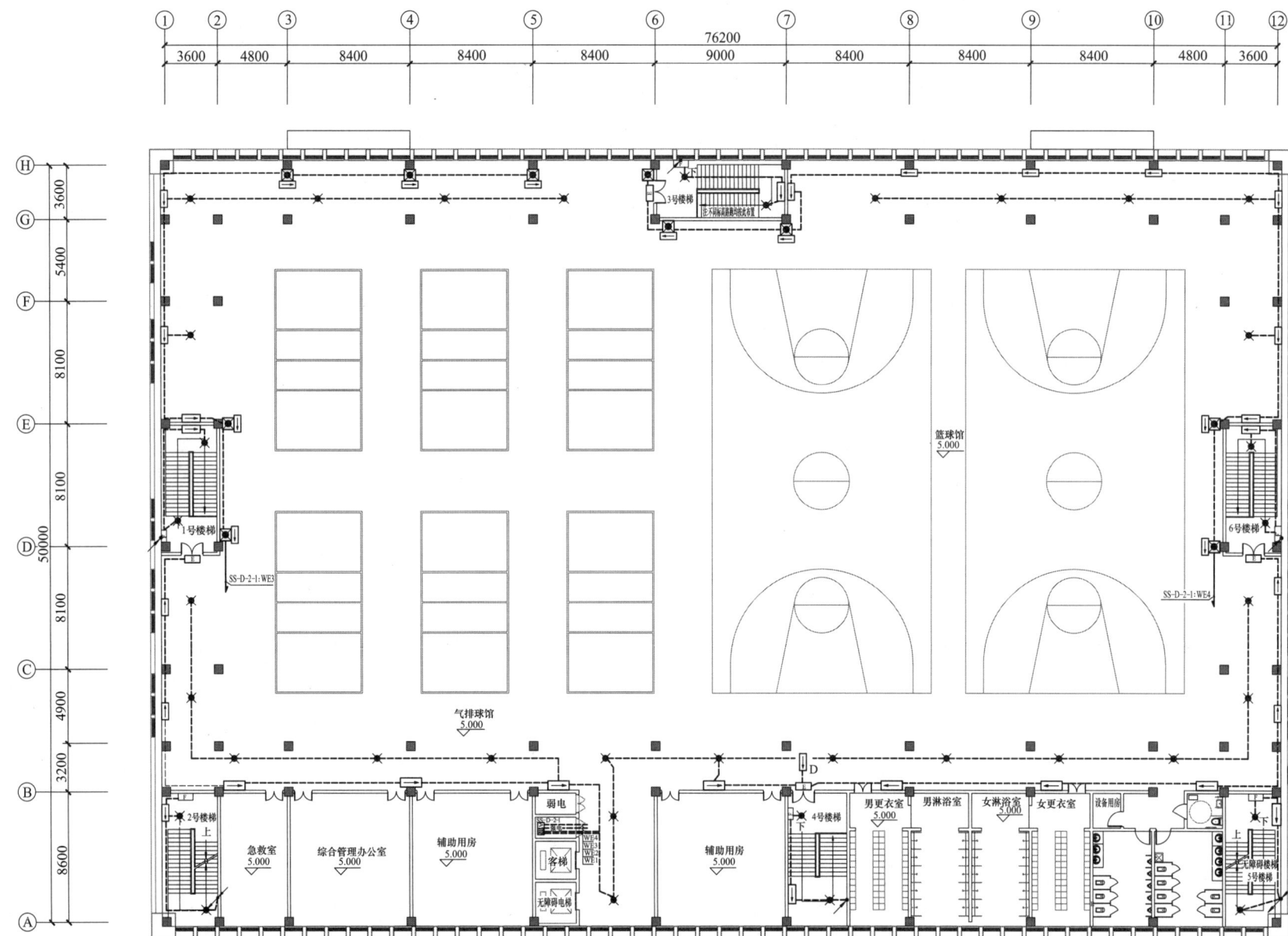

二层消防应急照明和疏散指示系统平面图　1:200

图例	设备名称	安装方式	备注
	安全出口标志灯具	壁挂，底边距门框上方0.2m	DC36V，1W，由应急照明集中电源集中供电，供电时间90min
	楼层指示灯	壁挂，底边距地2.2m	DC36V，1W，由应急照明集中电源集中供电，供电时间90min
	单向指示标志灯具	壁挂，底边距地0.5m	DC36V，1W，由应急照明集中电源集中供电，供电时间90min
D	单向指示标志灯具	吊装，底边距地2.5m	DC36V，1W，由应急照明集中电源集中供电，供电时间90min
	消防应急照明灯具	壁挂，底边距地2.5m	DC36V，3W，由应急照明集中电源集中供电，供电时间90min
	消防应急照明灯具	吸顶安装	DC36V，5W，由应急照明集中电源集中供电，供电时间90min
A	应急照明集中电源(含分配电装置)	落地式、壁挂式安装	应急照明集中电源，供电时间90min

消防应急照明典型场景照度计算

区域	规范要求照度	实测照度	灯具	光通量	安装高度
体育馆侧走道	3lx	9.8lx	3W壁灯	250lm	2.5m
楼梯间	5lx	18.7lx	5W筒灯	450lm	3m

小型体育建筑二层消防应急照明和疏散指示系统平面图（工程实例二）	图号	YJZM3-13
广东盛世名门照明科技有限公司	页	48

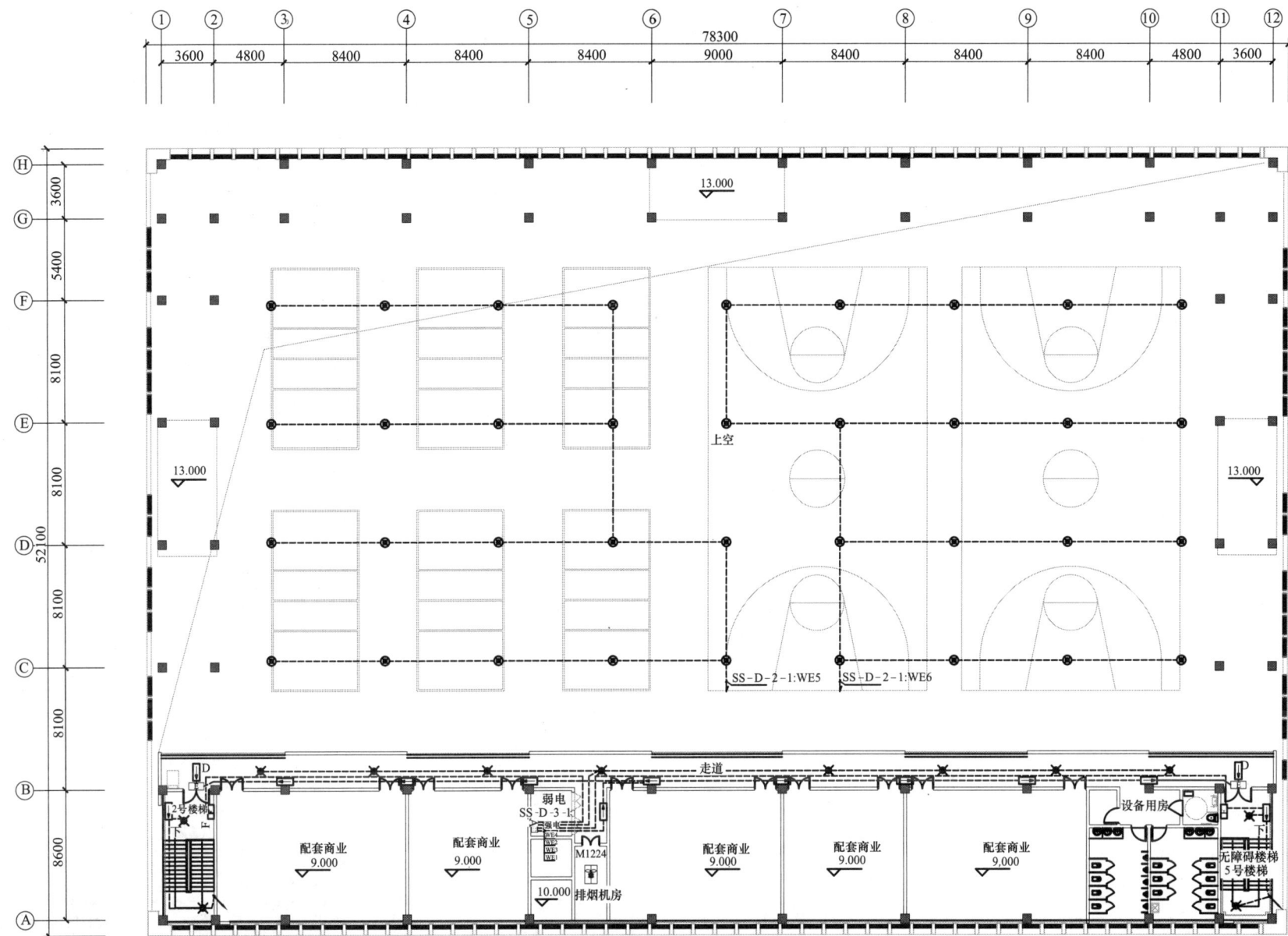

三层消防应急照明和疏散指示系统平面图1:200

图内标注：

78300

3600　4800　8400　8400　8400　9000　8400　8400　8400　4800　3600

①②③④⑤⑥⑦⑧⑨⑩⑪⑫

H G F E D C B A

3600　5400　8100　8100　8100　8100　8600

52100

13.000

上空

SS-D-2-1:WE5　SS-D-2-1:WE6

走道

弱电
SS-D-3-1:

M1224

10.000　排烟机房

配套商业 9.000　配套商业 9.000　配套商业 9.000　配套商业 9.000　配套商业 9.000

2号楼梯

设备用房

无障碍楼梯 5号楼梯

D

P

图例	设备名称	安装方式	备注
	安全出口标志灯具	壁挂，底边距门框上方0.2m	DC36V，1W，由应急照明集中电源集中供电，供电时间90min
	楼层指示灯	壁挂，底边距地2.2m	DC36V，1W，由应急照明集中电源集中供电，供电时间90min
	单向指示标志灯具	壁挂，底边距地0.5m	DC36V，1W，由应急照明集中电源集中供电，供电时间90min
D	单向指示标志灯具	吊装，底边距地2.5m	DC36V，1W，由应急照明集中电源集中供电，供电时间90min
	消防应急照明灯具	壁挂，底边距地2.5m	DC36V，3W，由应急照明集中电源集中供电，供电时间90min
	消防应急照明灯具	吸顶安装	DC36V，5W，由应急照明集中电源集中供电，供电时间90min
	消防应急照明灯具	嵌顶安装	DC36V，9W，由应急照明集中电源集中供电，供电时间90min
A	应急照明集中电源（含分配电装置）	落地式、壁挂式安装	应急照明集中电源，供电时间90min

消防应急照明典型场景照度计算

区域	规范要求照度	实测照度	灯具	光通量	安装高度
体育馆场地	3lx	5.3lx	9W顶灯	850lm	7.5m
楼梯间	5lx	18.7lx	5W筒灯	450lm	3m

小型体育建筑三层消防应急照明和疏散指示系统平面图（工程实例二）	图号	YJZM3-14
广东盛世名门照明科技有限公司	页	49

51

380

152.5

1

膨胀胶钉

1

墙体

8.5

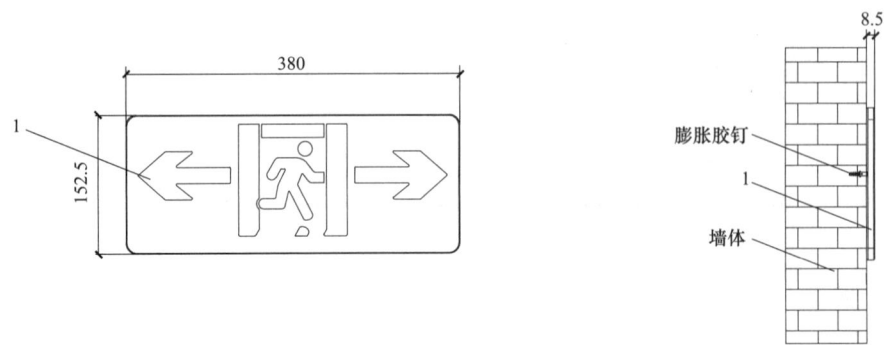

壁挂指示灯安装

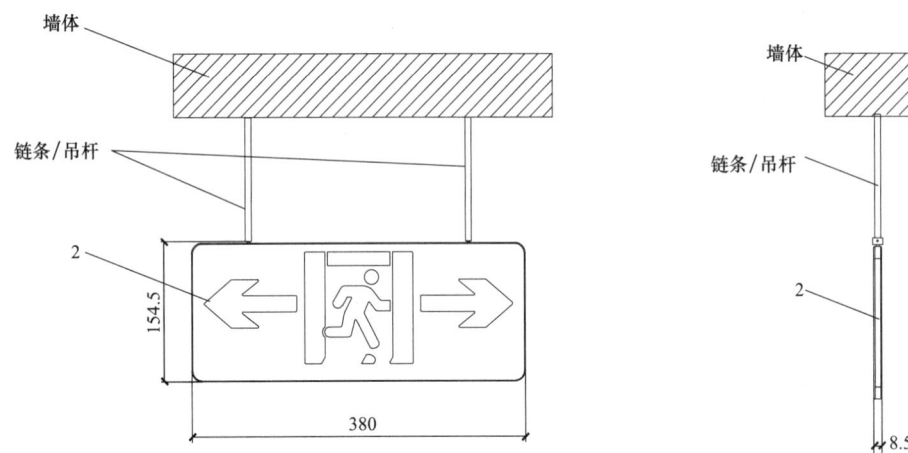

墙体

链条/吊杆

2

154.5

380

吊挂指示灯安装

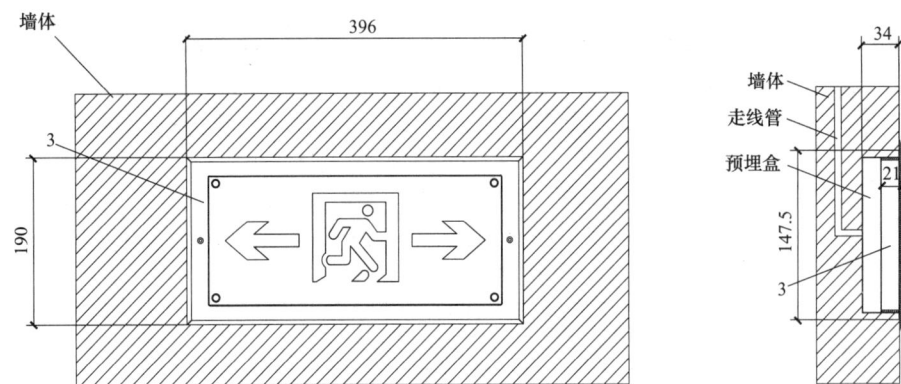

墙体

链条/吊杆

2

8.5

墙体

396

3

190

墙体

走线管

预埋盒

2

147.5

3

34

嵌墙指示灯安装

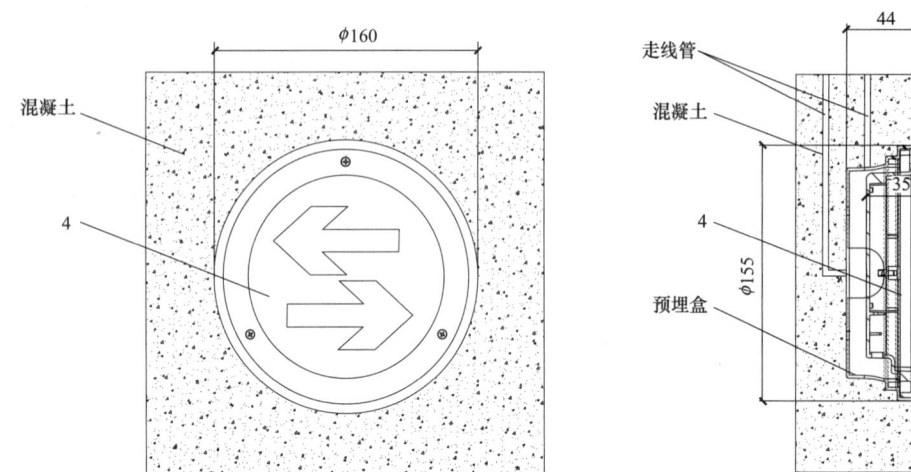

φ160

混凝土

4

地埋指示灯安装

走线管

混凝土

44

35

4

φ155

预埋盒

注:
1. 方向标志灯安装在疏散走道、通道上方时: 室内高度不大于3.5m的场所,标志灯底边距地面的高度宜为2.2~2.5m。
2. 方向标志灯安装在疏散走道、通道两侧的墙面或柱面上时,标志灯底边距地面(H)的高度应小于1m。
3. 方向标志灯安装在疏散走道、通道的地面上时,应符合下列规定:
   3.1 标志灯安装在疏散走道、通道的中心位置;
   3.2 标志灯的所有金属构件应采用耐腐蚀构件或做防腐处理,标志灯配电、通信线路的连接应采用密封胶密封;
   3.3 标志灯表面应与地面平行,高于地面距离不应大于3mm,标志灯边缘与地面垂直距离高度不应大于1mm。
4. 所有金属构件均应做防腐处理。

地埋式标志灯安装注意事项:
   (1) 预埋盒的安装指导。第一步:将线缆通过线缆套管,建议用PVC管,引出到灯具位置,预留20cm以上的引线,浇灌一定高度的水泥浆,预留一定空间放置灯具底盒。第二步:放入灯具预埋底壳,在底壳周围填入水泥浆,要使底壳顶部比周边的地面略低2~5mm,底盒中间下方掏至少10mm的高度,以便放置多余的线缆和防水接头。第三步:灯具预埋底壳固定好位置后,清除底壳内部多余的水泥浆,等待水泥浆干固。
   (2) 灯具的接线与防水处理。第一步:对预埋线缆和随灯具线缆整理后剪去多余的长度,保留的长度以方便连接为准。第二步:将相同颜色的线连接在一起;将压线帽内充满黄油,电缆接头放入压线帽内压紧。第三步:使用电工胶布包实,防止黄油软化流出或干化。
   (3) 在接线之前须检查供电线路是否有短路、断路现象。在固定灯具前请再次检查接线帽内的黄油是否填实,防止渗水。灯具安装时,同一回路和同一水平方向的灯具引出线必须同一个方向引出。

消防应急照明和疏散指示系统安装示意图(一)	图号	YJZM3-15
广东盛世名门照明科技有限公司	页	50

270

260

膨胀螺钉

墙体

52

1

1

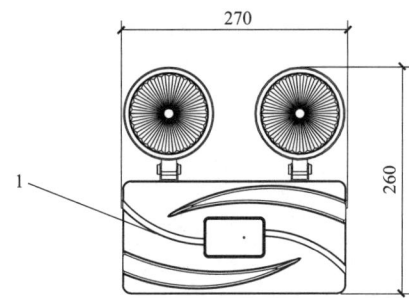

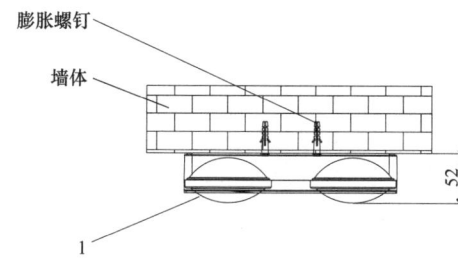

壁挂照明灯安装

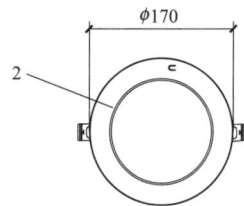

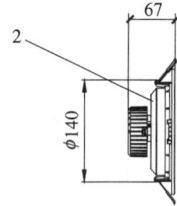

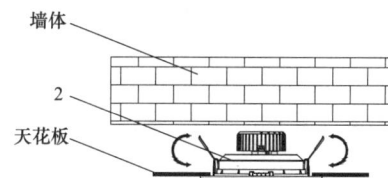

φ170

67

2

2

φ140

墙体

2

天花板

嵌顶照明灯安装

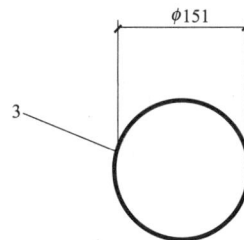

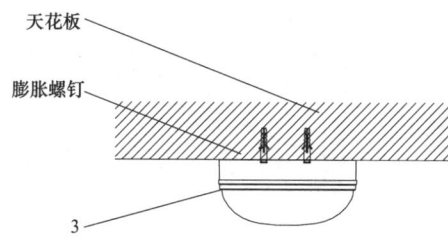

φ151

69

天花板

3

3

膨胀螺钉

3

吸顶照明灯安装

注:
1.照明灯宜安装在顶棚上。
2.当条件限制时,照明灯可安装在走道侧面墙上,并应符合下列规定:
　2.1 安装高度不应在距地面1～2m之间;
　2.2 在距地面1m以下侧面墙上安装时,应保证光线照射在灯具的水平线以下。
3.照明灯不应安装在地面上。
4.所有金属构件均应做防腐处理。

消防应急照明和疏散指示系统安装示意图（二）	图号	YJZM3-16
广东盛世名门照明科技有限公司	页	51

53

500

645

1

应急照明集中电源
(消防应急灯具
专用应急电源)

220

1

墙体

膨胀螺钉

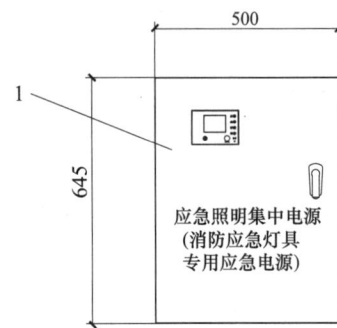

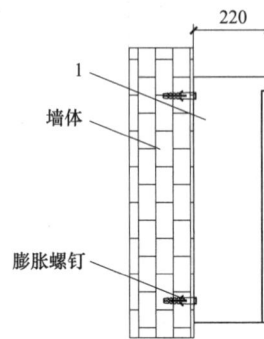

集中电源壁挂安装

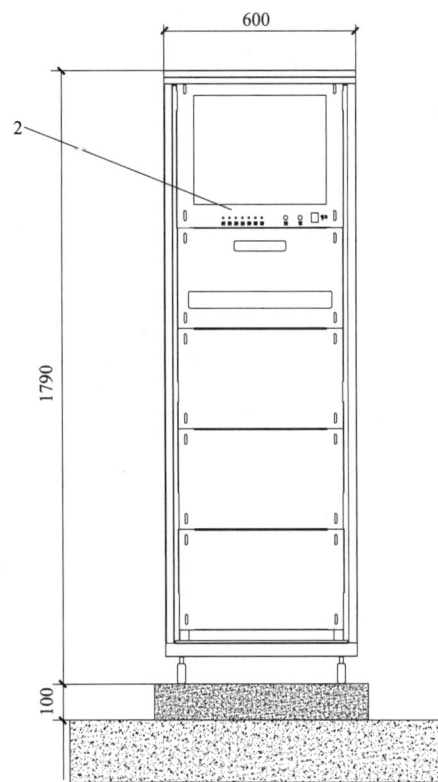

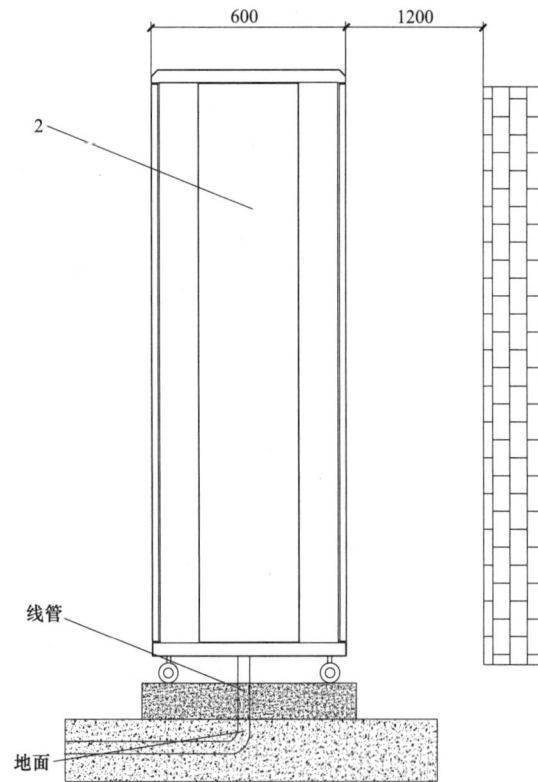

600

600

1200

2

2

1790

100

线管

地面

应急照明控制器落地安装

注:
应急照明控制器、集中电源的安装应符合下列规定:
　(1)应安装牢固,不得倾斜。
　(2)在轻质墙上采用壁挂式安装时,应采取加固措施。
　(3)落地安装时,其底边宜高出地(楼)面100～200mm。
　(4)设备在电气竖井内安装时,应采用下出口进线方式。
　(5)设备接地应牢固,并设置明显标识。
　(6)应急照明控制器主电源应设置明显的永久性标识,并应直接与消防电源连接,严禁使用电源插头。
　(7)集中电源的前部和后部应适当留出更换电池(组)的作业空间。

消防应急照明和疏散指示系统安装示意图(三)	图号	YJZM3-17
广东盛世名门照明科技有限公司	页	52

系 统 概 述

1 系统说明

天津新亚精诚科技有限公司生产的 XY 系列集中电源集中控制型"消防应急照明及疏散指示系统"，系统可对所有设备实时 24h 不间断巡检、监控，确保整个系统运行在最佳状态；可与火灾自动报警系统联动；当接到火灾报警信息，通过应急照明控制器内置的"智能软件算法"自动生成最佳疏散路径、启动消防应急照明灯、疏散指示灯具、方便逃生人员"安全、准确、迅速"地沿安全通道到达安全位置。本系统具备历史记录功能，便于用户查询操作。

该系统产品符合国家标准《消防应急照明和疏散指示系统技术标准》GB 51309—2018、《消防应急照明和疏散指示系统》GB 17945—2010 的规定。通过了国家消防电子产品质量监督检验中心型式试验检验和公安部消防产品合格评定中心的认证，并取得相关报告与证书。

该系统可广泛用于隧道、学校、医院、商场、酒店、剧院、展览建筑、交通枢纽、办公楼宇等各种场所。

2 系统组成

主要由应急照明控制器、应急照明集中电源装置、集中电源集中控制型消防应急标志灯具、集中电源集中控制型消防应急照明灯具等组成。每台设备灯具均具有独立的地址码及控制芯片，通过总线与应急照明控制器进行通信，实现"点式"控制，而非"段式"控制。

3 系统设置

（1）应急照明控制器：采用工控机、大尺寸人机界面，方便用户有效管理。系统持续主电工作 720h（30d）后，能自动由主电工作状态转入应急工作状态断电系统试运行，然后再自动回复到主电工作状态。一台集中控制器最多可链接 25 台区域控制器；每台控制器输出 1～2 路，每条回路可以连接 20 台设备，一台应急照明控制器最多可以连接 2880 个灯具。最远传输距离 1200m。

（2）应急照明集中电源装置：每台电源装置均具有独立的地址码，可与应急照明控制器主机进行通信，内置蓄电池组；该装置采用模块化设计、易于更换维护。每台电源装置输出 1～8 条回路，每条回路输出功率小于等于 60W；回路具备过载、短路保护功能。最远传输距离不得大于 1200m。

（3）集中电源集中控制型消防应急灯具（应急照明灯＋应急标志灯）：消防应急灯具均带有独立地址、不自带电池、光源采用高亮度 LED 光源。灯具通过二总线（供电＋通信合用）连接应急照明集中电源。

4 系统接线

（1）应急照明控制器之间，应急照明控制器与应急照明集中电源之间的 E-BUS 通信二总线采用 WDZN-RVS-2×2.5mm²-SC20 或 WDZN-RVSP-2×2.5mm²-SC20。

（2）应急照明集中电源与应急照明灯具、应急照明控制器与应急照明灯具之间采用二总线 WDZN-BYJ-2×2.5mm²-SC20；地面标志灯之间采用耐腐蚀橡胶电线 JHS-2×2.5mm²-SC20。

5 系统供电

（1）应急照明控制器的工作电源引接专用消防电源 AC220V，内置蓄电池组。

（2）应急照明集中电源装置的工作电源引接消防电源 AC220V、输出 DC24V，内置集中蓄电池组。

6 其他

6.1 简洁方便

（1）系统设计简便：系统工程规划设计仅按照《建筑照明设计标准》GB 50034—2013 及《消防应急照明和疏散指示系统技术标准》GB 51309—2018 的照明配电要求设计。

（2）工程施工方便：工程施工仅按照国家关于建筑照明配电施工的相关规程。

（3）工程成本节省：由于仅敷设照明电力线，所以节省了常规数据传输线路敷设的材料、人工成本费。

（4）线路拓扑任意：系统支持自由拓扑，布线拓扑结构不限环路，支路均可。

（5）工程更改随意：只要在系统中任意回路，可以随时增加和更改路线。

（6）旧工程可改造：支持旧工程项目系统改造，仅更换灯具增加控制器，不需要更换敷设任何线路。

6.2 稳定可靠

（1）通信稳定可靠：为了确保网路通信的稳定可靠，其通信协议仅满足国际标准组织的开放系统参考模型（ISO/OSI）七层的每一层的控制要求。

（2）传输线路简单：仅两条普通电力线同时实现电力传输和数据传输。

（3）传输电压范围：传输电压适应 AC/DC 0～220V，即当电网无电压时系统通信仍正常。

（4）支持自由拓扑：设计和施工中线路的铺设可以任意修整和改变。

6.3 故障处理

当电路中发生欠压、短路、断路等情况时，控制器会发出故障声、光信号，并在显示屏上指示出发生故障的路段和故障类型。

6.4 易维护操作

界面清晰美观，实时图标形式形象地显示每个区域的终端设备的工作状态和疏散方向，具有历史信息一键查询功能。

6.5 权限设置

控制器设置权限密码，非专业人员不能操作。

系统概述	图号	YJZM4-1
天津新亚精诚科技有限公司	页	53

序号	图例	名称	简称	型号	参数描述	规格尺寸(单位:mm)(宽×高×厚)	备注
1		应急照明控制器	监控主机	XY-C-300W-X	额定输入电压:AC220V 额定输出电压:DC24V 备用电池:铅酸蓄电池 7AH 2节 液晶屏规格:17寸液晶屏	600×1700×550	立柜式安装
2		应急照明控制器	监控主机	XY-C-200W-X	额定输入电压:AC220V 额定输出电压:DC24V 备用电池:铅酸蓄电池 7AH 2节 液晶屏规格:14寸液晶屏	525×705×125	壁挂式安装
3		应急照明集中电源	集中电源	XY-D-0.5kVA-X	额定输入电压:AC220V 额定输出电压:DC24V 备用电池:铅酸蓄电池 38AH 2节	525×700×205	壁挂式安装
4		应急照明灯具专用电源	专用电源	XY-D-1kVA-X XY-D-2kVA-X XY-D-3kVA-X	额定输入电压:AC220V 额定输出电压:DC24V 备用电池:铅酸蓄电池 38A H4节/65AH 4节/80AH 4节	500×900×378 600×1200×445 600×1200×445	立柜式安装
5	NF	集中电源集中控制型 消防应急标志灯具	楼层	XY-BLJC-10EⅡ1W-X	额定输出电压:DC24V 线制:两线制无极性连接	375×160×17	壁挂式安装
6		集中电源集中控制型 消防应急标志灯具	壁挂安口	XY-BLJC-10EⅡ1W-X	额定输出电压:DC24V 线制:两线制无极性连接	375×160×17	壁挂式安装
7		集中电源集中控制型 消防应急标志灯具	壁挂右箭	XY-BLJC-1REⅡ1W-X	额定输出电压:DC24V 线制:两线制无极性连接	375×160×17	壁挂式安装
8		集中电源集中控制型 消防应急标志灯具	壁挂双箭	XY-BLJC-1LRE1W-X	额定输出电压:DC24V 线制:两线制无极性连接	375×160×17	壁挂式安装
9		集中电源集中控制型 消防应急标志灯具	壁挂左箭	XY-BLJC-1LEⅡ1W-X	额定输出电压:DC24V 线制:两线制无极性连接	375×160×17	壁挂式安装
10		集中电源集中控制型 消防应急标志灯具	吊装双箭	XY-BLJC-2LEⅡ1W-X	额定输出电压:DC24V 线制:两线制无极性连接	375×160×17	吊装式安装
11		集中电源集中控制型 消防应急标志灯具	吊装单箭	XY-BLJC-2LEⅡ1W-X	额定输出电压:DC24V 线制:两线制无极性连接	375×160×17	吊装式安装

消防应急照明及疏散指示系统选型表（一）	图号	YJZM4-2
天津新亚精诚科技有限公司	页	54

序号	图例	名称	简称	型号	参数描述	规格尺寸(单位:mm)(宽×高×厚)	备注
12		集中电源集中控制型消防应急标志灯具	嵌入安口	XY-BLJC-10EⅡ1W-Q-X	额定输出电压:DC24V线制:两线制无极性连接	379×164×29	嵌入式安装
13		集中电源集中控制型消防应急标志灯具	嵌入右箭	XY-BLJC-1REⅡW-Q-X	额定输出电压:DC24V线制:两线制无极性连接	379×164×29	嵌入式安装
14		集中电源集中控制型消防应急标志灯具	嵌入双箭	XY-BLJC-1LREⅡ1W-Q-X	额定输出电压:DC24V线制:两线制无极性连接	379×164×29	嵌入式安装
15		集中电源集中控制型消防应急标志灯具	嵌入左箭	XY-BLJC-1LEⅡ1W-Q-X	额定输出电压:DC24V线制:两线制无极性连接	379×164×29	嵌入式安装
16		集中电源集中控制型消防应急标志灯具	玻璃式地埋灯双箭	XY-BLJC-1LEⅠ1-D1	额定输出电压:DC24V线制:两线制无极性连接	φ245×40	地埋式安装
17		集中电源集中控制型消防应急标志灯具	玻璃式地埋灯单箭	XY-BLJC-1LEⅠ1-D2	额定输出电压:DC24V线制:两线制无极性连接	φ245×40	地埋式安装
18		集中电源集中控制型消防应急标志灯具	不锈钢式地埋灯双箭	XY-BLJC-1LEⅠ1-D3	额定输出电压:DC24V线制:两线制无极性连接	φ170×40	地埋式安装
19		集中电源集中控制型消防应急标志灯具	不锈钢式地埋灯单箭	XY-BLJC-1LEⅠ1-D4	额定输出电压:DC24V线制:两线制无极性连接	φ170×40	地埋式安装
20		集中电源集中控制型消防应急标志灯具	玻璃式地埋灯双箭	XY-BLJC-1LEⅠ1-D5	额定输出电压:DC24V线制:两线制无极性连接	φ170×40	地埋式安装
21		集中电源集中控制型消防应急标志灯具	玻璃式地埋灯单箭	XY-BLJC-1LEⅠ1-D6	额定输出电压:DC24V线制:两线制无极性连接	φ170×40	地埋式安装
22		集中电源集中控制型消防应急照明灯具	双头式照明灯具	XY-ZFJC-E7W-B-X	额定输出电压:DC24V线制:两线制无极性连接	255×245×45	壁挂式安装
23		集中电源集中控制型消防应急照明灯具	嵌入式照明灯具	XY-ZFJC-E3W-Q-B	额定输出电压:DC24V线制:两线制无极性连接	φ140×42	嵌入式安装
24		集中电源集中控制型消防应急照明灯具	壁挂式照明灯具	XY-ZFJC-E3W-B1-X	额定输出电压:DC24V线制:两线制无极性连接	φ180×50	壁挂式安装
25		集中电源集中控制型消防应急照明灯具	吸顶式照明灯具	XY-ZFJC-E3W-X	额定输出电压:DC24V线制:两线制无极性连接	φ126×45	吸顶式安装

消防应急照明及疏散指示系统选型表（二）	图号	YJZM4-3
天津新亚精诚科技有限公司	页	55

| 1号强电井 | 主回路 | 2号强电井 | 主回路 |

n层

WE1 集中电源集中控制型消防应急标志灯具

消防应急灯具集中电源

(n≤4)

WE1 集中电源集中控制型消防应急标志灯具

消防应急灯具集中电源

(n≤4)

WEn 集中电源集中控制型消防应急标志灯具

WEn 集中电源集中控制型消防应急标志灯具

通信线

通信线

裙房强电井 主回路

WE1 集中电源集中控制型消防应急标志灯具

消防应急灯具集中电源

(n≤4)

WE1 集中电源集中控制型消防应急标志灯具

消防应急灯具集中电源

(n≤4)

m层

消防应急灯具集中电源

WE1 集中电源集中控制型消防应急标志灯具

WEn 集中电源集中控制型消防应急标志灯具

(n≤4)

WEn 集中电源集中控制型消防应急标志灯具

WEn 集中电源集中控制型消防应急标志灯具

通信线

通信线

二层

WE1 集中电源集中控制型消防应急标志灯具

WE1 集中电源集中控制型消防应急标志灯具

WE1 集中电源集中控制型消防应急标志灯具

消防应急灯具集中电源

WEn 集中电源集中控制型消防应急标志灯具

(n≤4)

二层

消防控制室

RS232形式

消防联动信号

FAS

应急照明控制器

E-BUS

通信线

消防应急灯具集中电源

WE2

集中电源集中控制型消防应急标志灯具

消防应急灯具集中电源

WE2

集中电源集中控制型消防应急标志灯具

WE1 集中电源集中控制型消防应急标志灯具

WE3

集中电源集中控制型消防应急标志灯具

WE3

集中电源集中控制型消防应急标志灯具

消防应急灯具集中电源

WEn 集中电源集中控制型消防应急标志灯具

(n≤4)

通信线

首层

通信线(每回路连接设备最多20台，最远传输距离1200m)

首层

消防电源：AC220V
WDZN-BV-3×2.5mm²

市电输入：AC220V
WDZN-BV-3×2.5mm²

WE4 集中电源集中控制型消防应急标志灯具

WE4 集中电源集中控制型消防应急标志灯具

地下一层

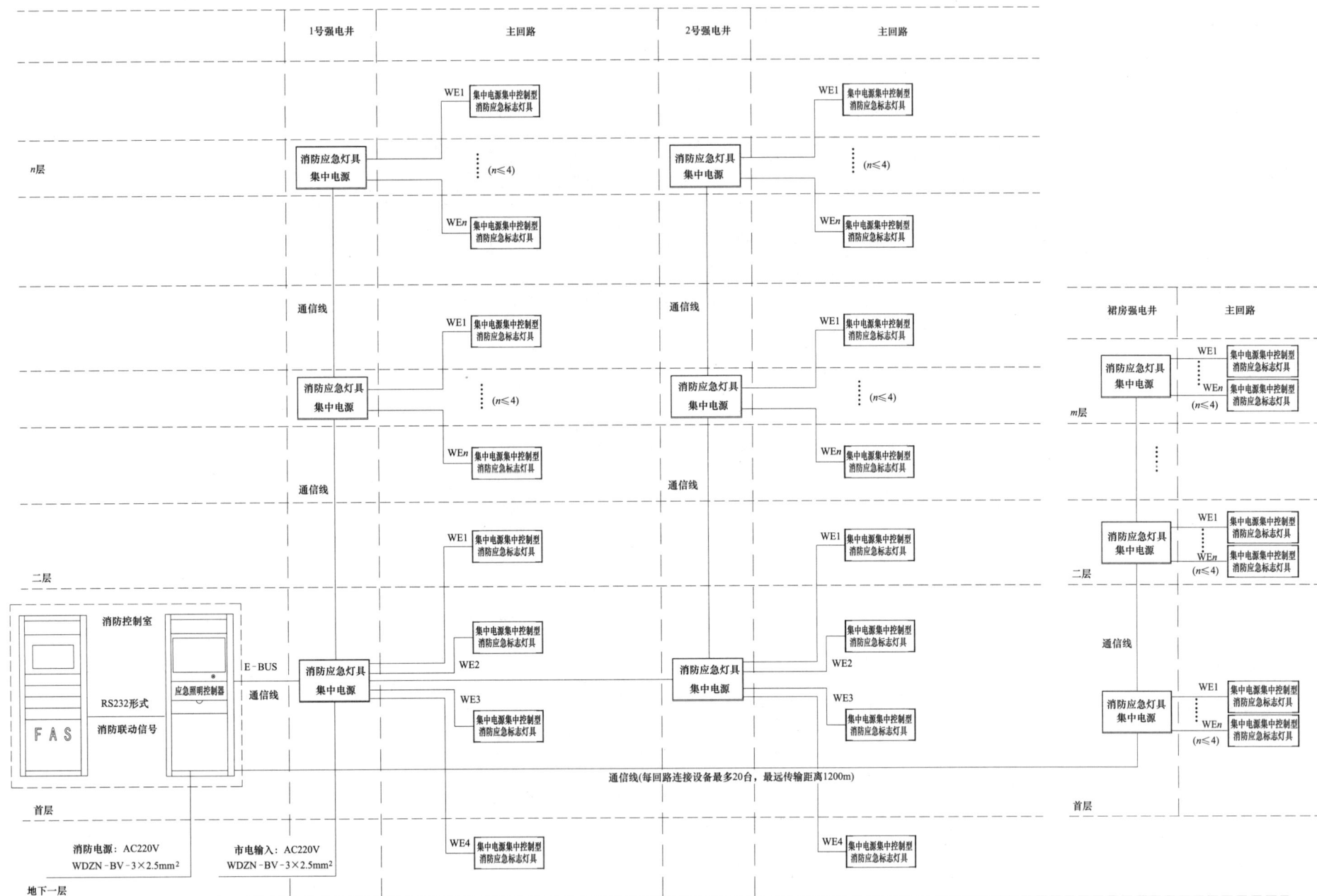

| 消防应急照明及疏散指示系统组网图 | 图号 | YJZM4-4 |
| 天津新亚精诚科技有限公司 | 页 | 56 |

箱体编号：nFP
功率：0.3kVA
DC24V输出

消防供电：
引自消防配电箱：
WDZN-BYJ-3×2.5mm²

市电检测：
引自正常照明配电箱：
WDZN-BYJ-3×1.5mm²

信号通信：
引自应急照明控制器：
NH-RVSP-2×1.5mm²

10A

市电检测模块
控制显示单元
通信模块
充电单元

6A

智能灯控模块

W1:WDZN-BYJ-2×2.5mm²-SC20
W4:WDZN-BYJ-2×2.5mm²-SC20

DC24V

尺寸：长×宽×高
430mm×130mm×550mm(0.3kVA)

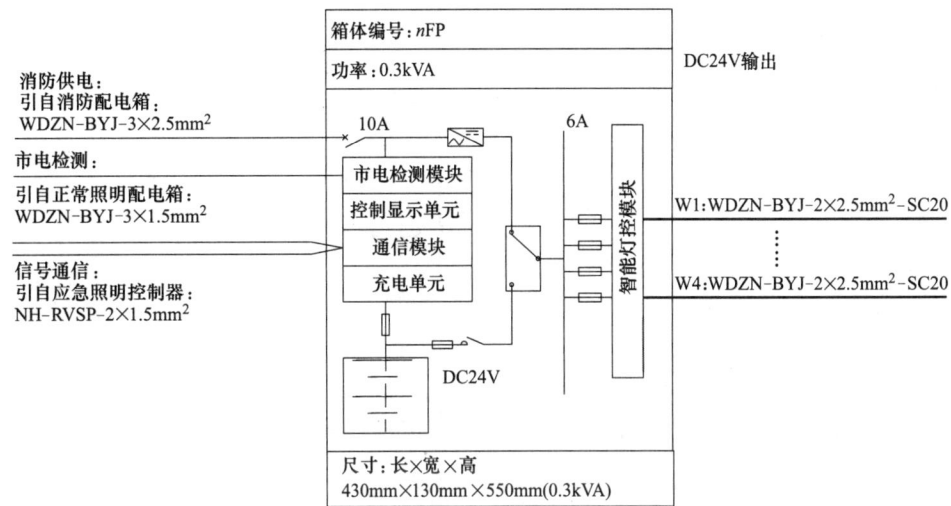

A型应急照明集中电源配电系统图(4回路)

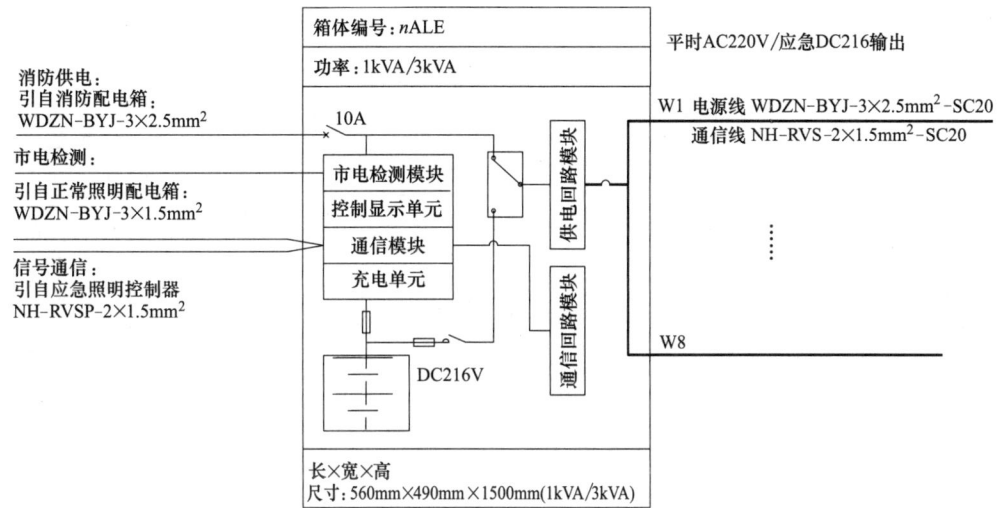

箱体编号：nALE
功率：1kVA/3kVA
平时AC220V/应急DC216输出

消防供电：
引自消防配电箱：
WDZN-BYJ-3×2.5mm²

市电检测：
引自正常照明配电箱：
WDZN-BYJ-3×1.5mm²

信号通信：
引自应急照明控制器
NH-RVSP-2×1.5mm²

10A

市电检测模块
控制显示单元
通信模块
充电单元

供电回路模块
通信回路模块

W1 电源线 WDZN-BYJ-3×2.5mm²-SC20
通信线 NH-RVS-2×1.5mm²-SC20

W8

DC216V

长×宽×高
尺寸：560mm×490mm×1500mm(1kVA/3kVA)

B型应急照明灯具集中电源配电系统图(8回路)

消防应急照明集中电源配电系统图	图号	YJZM4-5
天津新亚精诚科技有限公司	页	57

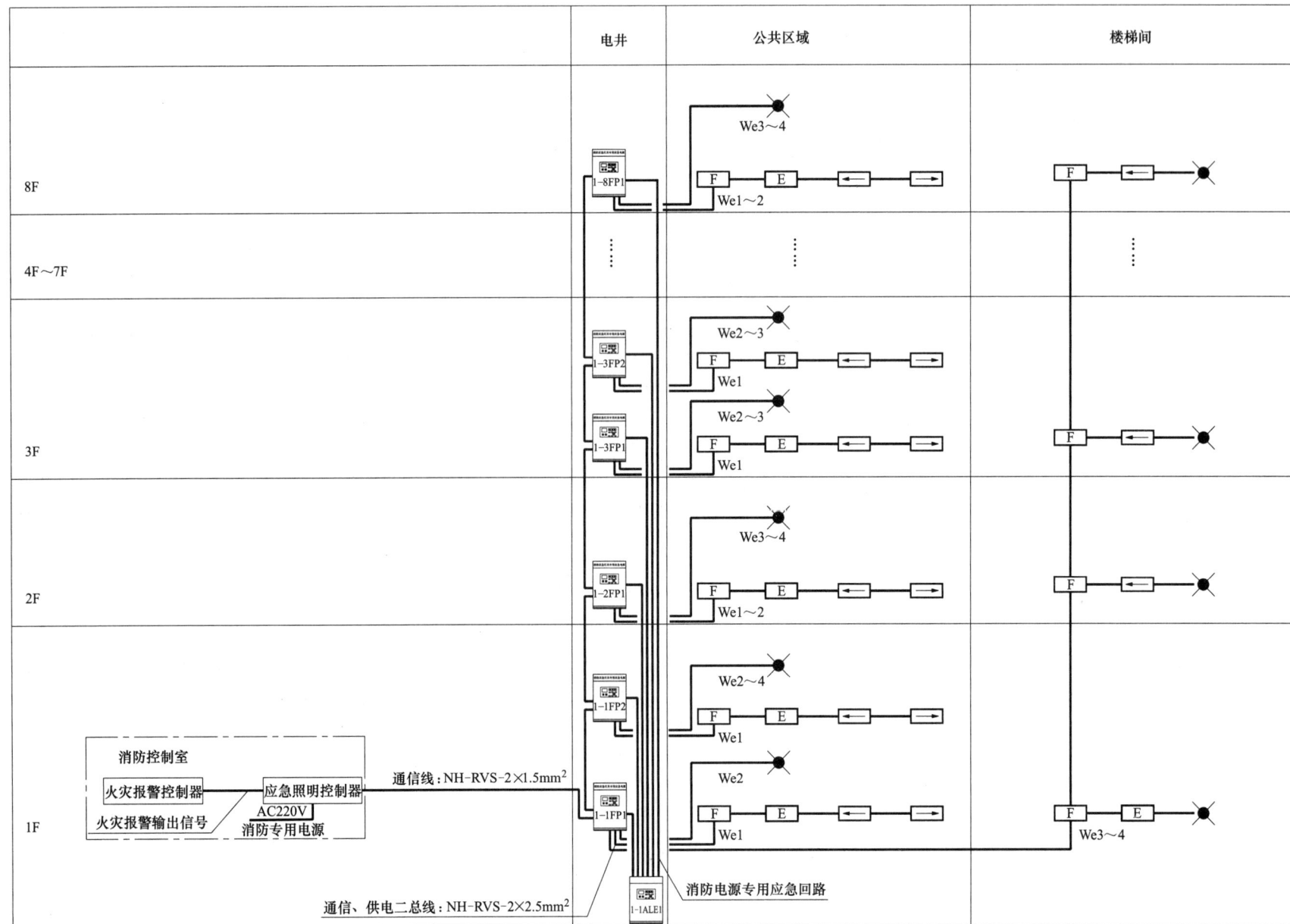

	电井	公共区域	楼梯间

8F
- 1-8FP1
- We3~4
- We1~2

4F~7F

3F
- 1-3FP2 We2~3 We1
- 1-3FP1 We2~3 We1

2F
- 1-2FP1 We3~4 We1~2

1F
- 消防控制室
  - 火灾报警控制器
  - 火灾报警输出信号
  - 应急照明控制器
  - AC220V
  - 消防专用电源
- 通信线：NH-RVS-2×1.5mm²
- 1-1FP2 We2~4 We1
- 1-1FP1 We2 We1 We3~4
- 通信、供电二总线：NH-RVS-2×2.5mm²
- 1-1ALE1
- 消防电源专用应急回路

医疗建筑消防应急照明及疏散指示系统图（工程实例一）	图号	YJZM4-6
天津新亚精诚科技有限公司	页	58

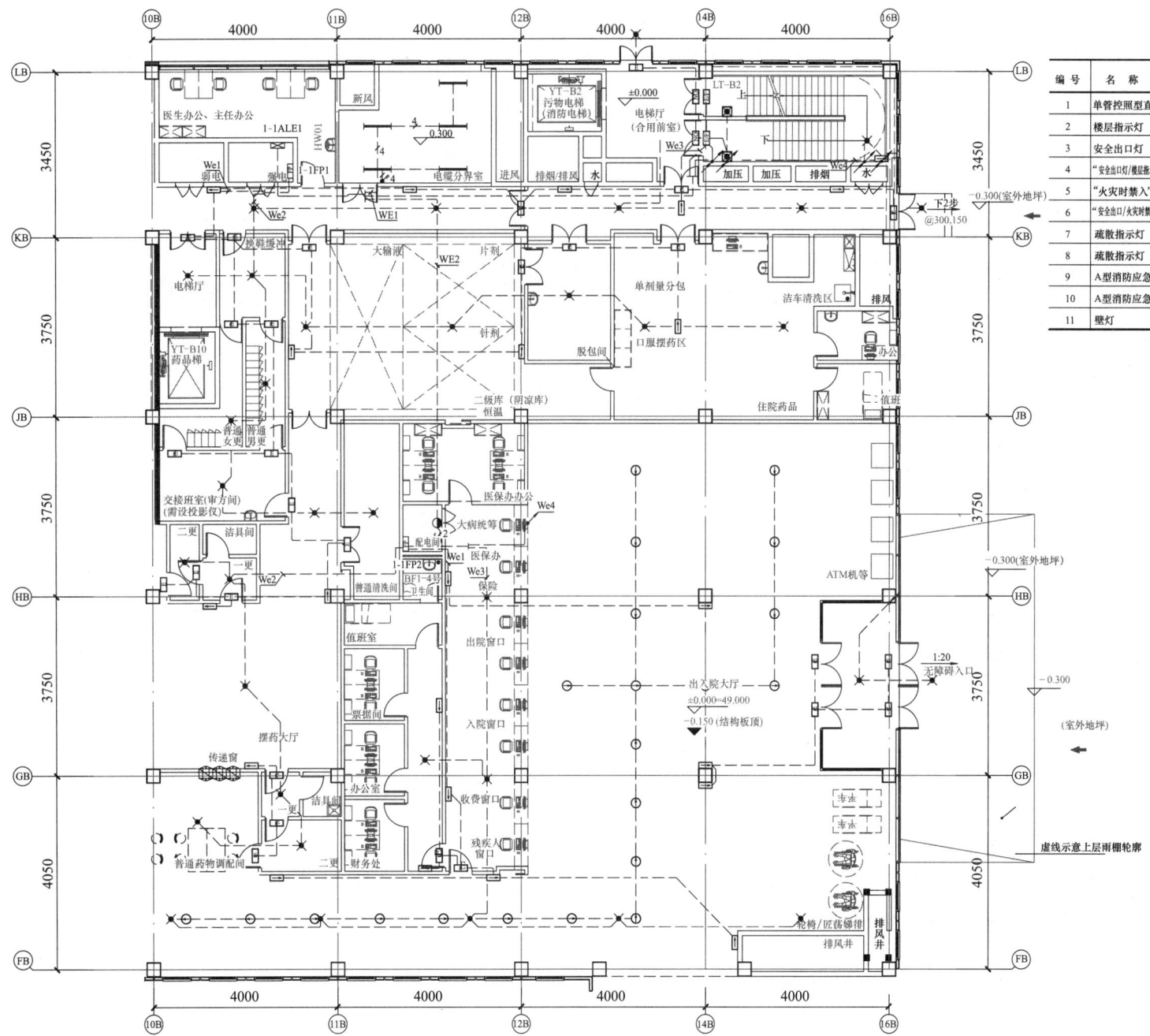

医疗建筑应急疏散照明平面图（一）（工程实例一）

编号	名 称	图例	灯具规格	备 注
1	单管控照型直管荧光灯		1×28W	库房
2	楼层指示灯		1×1W	
3	安全出口灯		1×1W	门上200mm安装
4	"安全出口吲/楼层指示"复合指示灯		1×1W	门上200mm安装
5	"火灾时禁入"指示灯		1×1W	门上200mm安装
6	"安全出口/火灾时禁入"复合指示灯		1×1W	门上200mm安装
7	疏散指示灯		1×1W	公共走道、车库
8	疏散指示灯		1X1W	公共走道、车库
9	A型消防应急灯具		1×7W	公共走道、前室
10	A型消防应急灯具		1×7W	楼梯间
11	壁灯		1×18W	电井

图号	YJZM4-7
页	59

天津新亚精诚科技有限公司

61

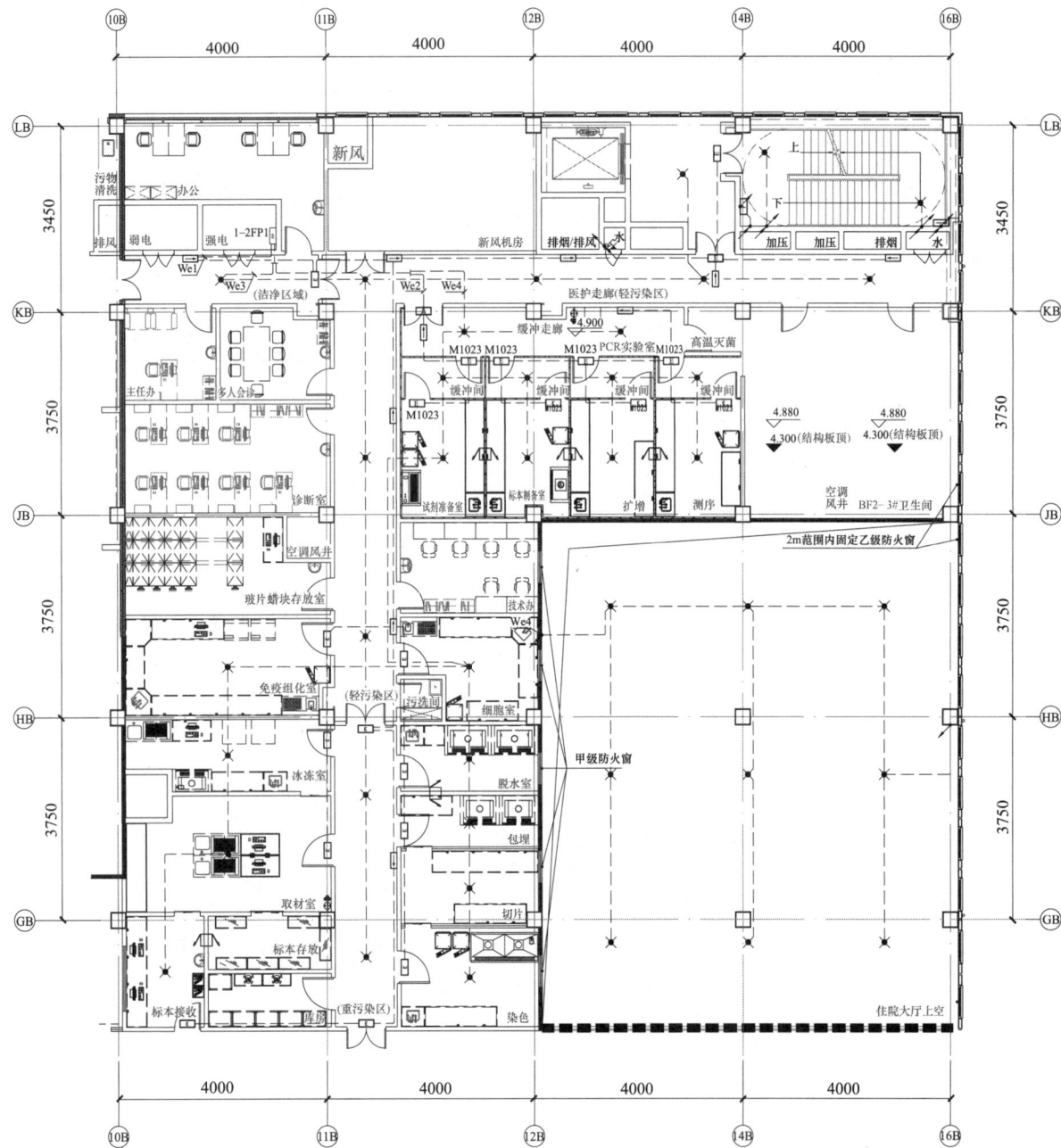

编号	名称	图例	灯具规格	备注
1	单管控照型直管荧光灯	▬	1×28W	库房
2	楼层指示灯	▭	1×1W	
3	安全出口灯	▭	1×1W	门上200mm安装
4	"安全出口灯/楼层指示"复合指示灯	▭	1×1W	门上200mm安装
5	"火灾时禁入"指示灯	▭	1×1W	门上200mm安装
6	"安全出口/火灾时禁入"复合指示灯	▭	1×1W	门上200mm安装
7	疏散指示灯	▭	1×1W	公共走道，车库
8	疏散指示灯	▭	1×1W	公共走道，车库
9	A型消防应急灯具	✳	1×7W	公共走道，前室
10	A型消防应急灯具	✳	1×7W	楼梯间
11	壁灯	◖	1×18W	电井

医疗建筑应急疏散照明平面图（二）（工程实例一）	图号	YJZM4-8
天津新亚精诚科技有限公司	页	60

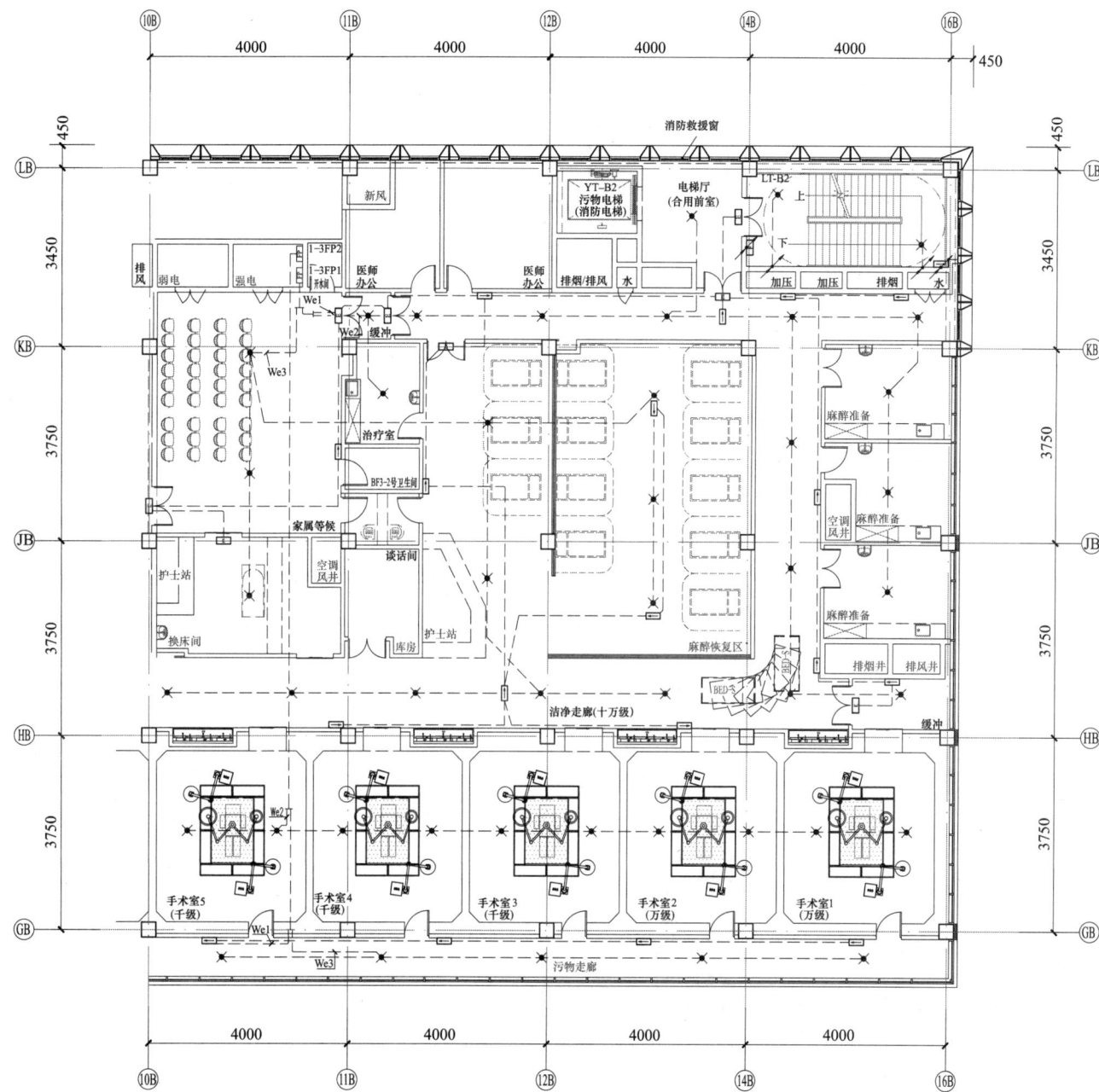

编号	名称	图例	灯具规格	备注
1	单管控照型直管荧光灯		1×28W	库房
2	楼层指示灯		1×1W	
3	安全出口灯		1×1W	门上200mm安装
4	"安全出口灯楼层显示"复合指示灯		1×1W	门上200mm安装
5	"火灾时禁入"指示灯		1×1W	门上200mm安装
6	"安全出口/火灾时禁入"复合指示灯		1×1W	门上200mm安装
7	疏散指示灯		1×1W	公共走道、车库
8	疏散指示灯		1×1W	公共走道、车库
9	A型消防应急灯具		1×7W	公共走道、前室
10	A型消防应急灯具		1×7W	楼梯间
11	壁灯		1×18W	电井

医疗建筑应急疏散照明平面图（三）（工程实例一）	图号	YJZM4-9
天津新亚精诚科技有限公司	页	61

63

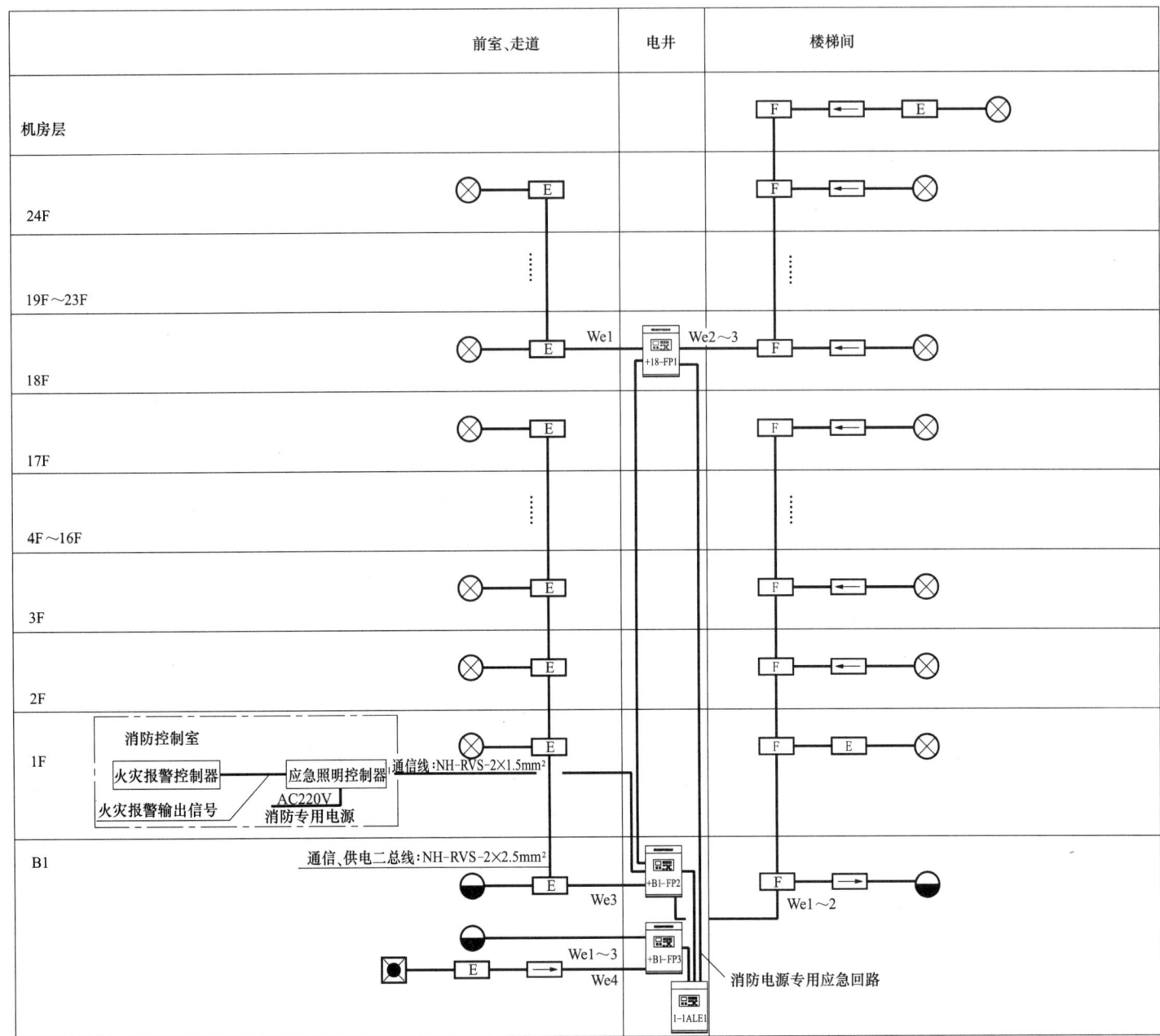

	前室、走道	电井	楼梯间

机房层

24F

19F～23F

18F

We1   We2～3   +18-FP1

17F

4F～16F

3F

2F

1F

消防控制室

火灾报警控制器   应急照明控制器   通信线:NH-RVS-2×1.5mm²

AC220V

火灾报警输出信号   消防专用电源

B1

通信、供电二总线:NH-RVS-2×2.5mm²

We3   +B1-FP2   We1～2

We1～3   +B1-FP3

We4   消防电源专用应急回路

1-1ALE

住宅消防应急照明及疏散指示系统图（工程实例二）	图号	YJZM4-10
天津新亚精诚科技有限公司	页	62

64

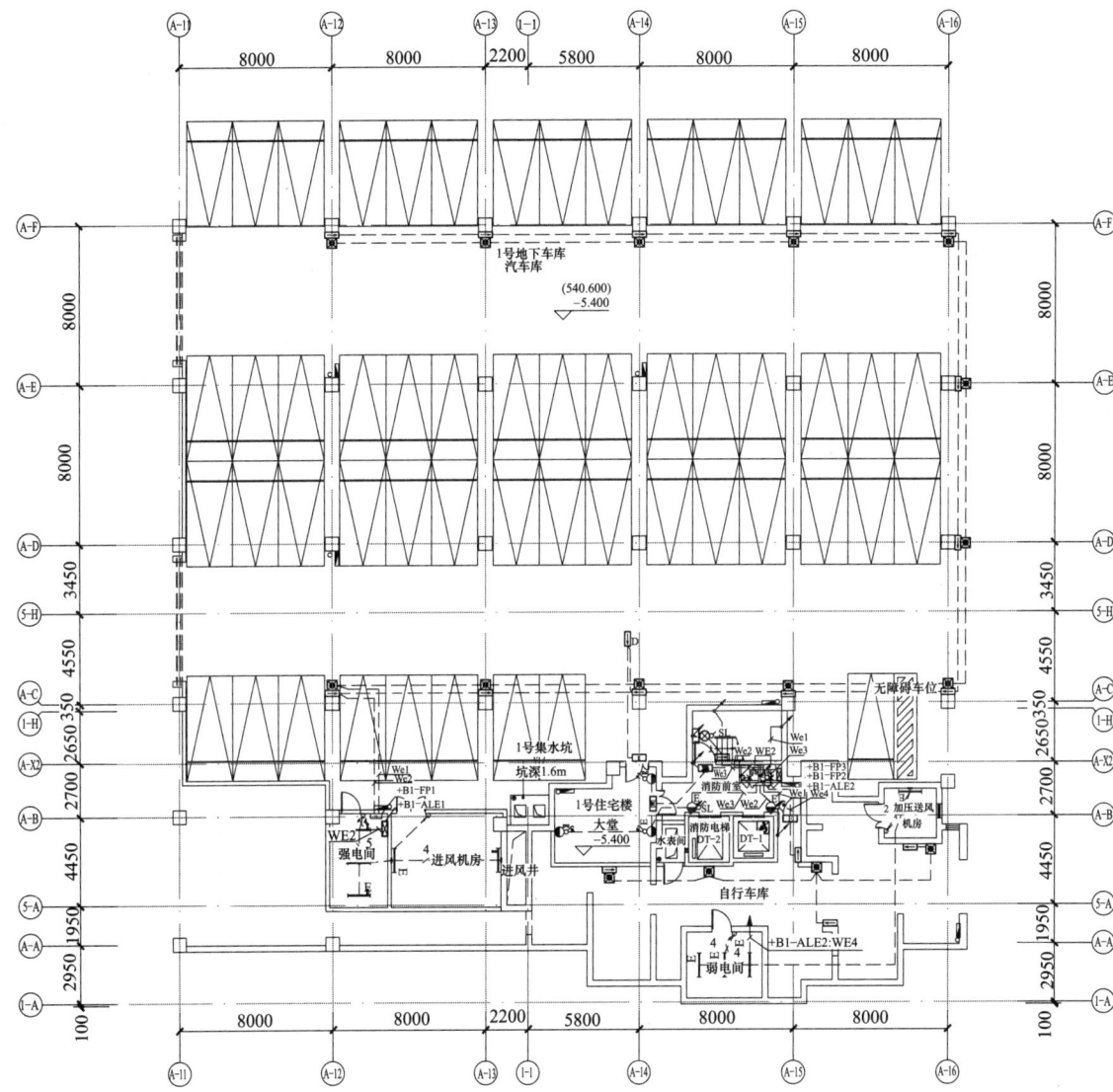

图例	说明
D →	集中电源集中控制型 消防应急吊装式疏散指示标志灯具
E	集中电源集中控制型 消防应急安全出口显示标志灯具
F	集中电源集中控制型 消防应急楼层显示标志灯具
→	集中电源集中控制型 消防应急疏散指示标志灯具
⬛	集中电源集中控制型 消防应急照明灯具
SL ⬤ E	集中电源集中控制型 消防应急照明灯具

住宅建筑地下应急疏散照明平面图（工程实例二）	图号	YJZM4-11
天津新亚精诚科技有限公司	页	63

图例	说明
E	集中电源集中控制型 消防应急安全出口显示标志灯具
F	集中电源集中控制型 消防应急楼层显示标志灯具
→	集中电源集中控制型 消防应急疏散指示标志灯具
SL ⊗	集中电源集中控制型 消防应急照明灯具

住宅建筑标准层应急疏散照明平面图（工程实例二）

图号	YJZM4-12	
天津新亚精诚科技有限公司	页	64

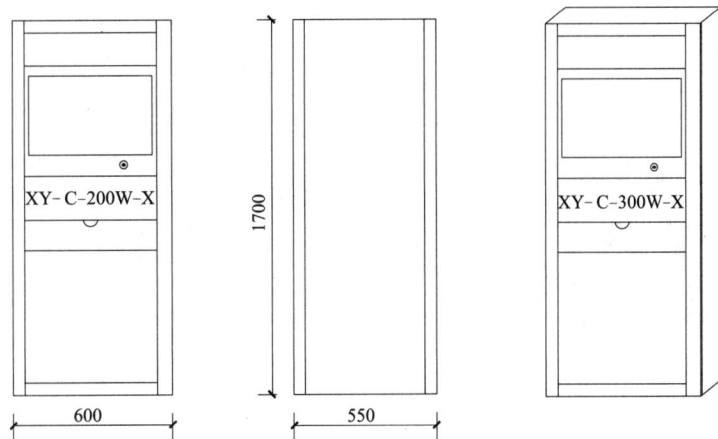

应急照明控制器（XY‑C‑300W‑X，立柜式安装）

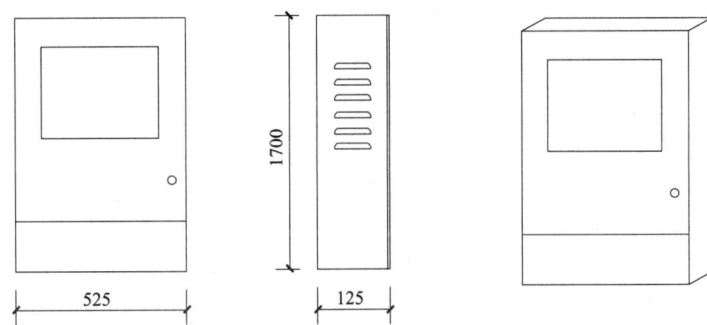

应急照明控制器（XY‑C‑200W‑X，壁挂式安装）

输入220V　备电24V　输出24V

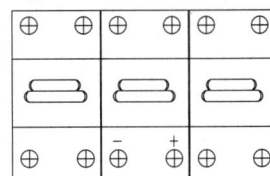

应急照明控制器内部接线

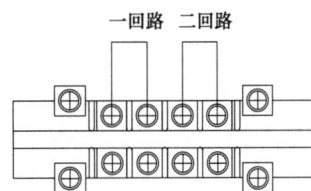

一回路　二回路

应急照明控制器

1. 系统介绍

（1）控制器实时与系统区域分机进行数据交换，实时监控区域机和区域分机内所携带灯具的工作状态。

（2）区域分机或灯具发生故障时，控制器 CRT 系统中提示故障信息，以便于及时发现并进行维护。

（3）控制器可以与消防报警主机进行联动，当消防报警主机发出火警的报警信息时，控制器自动接收信息，通过自动识别火警的楼层和位置后控制该楼层的灯具工作状态，生成一条安全逃生路线指引疏散。

（4）控制器的主电源和备用电源可以自动进行切换。

（5）控制器至区域分机可分为多组通信线，每组通信线连接的区域分机数量不要超过 20 台，连接方式为串行形式。根据现场情况及布线环境用线标准不同。

（6）通常用线标准：WDZN-RVS2×2.5mm² 或 WDZN-RVSP2×2.5mm²。

2. 技术参数

额定输入电压：AC 220V　　　　　额定输出电压：DC 24V

相对湿度：≤95％RH 不凝露　　　温度：−10℃～+55℃

进行孔位置：箱体内底部　　　　单通信回路区域机连接数量：20 台

应急工作时间：90min　　　　　　额定工作频率：50Hz

标配通信回路数量：2 个　　　符合标准：《消防应急照明和疏散指示系统》GB 17945—2010

3. 应急照明控制器内部接线说明

（1）第一个空气开关"输入 220V"为主电源开关，输入电压为 AC220V，双电源输入。

（2）第二个空气开关"输入 24V"备用电源开关，是内部蓄电池的输入 DC24V，不需要额外接线。

（3）第三个空气开关"输出 DC24V"是给设备内部主要部件供电电源，不需要额外接线。

（4）用线标准为 WDZN-BYJ 3×2.5mm。

（5）如图所示"1～2 回路"是连接区域分机的通信线，控制器至区域分机可分为多组通信线，每组通信线连接的区域分机数量不要超过 20 台，连接方式为串行，根据现场情况及布线环境标准不同，使用的线型也不一样。

通常用线标准：WDZN-RVS2×2.5mm² 或 WDZN-RVSP2×2.5mm²。

应急照明控制器技术参数表	图号	YJZM4-13
天津新亚精诚科技有限公司	页	65

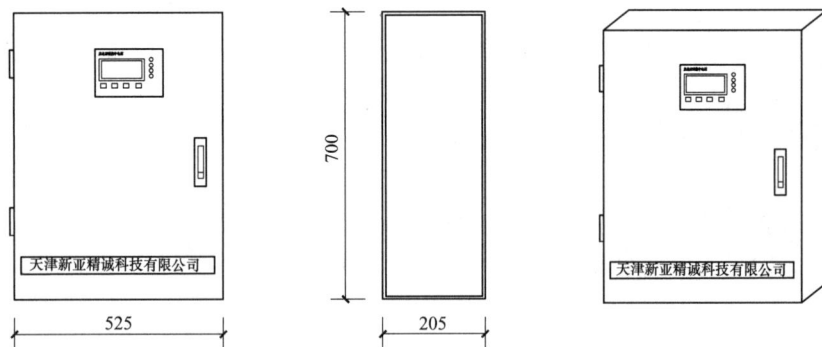

应急照明集中电源(XY-D-0.5kVA-X、壁挂式安装)

输入220V 备电24V 输出24V

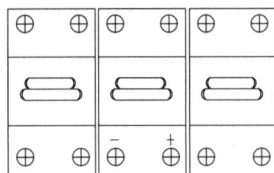

通信	输出	电池1	电池2
HL	24V+24V-	B1-B1+	B2-B2+

一回路 二回路 三回路 四回路 通信

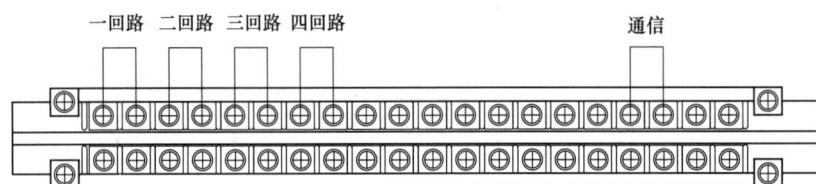

应急照明集中电源内部接线

应急照明集中电源

1. 系统介绍

(1) 实时显示主电，备电，电源输出等电源工作状态。

(2) 向应急照明控制器实时传输应急照明集中电源状态信息。

(3) 具有自动检测主电失电及电池分段检测功能。

(4) 具备自动完成主电工作状态到应急工作状态的转换的功能。

(5) 具有输出短路，过载保护功能。

(6) DC24V 安全电压工作。

2. 技术参数

主电电源：AC220V	额定功率：500W
输出电压：DC24V	备用电源：38AH 2节
应急时间：≥90min	温度：-10℃~+55℃
相对湿度：≤95％RH 不凝露	标配回路数量：4个
进行孔位置：左侧下，右侧下	符合标准：《消防应急照明和疏散指示系统》GB 17945—2010

3. 应急照明集中电源内部接线说明

(1) 第一个空气开关"输入 220V"接取可消防强切的市电 AC220V，用线标准为 WDZN-BYJ 3×2.5mm²。

(2) 第二个空气开关"备电 24V"是备用电输入，两节可循环充电的铅酸储蓄电磁，两节电磁并联。正负极性要分清不可接混。

(3) 第三个空气开关"输出 DC24V"是给所带的分配电装置供应电源。可供应单个分配电装置或多个分配电装置。正负极性要分清，不可接混，用线标准为 3×2.5BJY。

(4) 地线连接处在箱体内部左下方。

(5) 如图所示"1~4 回路"是连接本分配电装置内所携带所有灯具的灯具通信线，可按照系统图连接，无极性。连接回路线时请做好标记，区分好单回路所携带的区域，以便于调试。

(6) 如图所示"通信"端口是智能应急照明控制器与分配电之间数据交换和联动控制的主要干线，每一台分配电装置内都有一个通信端口，请按照现场指导或系统图要求进行布线和接线，连接方式必须为串行模式。

应急照明集中电源技术参数表	图号	YJZM4-14
天津新亚精诚科技有限公司	页	66

68

系 统 概 述

1 系统概要

消防应急照明和疏散指示系统作用是为人员疏散和发生火灾时仍需正常工作的场所提供照明和疏散指示的系统，应用于大型商场、超市、宾馆、学校、办公楼、住宅小区、车库等各种场所。

消防应急照明和疏散指示系统主要分为自带电源集中控制型、自带电源非集中控制型、集中电源集中控制型和集中电源非集中控制型。青岛鼎信通讯消防安全有限公司生产的消防应急照明和疏散指示系统为集中电源集中控制型系统和自带电源集中控制型。消防应急电源，应急照明配电箱通过 TO-BUS 总线与消防应急照明控制器进行上行通信，通过无极性二总线与消防应急灯具进行下行通信。

当建筑发生火情时，消防应急照明和疏散指示系统能通过与消防报警系统的联动，所有消防应急灯具转入应急状态，根据着火点的位置，快速设计出最佳逃生路线，引导人员向安全区域逃离。

2 系统组成

（1）系统主要由应急照明控制器、消防应急灯具专用应急电源、应急照明配电箱、集中控制型消防应急标志灯具和集中控制型消防应急照明灯具等组成。

（2）应急照明控制器通过连接火灾报警控制器，接收火灾报警联动信号，根据火灾着火位置信息，自动或手动选择疏散预案对人员进行安全快速疏散引导。

（3）消防应急灯具专用应急电源和应急照明配电箱，与消防应急灯具两线制连接，具有输入、输出电压值和电流值显示及故障提示功能。

（4）消防应急标志灯具采用超低功耗 LED 光源，无极性二总线连接，可实现灯具点亮，熄灭，闪烁，调整方向等功能。

（5）消防应急照明灯具采用超低功耗 LED 光源，无极性二总线连接，可实现点亮、熄灭等功能。

3 系统设置

（1）消防应急灯具专用应急电源为集中电源型灯具提供 DC36V 电源及通信信号，每台应急电源可配出 1～8 个回路，每个回路输出功率≤150W，最多可配接 60 只集中电源型消防应急灯具。

（2）应急照明配电箱为自带电源型灯具提供 DC36V 主电源及通信信号，每台应急照明配电箱可配出 1～8 个回路，每个回路输出功率≤150W，最多可配接 60 只自带电源型消防应急灯具。

（3）每台应急照明控制器可配出 1～8 个回路，每个回路最多可配接 25 台消防应急灯具专用应急电源或应急照明配电箱，一台应急照明控制器控制消防应急灯具的总数量≤3200 个。

（4）主应急照明控制器可通过联网线最多与 99 台应急照明控制器进行联网。

4 系统接线

（1）应急照明控制器通过 TC-BUS 总线与消防应急灯具专用应急电源连接，通信总线采用 NH-RVSP -2×1.5mm²-SC20，单独穿管或采用封闭金属线槽，传输距离≤1200m。

（2）集中控制型消防应急灯具通过无极性二总线与消防应急灯具专用应急电源、应急照明配电箱连接，二总线采用 WDZN-RVS-2×2.5mm²-SC20 线，穿金属管敷设，最远通信距离 300m。

（3）应急照明控制器之间的联网线传输距离≤2000m。

5 系统供电

（1）应急照明控制器采用主用电源、备用电源两路电源供电的方式，主用电源由消防电源供电，供电电源采用 AC220V/50Hz。备用电源采用自带内置电池组电池供电。

（2）消防应急灯具专用应急电源采用主、备两路电源供电的方式，主电由竖井内消防电源专用干线供电，供电电源：AC220V/50Hz，备电采用自带内置电池组电池供电；应急照明配电箱由消防电源专用干线供电，供电电源：AC220V/50Hz。

（3）集中电源或应急照明配电箱与灯具的通信中断时，非持续型灯具的光源应能应急点亮，持续型灯具的光源由节电点亮模式转入应急点亮模式。

（4）应急照明控制器与集中电源或应急照明配电箱的通信中断时，集中电源或应急照明配电箱应能连锁控制其配接的非持续型照明灯的光源应急点亮，持续型灯具的光源由节电点亮模式转入应急点亮模式。

6 其他

本系统主机与 FAS 系统主机可通过 RS232 接口或 RS485 接口进行联动，由 FAS 系统主机向本系统主机提供确认火警信息以联动本系统进入火灾应急工作模式。

系统概述	图号	YJZM5-1
青岛鼎信通讯消防安全有限公司	页	67

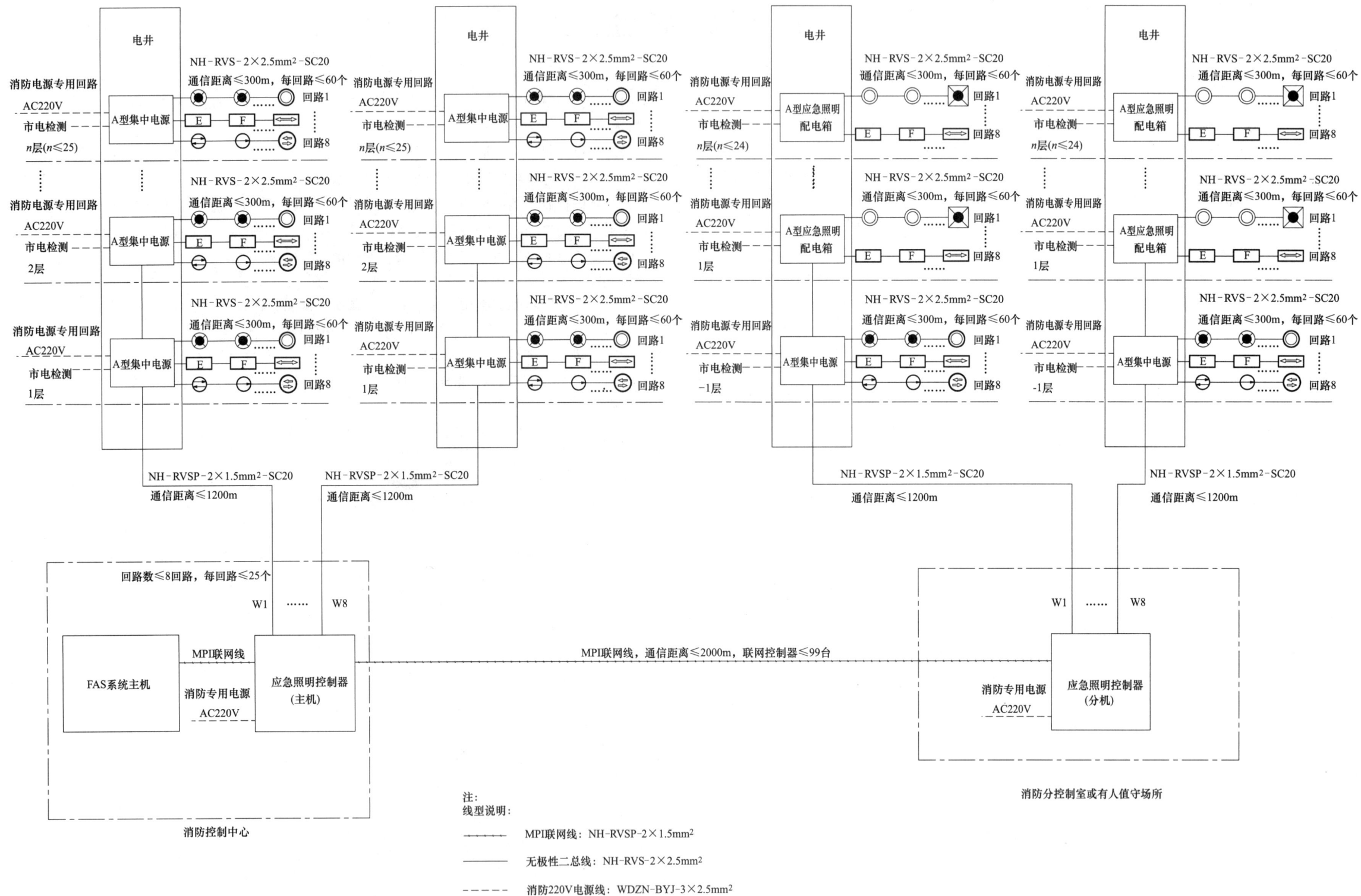

系统组成框图

系统组成框图		图号	YJZM5-2
青岛鼎信通讯消防安全有限公司		页	68

注:
线型说明:
— · — · — MPI联网线: NH-RVSP-2×1.5mm²
——— 无极性二总线: NH-RVS-2×2.5mm²
— — — 消防220V电源线: WDZN-BYJ-3×2.5mm²

消防应急照明控制系统产品选型表

序号	图例	产品名称	型号规格	安装方式	外形尺寸（单位：mm）	功能描述	备注
1		应急照明控制器	TS-C-40K-G	立柜	552×460×1718	远程监控、消防联动、火灾信息、中心接入、人机操作、故障查询、IP30	
2		应急照明控制器	TS-C-40K-T	琴台	552×460×1306	远程监控、消防联动、火灾信息、中心接入、人机操作、故障查询、IP30	
3		消防应急灯具专用应急电源	TS-D-0.2kVA	壁挂安装	420×135×520	应急供电及控制、巡检、故障上传、IP43	
4		消防应急灯具专用应急电源	TS-D-0.26kVA	壁挂安装	550×235×750	应急供电及控制、巡检、故障上传、IP43	
5		消防应急灯具专用应急电源	TS-D-0.6kVA	壁挂安装	550×235×750	应急供电及控制、巡检、故障上传、IP43	
6		双向指示标志灯具	TS-D001	吊挂安装	350×150×28	巡检、常亮、频闪、功率≤0.5W	
7		单向标志灯具	TS-D002	吊挂安装	350×150×28	巡检、常亮、频闪、功率≤0.5W	
8		双向指示标志灯具	TS-B001	壁挂安装	350×150×20	巡检、常亮、频闪、功率≤0.5W	
9		左向指示标志灯具	TS-B002	吊挂安装	350×150×20	巡检、常亮、频闪、功率≤0.5W	
10		右向指示标志灯具	TS-B003	壁挂安装	350×150×20	巡检、常亮、频闪、功率≤0.5W	
11		疏散出口标志灯具	TS-B004	壁挂安装	350×150×20	巡检、常亮、频闪、功率≤0.5W	
12		带语音疏散出口标志灯具	TS-B005	壁挂安装	350×150×20	巡检、常亮、频闪、功率≤1W	集中电源型
13		楼层指示标志灯具	TS-BF001	壁挂安装	350×150×20	巡检、常亮、频闪、功率≤0.5W	无极性两总线
14		双向指示标志灯具	TS-Q001	嵌墙安装	350×150×30	巡检、常亮、频闪、功率≤0.5W	额定工作电压
15		左向指示标志灯具	TS-Q002	嵌墙安装	350×150×30	巡检、常亮、频闪、功率≤0.5W	DC36V
16		右向指示灯具灯具	TS-Q003	嵌墙安装	350×150×30	巡检、常亮、频闪、功率≤0.5W	
17		疏散出口标志灯具	TS-Q004	嵌墙安装	350×150×30	巡检、常亮、频闪、功率≤0.5W	
18		楼层指示标志灯具	TS-QF001	嵌墙安装	350×150×30	巡检、常亮、频闪、功率≤0.5W	
19		地埋双向指示标志灯具	TS-M001	地埋安装	φ165×H40	巡检、常亮、频闪、功率≤0.5W	
20		地埋单向指示标志灯具	TS-M002	地埋安装	φ165×H40	巡检、常亮、频闪、功率≤0.5W	
21		地埋双向指示标志灯具	TS-M003	地埋安装	φ245×H35	巡检、常亮、频闪、功率≤0.5W	
22		地埋单向指示标志灯具	TS-M004	地埋安装	φ245×H35	巡检、常亮、频闪、功率≤0.5W	
23		吸顶应急照明灯具	TS-Z001	吸顶安装	φ127×H45	应急照明、巡检、开灯、灭灯、功率≤2W	
24		嵌顶应急照明灯具	TS-Z002	嵌顶安装	φ127×H44	应急照明、巡检、开灯、灭灯、功率≤2W	
25		壁挂应急照明灯具	TS-Z003	壁挂安装	350×150×42	应急照明、巡检、开灯、灭灯、功率≤4W	

消防应急照明控制系统选型表（一）	图号	YJZM5-3
青岛鼎信通讯消防安全有限公司	页	69

消防应急照明控制系统产品选型表

序号	图例	产品名称	型号规格	安装方式	外形尺寸（单位：mm）（长×宽×高）	功能描述	备注
1		应急照明控制器	TS-C-40K-G	立柜	552×460×1718	远程监控、消防联动、火灾信息、中心接入、人机操作、故障查询、IP30	
2		应急照明控制器	TS-C-40K-T	琴台	552×460×1306	远程监控、消防联动、火灾信息、中心接入、人机操作、故障查询、IP30	
3		消防照明配电箱	TS-PD-0.26kVA	壁挂安装	400×100×500	供电及控制、巡检、故障上传、IP43	
4		消防照明配电箱	TS-D-0.6kVA	壁挂安装	400×100×500	供电及控制、巡检、故障上传、IP43	
5		双向指示标志灯具	TS-D001Y	吊挂安装	360×135×8	巡检、常亮、频闪、功率≤0.5W	
6		单向标志灯具	TS-D002Y	吊挂安装	360×135×8	巡检、常亮、频闪、功率≤0.5W	
7		双向指示标志灯具	TS-D001Y	壁挂安装	360×135×8	巡检、常亮、频闪、功率≤0.5W	
8		左向指示标志灯具	TS-B002Y	壁挂安装	360×135×8	巡检、常亮、频闪、功率≤0.5W	
9		右向指示标志灯具	TS-B003Y	壁挂安装	360×135×8	巡检、常亮、频闪、功率≤0.5W	
10	E	疏散出口标志灯具	TS-B004Y	壁挂安装	360×135×8	巡检、常亮、频闪、功率≤0.5W	
11	S	安全出口标志灯具	TS-B005Y	壁挂安装	360×135×8	巡检、常亮、频闪、功率≤1W	
12	◄F	左向多信息复合标志灯具	TS-B008Y	壁挂安装	360×135×8	巡检、常亮、频闪、功率≤0.5W	
13	F►	右向多信息复合标志灯具	TS-B009Y	壁挂安装	360×135×8	巡检、常亮、频闪、功率≤0.5W	自带电源型无极性两总线额定工作电压DC36V
14	F	楼层指示标志灯具	TS-BF010Y	壁挂安装	360×135×8	巡检、常亮、频闪、功率≤0.5W	
15		双向指示标志灯具	TS-Q001Y	嵌墙安装	360×135×8	巡检、常亮、频闪、功率≤0.5W	
16		左向指示标志灯具	TS-Q002Y	嵌墙安装	360×135×8	巡检、常亮、频闪、功率≤0.5W	
17		右向指示标志灯具	TS-Q003Y	嵌墙安装	360×135×8	巡检、常亮、频闪、功率≤0.5W	
18	E	疏散出口标志灯具	TS-Q004Y	嵌墙安装	360×135×8	巡检、常亮、频闪、功率≤0.5W	
19	◄F	左向多信息复合标志灯具	TS-Q008Y	嵌墙安装	360×135×8	巡检、常亮、频闪、功率≤0.5W	
20	F►	右向多信息复合标志灯具	TS-Q009Y	嵌墙安装	360×135×8	巡检、常亮、频闪、功率≤0.5W	
21	F	楼层指示标志灯具	TS-QF010Y	嵌墙安装	360×135×8	巡检、常亮、频闪、功率≤0.5W	
22	○	吸顶应急照明灯具	TS-X001Y	吸顶安装	$\phi164×H60$	应急照明、巡检、开灯、灭灯、功率≤3W	
23		吊装应急照明灯具	TS-F001Y	嵌顶安装	600×74×71	应急照明、巡检、开灯、灭灯、功率≤8W	
24		壁挂应急照明灯具	TS-G001Y	壁挂安装	218×60×60	应急照明、巡检、开灯、灭灯、功率≤3W	
25	○EK	吸顶应急照明灯具	TS-X011Y	吸顶安装	$\phi220×H68$	应急照明、巡检、开灯、灭灯、红外感应、功率≤12W	

消防应急照明控制系统选型表（二）	图号	YJZM5-4
青岛鼎信通讯消防安全有限公司	页	70

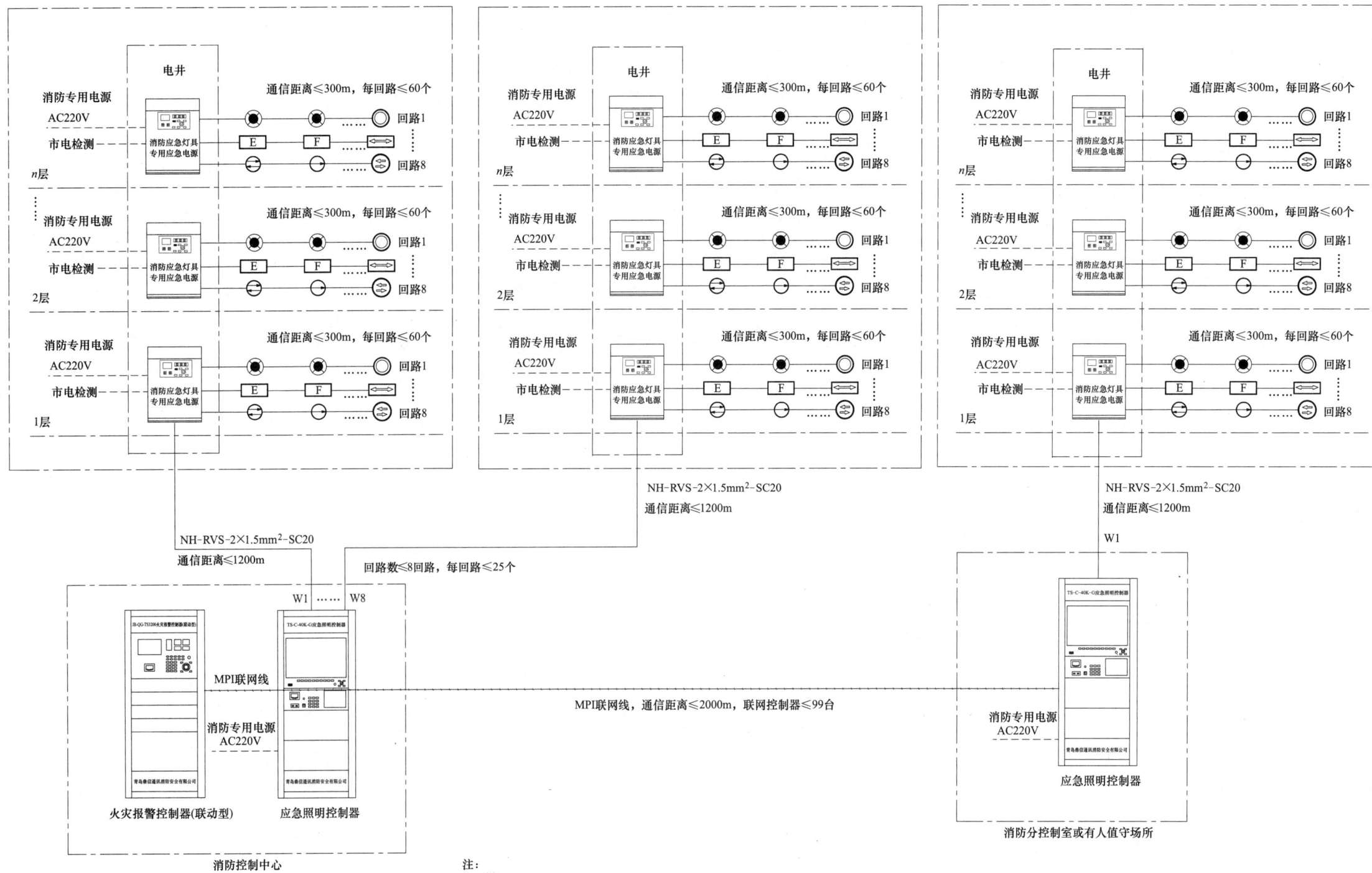

集中电源集中控制型系统

注：
线型说明：
————— MPI联网线：NH-RVSP-2×1.5mm²
————— 无极性二总线：NH-RVS-2×2.5mm²
- - - - 消防220V电源线：WDZN-BYJ-3×2.5mm²

集中电源集中控制型系统	图号	YJZM5-5
青岛鼎信通讯消防安全有限公司	页	71

73

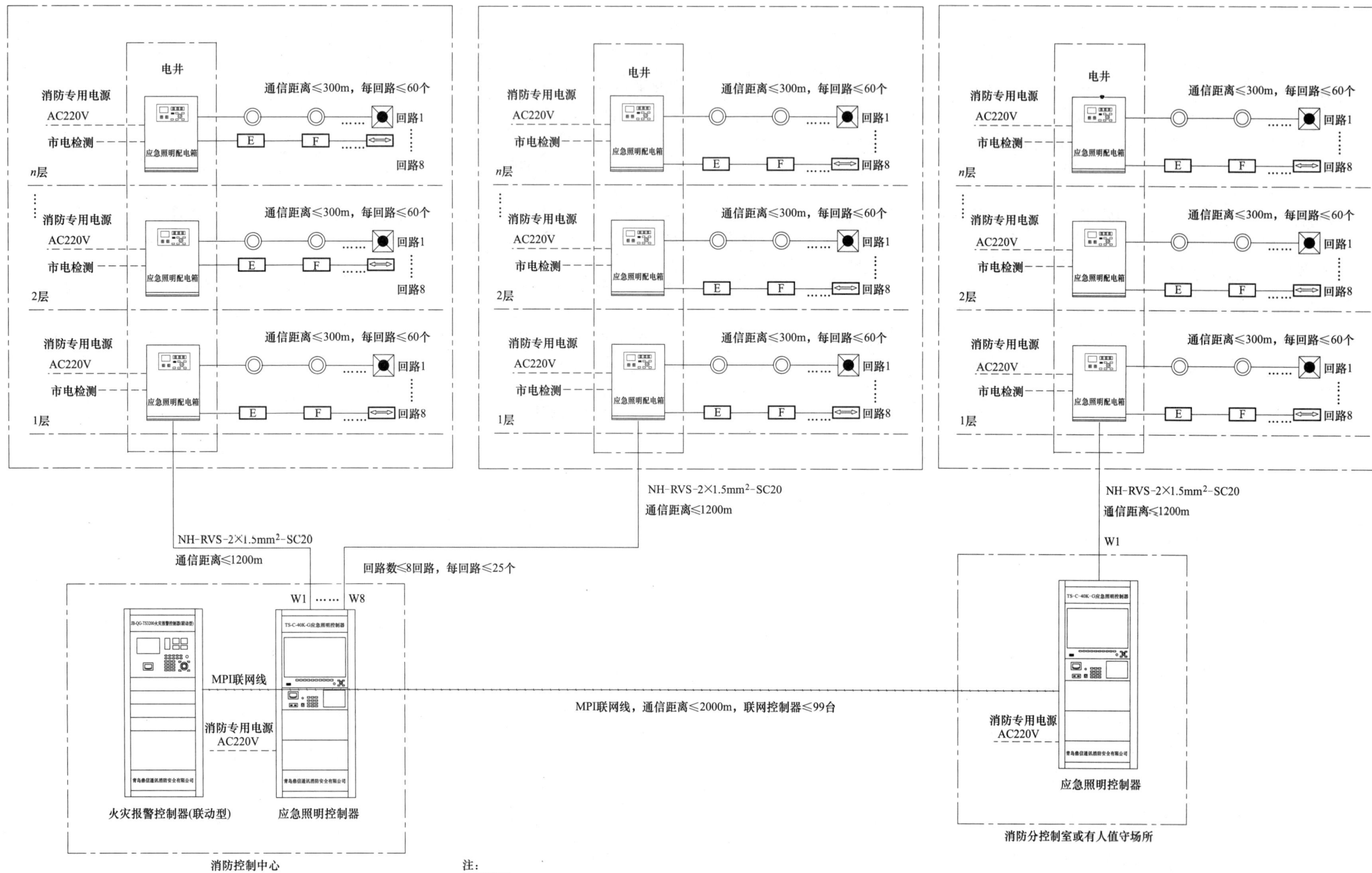

消防专用电源 AC220V
市电检测
n层

电井

通信距离≤300m, 每回路≤60个
回路1
回路8

应急照明配电箱
E
F

消防专用电源 AC220V
市电检测
2层

通信距离≤300m, 每回路≤60个
回路1
回路8

应急照明配电箱
E
F

消防专用电源 AC220V
市电检测
1层

通信距离≤300m, 每回路≤60个
回路1
回路8

应急照明配电箱
E
F

NH-RVS-2×1.5mm²-SC20
通信距离≤1200m

消防专用电源 AC220V
市电检测
n层

电井

通信距离≤300m, 每回路≤60个
回路1
回路8

应急照明配电箱
E
F

消防专用电源 AC220V
市电检测
2层

通信距离≤300m, 每回路≤60个
回路1
回路8

应急照明配电箱
E
F

消防专用电源 AC220V
市电检测
1层

通信距离≤300m, 每回路≤60个
回路1
回路8

应急照明配电箱
E
F

NH-RVS-2×1.5mm²-SC20
通信距离≤1200m

消防专用电源 AC220V
市电检测
n层

电井

通信距离≤300m, 每回路≤60个
回路1
回路8

应急照明配电箱
E
F

消防专用电源 AC220V
市电检测
2层

通信距离≤300m, 每回路≤60个
回路1
回路8

应急照明配电箱
E
F

消防专用电源 AC220V
市电检测
1层

通信距离≤300m, 每回路≤60个
回路1
回路8

应急照明配电箱
E
F

NH-RVS-2×1.5mm²-SC20
通信距离≤1200m

W1

NH-RVS-2×1.5mm²-SC20
通信距离≤1200m

回路数≤8回路, 每回路≤25个

W1 ... W8

JB-QG-TS3204火灾报警控制器(联动型)
TS-C-40K-G应急照明控制器

MPI联网线

消防专用电源 AC220V

火灾报警控制器(联动型)   应急照明控制器

消防控制中心

MPI联网线, 通信距离≤2000m, 联网控制器≤99台

TS-C-40K-G应急照明控制器

消防专用电源 AC220V

应急照明控制器

消防分控制室或有人值守场所

注:
线型说明:
———— MPI联网线: NH-RVSP-2×1.5mm²
——— 无极性二总线: NH-RVS-2×2.5mm²
- - - - 消防220V电源线: WDZN-BYJ-3×2.5mm²

自带电源集中控制型系统	图号	YJZM5-6
青岛鼎信通讯消防安全有限公司	页	72

74

ALE1

消防电源专用回路
AC220V
10A
6A
DC36V输出

市电检测
系统通信总线
NH-RVSP-2×1.5mm²

控制显示单元
通信模块
充放电单元

智能灯控模块

WE1：NH-RVS-2×2.5mm²-SC20 B1前室、走道
WE2：NH-RVS-2×2.5mm²-SC20 B2前室、走道
WE3：NH-RVS-2×2.5mm²-SC20 1F~8F前室
WE4：NH-RVS-2×2.5mm²-SC20 B1、B2、1F~8F剪刀楼梯
WE5：NH-RVS-2×2.5mm²-SC20 B1、B2、1F~8F剪刀楼梯
备用
备用
备用

DC12V
2节12V/26Ah

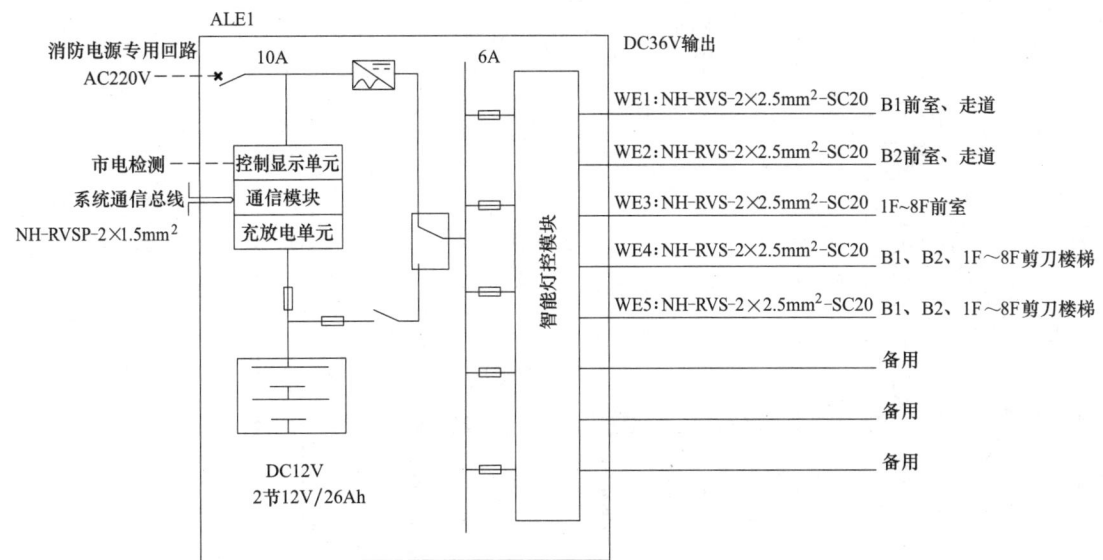

应急电源配电系统图（A型）

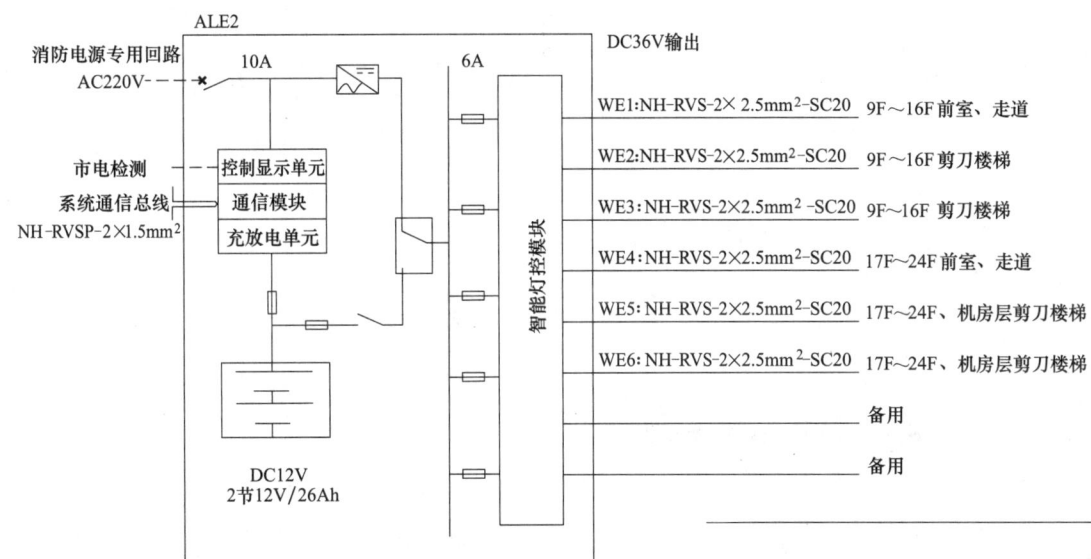

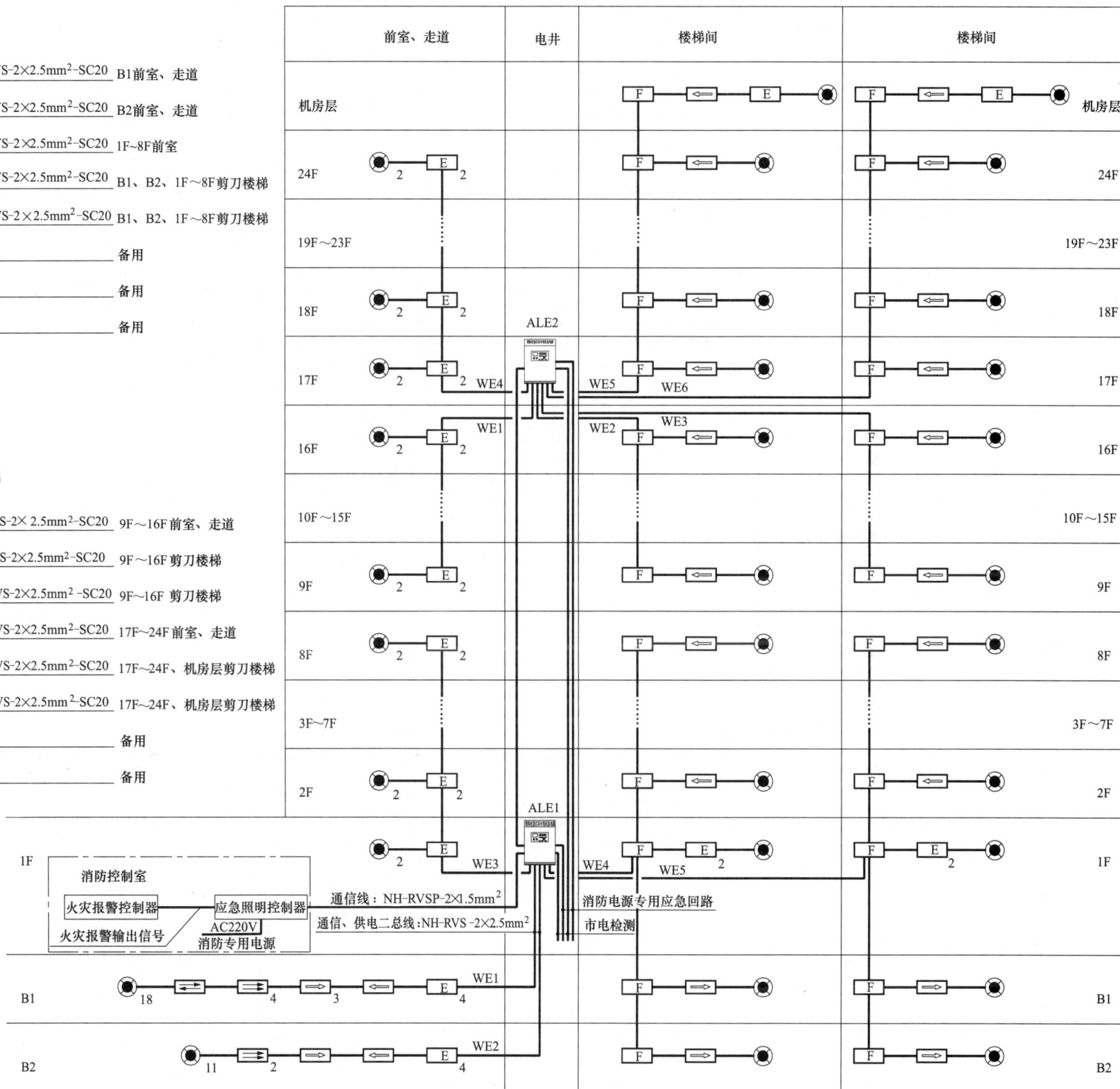

ALE2

消防电源专用回路
AC220V
10A
6A
DC36V输出

市电检测
系统通信总线
NH-RVSP-2×1.5mm²

控制显示单元
通信模块
充放电单元

智能灯控模块

WE1：NH-RVS-2×2.5mm²-SC20 9F~16F前室、走道
WE2：NH-RVS-2×2.5mm²-SC20 9F~16F剪刀楼梯
WE3：NH-RVS-2×2.5mm²-SC20 9F~16F剪刀楼梯
WE4：NH-RVS-2×2.5mm²-SC20 17F~24F前室、走道
WE5：NH-RVS-2×2.5mm²-SC20 17F~24F、机房层剪刀楼梯
WE6：NH-RVS-2×2.5mm²-SC20 17F~24F、机房层剪刀楼梯
备用
备用

DC12V
2节12V/26Ah

应急电源配电系统图（A型）

	前室、走道	电井	楼梯间	楼梯间	
机房层					机房层
24F					24F
19F~23F					19F~23F
18F		ALE2			18F
17F	WE4 WE5 WE6				17F
16F	WE1 WE2 WE3				16F
10F~15F					10F~15F
9F					9F
8F					8F
3F~7F					3F~7F
2F		ALE1			2F
1F	WE3 WE4 WE5				1F
B1	18 4 3 4 WE1				B1
B2	11 2 4 WE2				B2

消防控制室
火灾报警控制器
应急照明控制器
火灾报警输出信号
AC220V
消防专用电源

通信线：NH-RVSP-2×1.5mm²
通信、供电二总线：NH-RVS-2×2.5mm²

消防电源专用应急回路
市电检测

住宅消防应急照明系统图（工程实例一）	图号	YJZM5-7
青岛鼎信通讯消防安全有限公司	页	73

平面图坐标标注：

C11-15 C11-14 C11-13 C11-11 C11-10 C11-6 C11-5 C11-3 C11-1

26208

3456 1728 2016 3744 6912 3168 2016 3168

C11-N
2592
C11-M
2688
C11-K
480
C11-J
1248
C11-H
864
C11-G
576
C11-F
864
C11-E
4032
C11-C
1152
C11-B
576
C11-A

15072

C11-N
2592
C11-L
1824
C11-J
1344
C11-H
1248
C11-G
864
C11-F
576
C11-E
864
C11-D
3168
C11-C
C11-B
1152
C11-A
576

15072

采光通风井

下
下
上
F

电井 水暖井

ALE1:WE1
合用前室

采光通风井

仓房 仓房 仓房 强电间

C11-DT2
担架电梯
无障碍电梯
消防电梯

C11-DT1
客梯
无障碍电梯
消防电梯

弱电间 仓房 仓房 仓房

仓房

步2上 走道 仓房 步2上 走道 仓房

仓房

仓房

阳光房 阳光房

仓房

采光通风井 采光通风井 采光通风井 采光通风井

3456 3168 4608 3168 3168 4320 3456 864

26208

C11-15 C11-14 C11-12 C11-9 C11-8 C11-7 C11-4 C11-2 C11-1

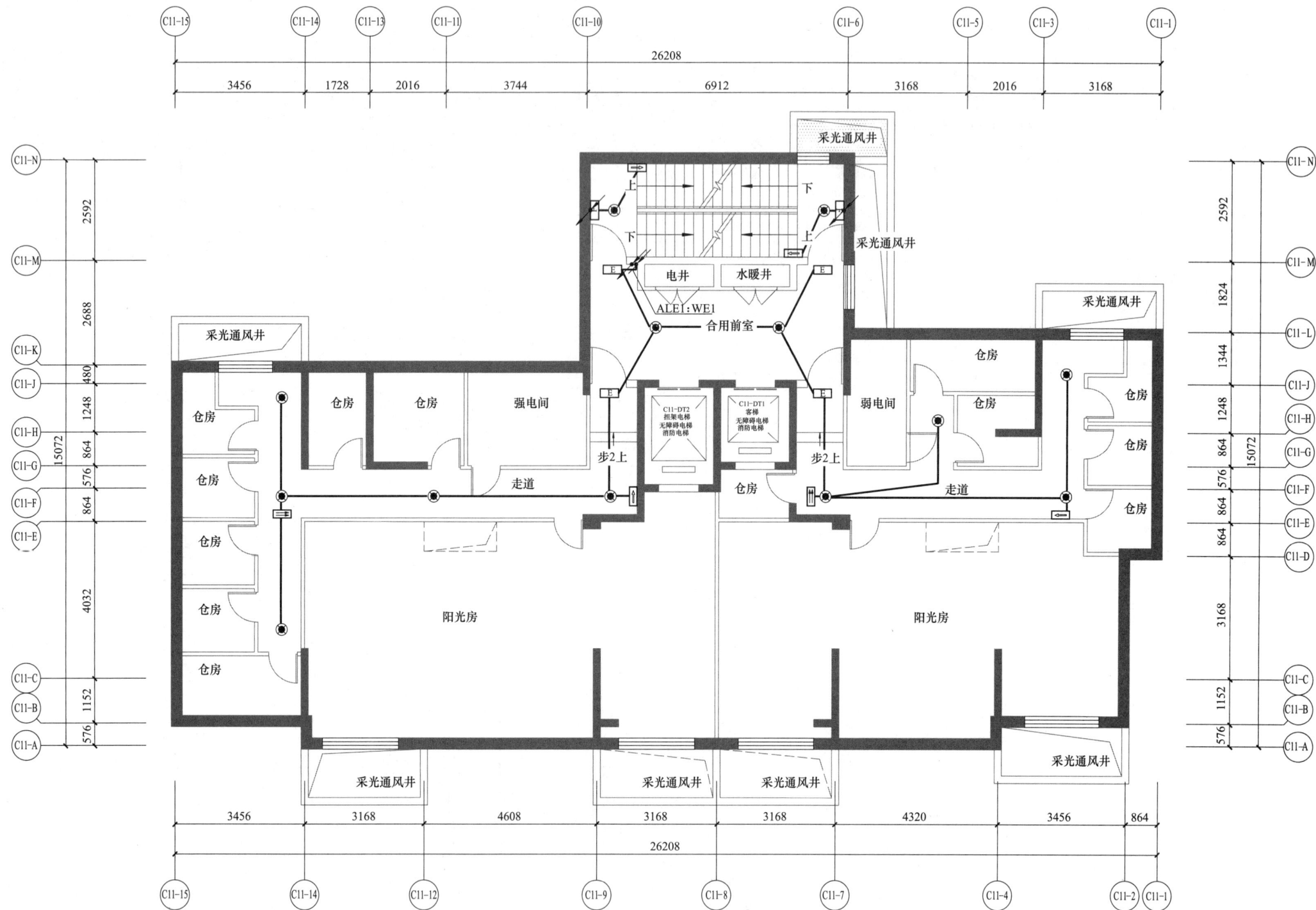

图例	型号	功能
⦿	TS-Q002K	集中电源疏散照明灯(A型)5W
⇐	TS-Q002	方向标志灯(左向)0.5W
⇒	TS-Q003	方向标志灯(右向)0.5W
→	TS-D002	单向标志灯0.5W
E	TS-Q004	出口标志灯0.5W
F	TS-QF001	楼层标志灯0.5W

消防应急照明典型场景照度模拟表

区域	最低照度	实测照度	灯具	光通量	安装高度
楼梯间	5lx	8.3lx	5W嵌顶灯	400lm	3.2m

注：为方便设计师设计选型，产品型号仅供参考。

住宅地下一层消防应急照明平面图（工程实例一）	图号	YJZM5-8
青岛鼎信通讯消防安全有限公司	页	74

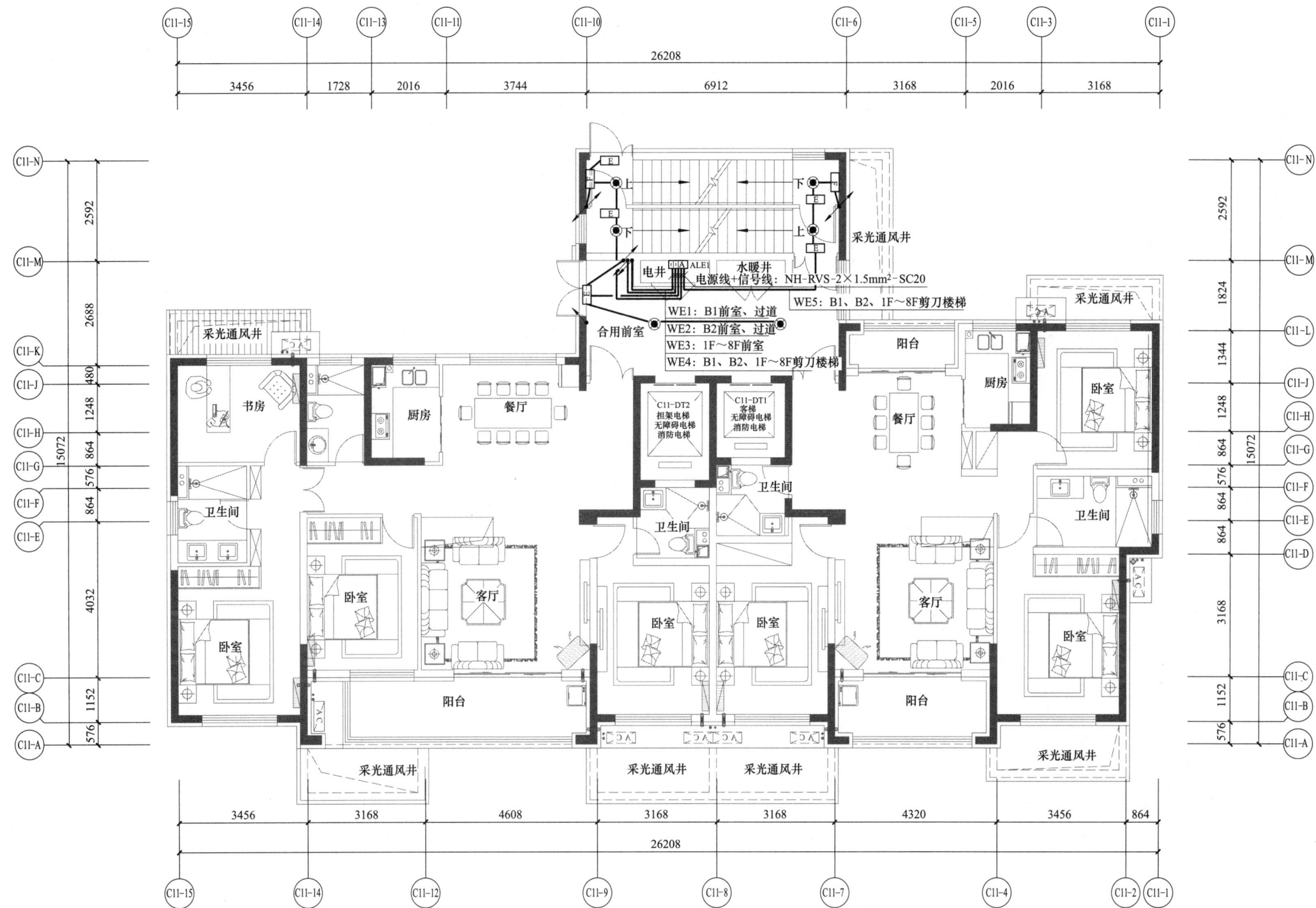

住宅首层消防应急照明平面图（工程实例一）

图例	型号	功能
●	TS-Q002K	集中电源疏散照明灯(A型)5W
⟵	TS-Q002	方向标志灯(左向)0.5W
E	TS-Q004	出口标志灯0.5W
F	TS-QF001	楼层标志灯0.5W

消防应急照明典型场景照度模拟表

区域	最低照度	实测照度	灯具	光通量	安装高度
楼梯间	5lx	8.3lx	5W嵌顶灯	400lm	3.2m

注：为方便设计师设计选型，产品型号仅供参考。

图号	YJZM5-9
青岛鼎信通讯消防安全有限公司	页 75

住宅标准层消防应急照明平面图（工程实例一）

上 下
下 上
F F

电井 水暖井

合用前室

阳台 阳台

书房 厨房 餐厅 C11-DT2 C11-DT1 厨房 卧室
客梯 客梯
担架电梯 无障碍电梯
无障碍电梯 消防电梯
消防电梯

卫生间 卫生间 餐厅

卫生间 卫生间 卫生间

卧室 客厅 卧室 卧室 客厅 卧室

卧室 卧室

阳台 阳台 阳台

尺寸标注（上方）:
26208
3456 1728 2016 3744 6912 3168 2016 3168

C11-15 C11-14 C11-13 C11-11 C11-10 C11-6 C11-5 C11-3 C11-1

左侧轴线:
C11-N 2592
C11-M 2688
C11-K
C11-J 480
C11-H 1248 15072
C11-G 864 576
C11-F 864
C11-E
4032
C11-C 1152
C11-B 576
C11-A

右侧轴线:
C11-N 2592
C11-M 1824
C11-L 1344
C11-J 1248
C11-H 864 15072
C11-G 576
C11-F 864
C11-E 864
C11-D
3168
C11-C 1152
C11-B 576
C11-A

尺寸标注（下方）:
3456 3168 4608 3168 3168 4320 3456 864
26208

C11-15 C11-14 C11-12 C11-9 C11-8 C11-7 C11-4 C11-2 C11-1

注：为方便设计师设计选型，产品型号仅供参考。

图例表:

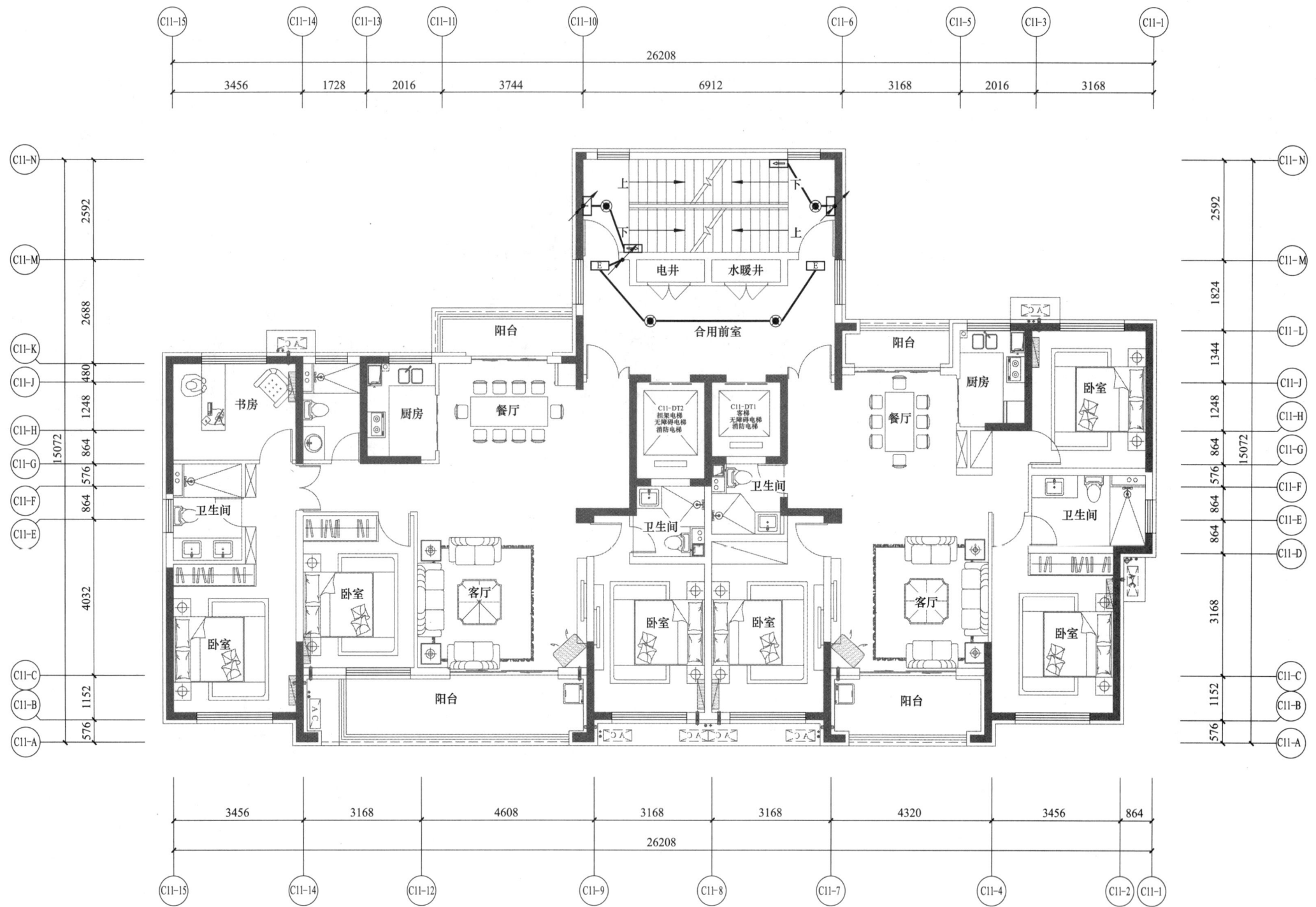

图例	型号	功能
●	TS-Q002K	集中电源疏散照明灯(A型)5W
⇐	TS-Q002	方向标志灯(左向)0.5W
E	TS-Q004	出口标志灯0.5W
F	TS-QF001	楼层标志灯0.5W

消防应急照明典型场景照度模拟表:

区域	最低照度	实测照度	灯具	光通量	安装高度
楼梯间	5lx	8.3lx	5W嵌顶灯	400lm	3.2m

	图号	YJZM5-10
	页	76

青岛鼎信通讯消防安全有限公司

ALE1

DC36V输出

6A

系统通信总线
NH-RVSP-2×1.5mm²

通信单元

WE1:NH-RVS-2×2.5mm²-SC20　B1

WE2:NH-RVS-2×2.5mm²SC20　1F～3F前室、走道

WE3:NH-RVS-2×2.5mm²-SC20　4F～6F前室、走道

消防电源专用回路
AC220V

WE4:NH-RVS-2×2.5mm²-SC20　7F～9F前室、走道

WE5:NH-RVS-2×2.5mm²-SC20　10F～12F前室、走道

WE6:NH-RVS-2×2.5mm²-SC20　13F～15F前室、走道

DC36V输出回路

WE7:NH-RVS-2×2.5mm²-SC20　16F前室、走道

市电检测

备用

应急配电箱系统图（A型）

ALE2

DC36V输出

6A

系统通信总线
NH-RVSP-2×1.5mm²

通信单元

WE1:NH-RVS-2×2.5mm²-SC20　B1～8F楼梯间

WE2:NH-RVS-2×2.5mm²-SC20　9F～16F楼梯间

备用

消防电源专用回路
AC220V

DC36V输出回路

备用

备用

备用

备用

市电检测

应急配电箱系统图（A型）

前室、走道　电井　楼梯间

16F

EK 4　E　WE7 4

EK 1　16F

13F～15F

EK 4　E　WE6 4

13～15F　EK 1

10F～12F

EK 4　E　WE5 4

10～12F　EK 1

9F

EK 4　E 4

WE2　9F　EK 1

8F

EK 4　E

ALE2

WE1　8F　EK 1

7F

EK 4　E 4 WE4

ALE1

7F　EK 1

4F～6F

EK 4　E 4　WE3

4～6F　EK 1

3F

EK 4　E 4

3F　EK 1

2F

EK 4　E 4

2F　EK 1

1F

EK 2　E 2　WE2

1F　EK

消防控制室

火灾报警控制器

应急照明控制器

通信线：NH-RVSP-2×1.5mm²

火灾报警输出信号

AC220V
消防专用电源

通信、供电二总线:NH-RVS-2×2.5mm²

消防电源专用应急回路
市电检测

B1

EK 2　E 2　WE1

E 2　EK 2　B1

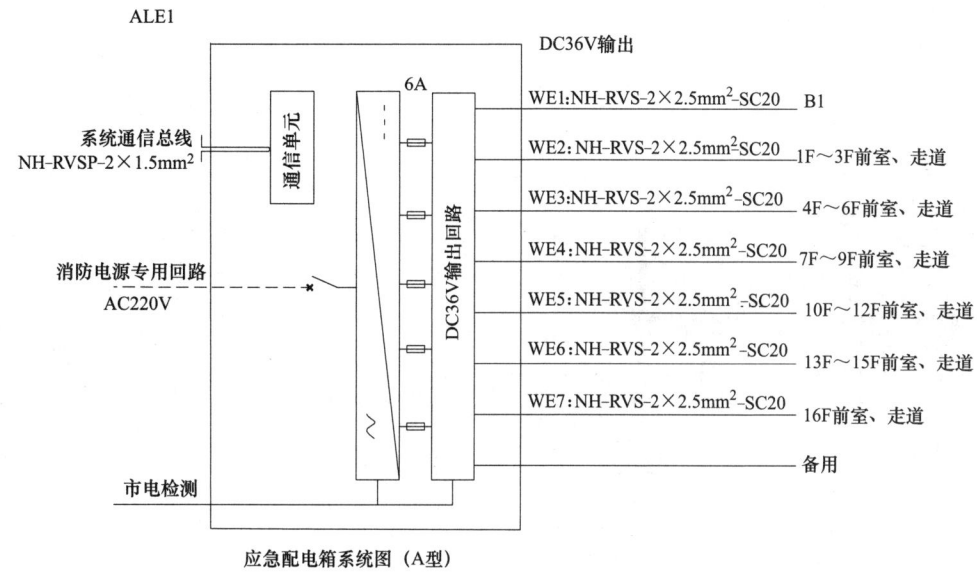

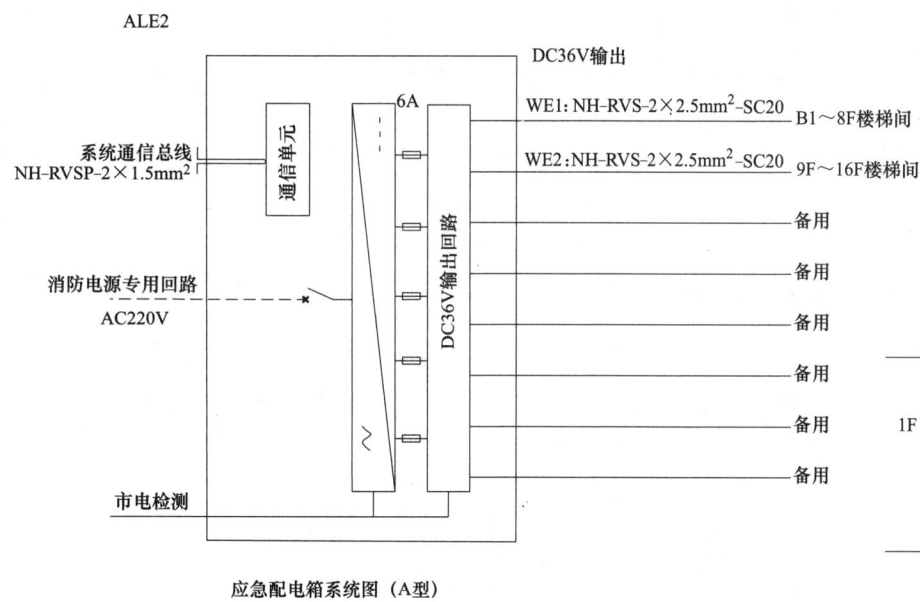

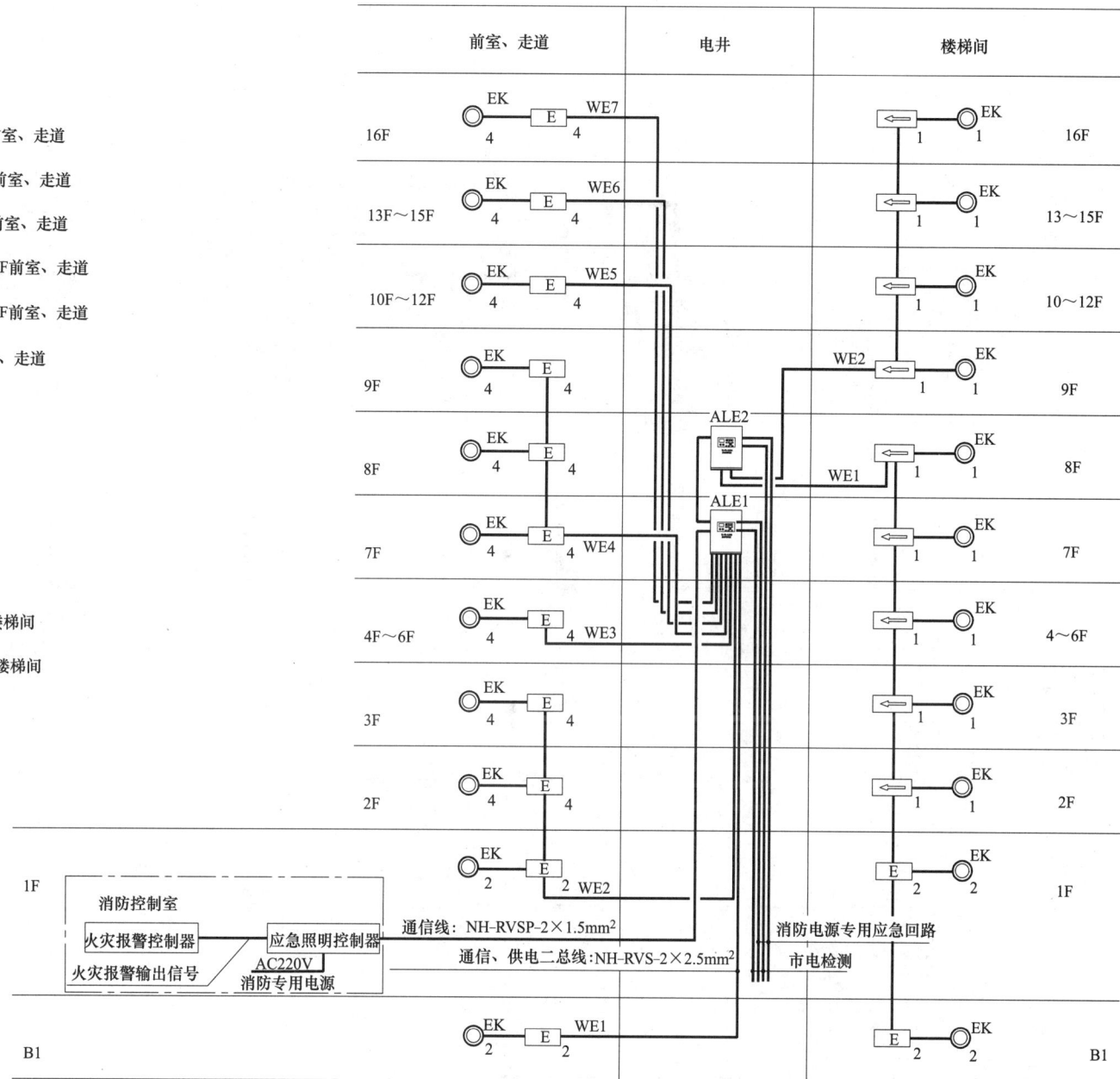

住宅消防应急照明系统图（工程实例二）	图号	YJZM5-11
青岛鼎信通讯消防安全有限公司	页	77

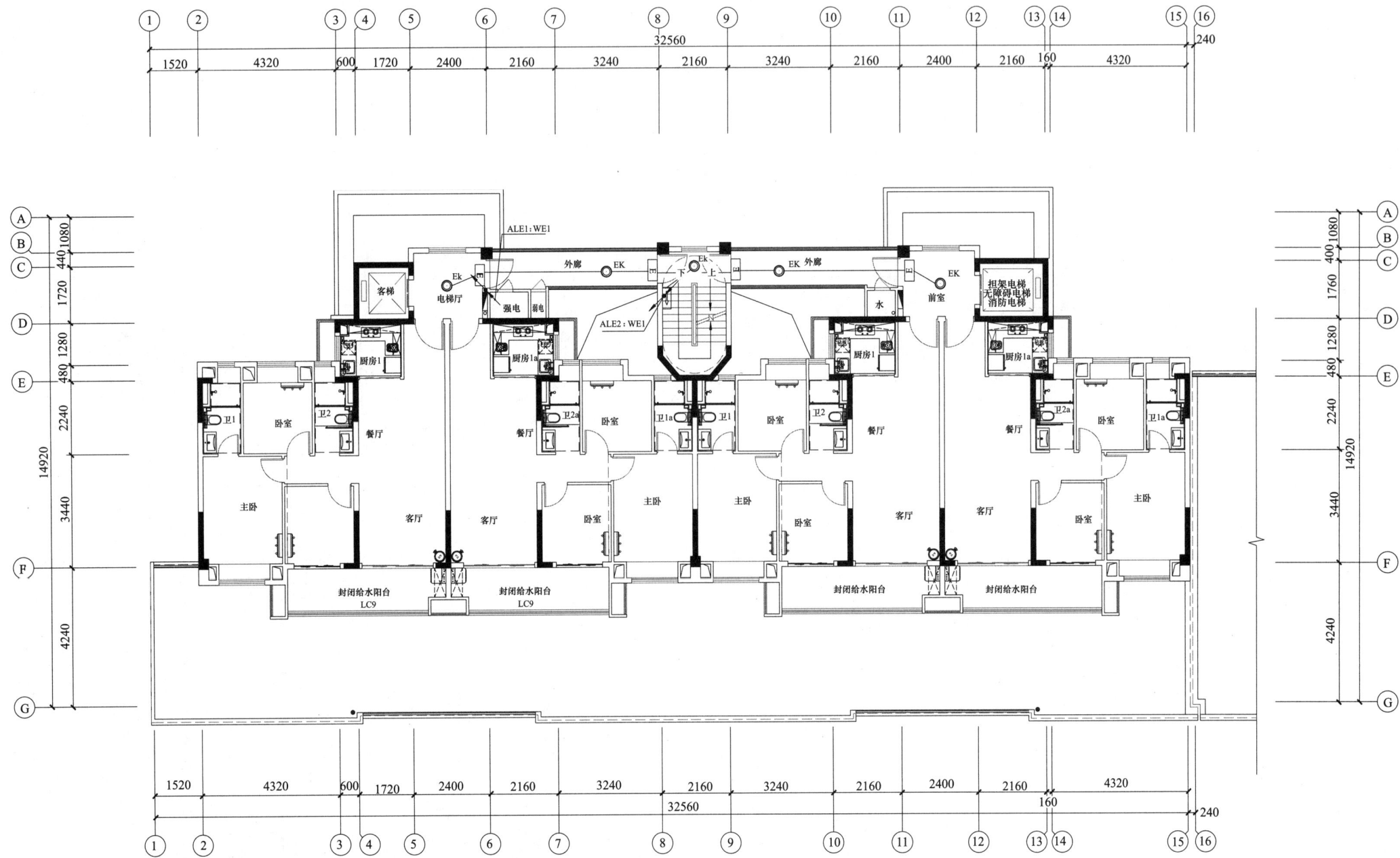

图例	型号	功能
◉EK	TS-X011Y	自带电源疏散照明灯（A型,红外感应,兼正常照明）12W
←	TS-Q002Y	方向标志灯(左向)0.5W
E	TS-Q004Y	出口标志灯0.5W

消防应急照明典型场景照度模拟表

区域	最低照度	实测照度	灯具	光通量	安装高度
楼梯间	5lx	23.6lx	12W吸顶灯	1010lm	3.2m

注：为方便设计师设计选型，产品型号仅供参考。

住宅标准层消防应急照明平面图（工程实例二）	图号	YJZM5-12
青岛鼎信通讯消防安全有限公司	页	78

报告厅、多功能展区、房间开架阅览区　　电井　　楼梯间、候梯前厅　　专业阅览区

机房层　　　　　　　　　　　　　　　　　　　　　　　　　　　　　机房层

ALE8

8F　　WE1　　WE3　WE2　　8F
7F　ALE7　　WE1　　WE3　WE2　　7F
6F　ALE6　　WE1　　WE3　WE2　　6F
5F　ALE5　　WE1　　WE3　WE2　　5F
4F　ALE4　　WE1　　WE3　WE2　　4F
3F　ALE3　　WE1　　WE3　WE2　　3F
2F　ALE2　　WE1　　WE3　WE2　　2F
1F　ALE1　　WE1　　WE3　WE2　　1F

消防控制室
火灾报警控制器
应急照明控制器
火灾报警输出信号
AC220V
消防专用电源

通信线：NH-RVS-2×1.5mm²
通信、供电二总线：NH-RVS-2×2.5mm²

消防电源专用应急回路

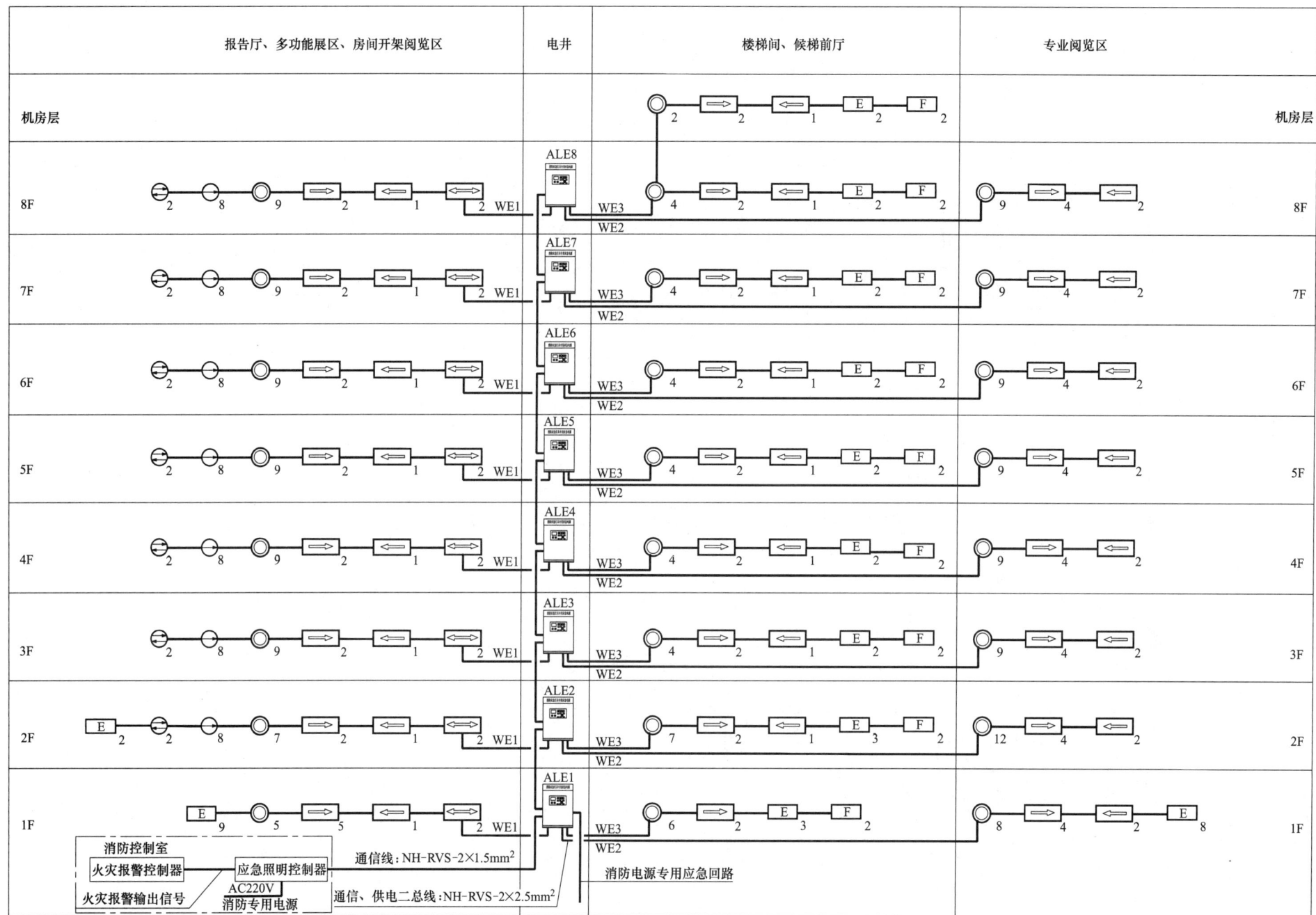

图书馆消防应急照明系统图（工程实例三）

图号	YJZM5-13
页	79

青岛鼎信通讯消防安全有限公司

81

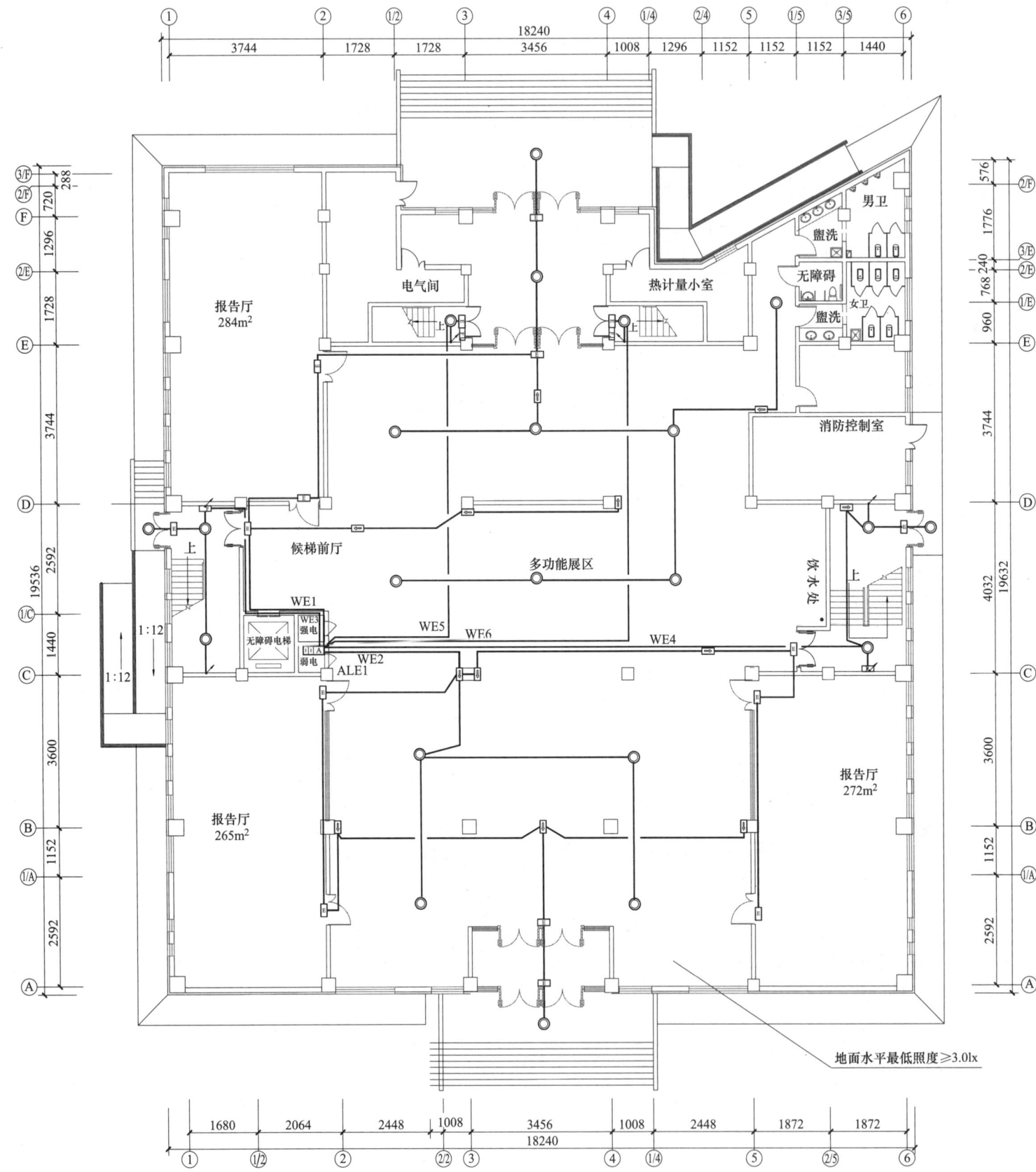

图例	型号	功能
◎	TS-Q002K	集中电源疏散照明灯(A型)5W
⇐	TS-Q002	方向标志灯(左向)0.5W
⇒	TS-Q003	方向标志灯(右向)0.5W
⇔	TS-Q001	方向标志灯(双向)0.5W
E	TS-Q004	出口标志灯0.5W
F	TS-QF001	楼层标志灯0.5W
⊖	TS-M001	地埋标志灯(双向)0.5W
⊖	TS-M002	地埋标志灯(单向)0.5W

消防应急照明典型场景照度模拟表

区域	最低照度	实测照度	灯具	光通量	安装高度
图书馆	3lx	3.3lx	5W吸顶灯	400lm	3.2m

应急电源配电系统图(A型)

报告厅 284m²
电气间
热计量小室
男卫
盥洗
无障碍
女卫
盥洗
消防控制室
候梯前厅
多功能展区
茶水室
无障碍电梯
WE1 WE3 强电
WE5 WE6 WE4
WE2 弱电
ALE1
ALE2
报告厅 272m²
报告厅 265m²

1:12
1:12

地面水平最低照度≥3.0lx

ALE1
消防电源专用回路
AC220V
10A 6A DC36V输出
市电检测
系统通信总线
控制显示单元
通信模块
充放电单元
智能灯控模块
WE1:NH-RVS-2×2.5mm²-SC20 1F报告厅、多功能展区
WE2:NH-RVS-2×2.5mm²-SC20 1F报告厅、多功能展区
WE3:NH-RVS-2×2.5mm²-SC20 1F楼梯间、候梯前厅
WE4:NH-RVS-2×2.5mm²-SC20 1F楼梯间、候梯前厅
WE5:NH-RVS-2×2.5mm²-SC20 1F楼梯间
WE6:NH-RVS-2×2.5mm²-SC20 1F楼梯间
备用
备用
DC12V
2节12V/26Ah

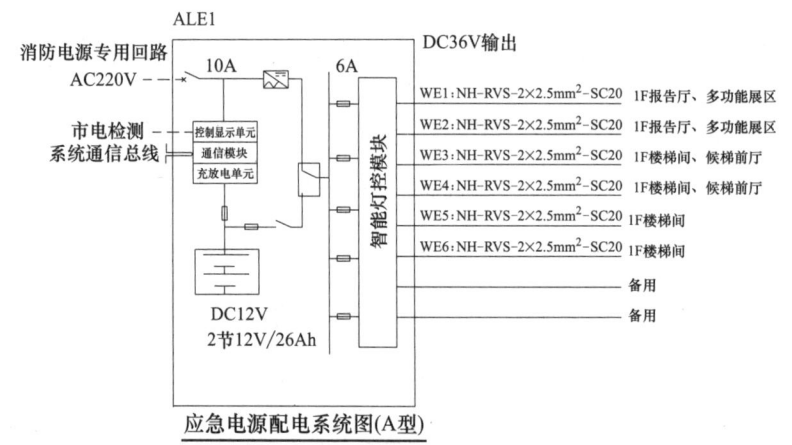

注:为方便设计师设计选型,产品型号仅供参考。

图书馆一层消防应急照明平面图(工程实例三)	图号	YJZM5-14
青岛鼎信通讯消防安全有限公司	页	80

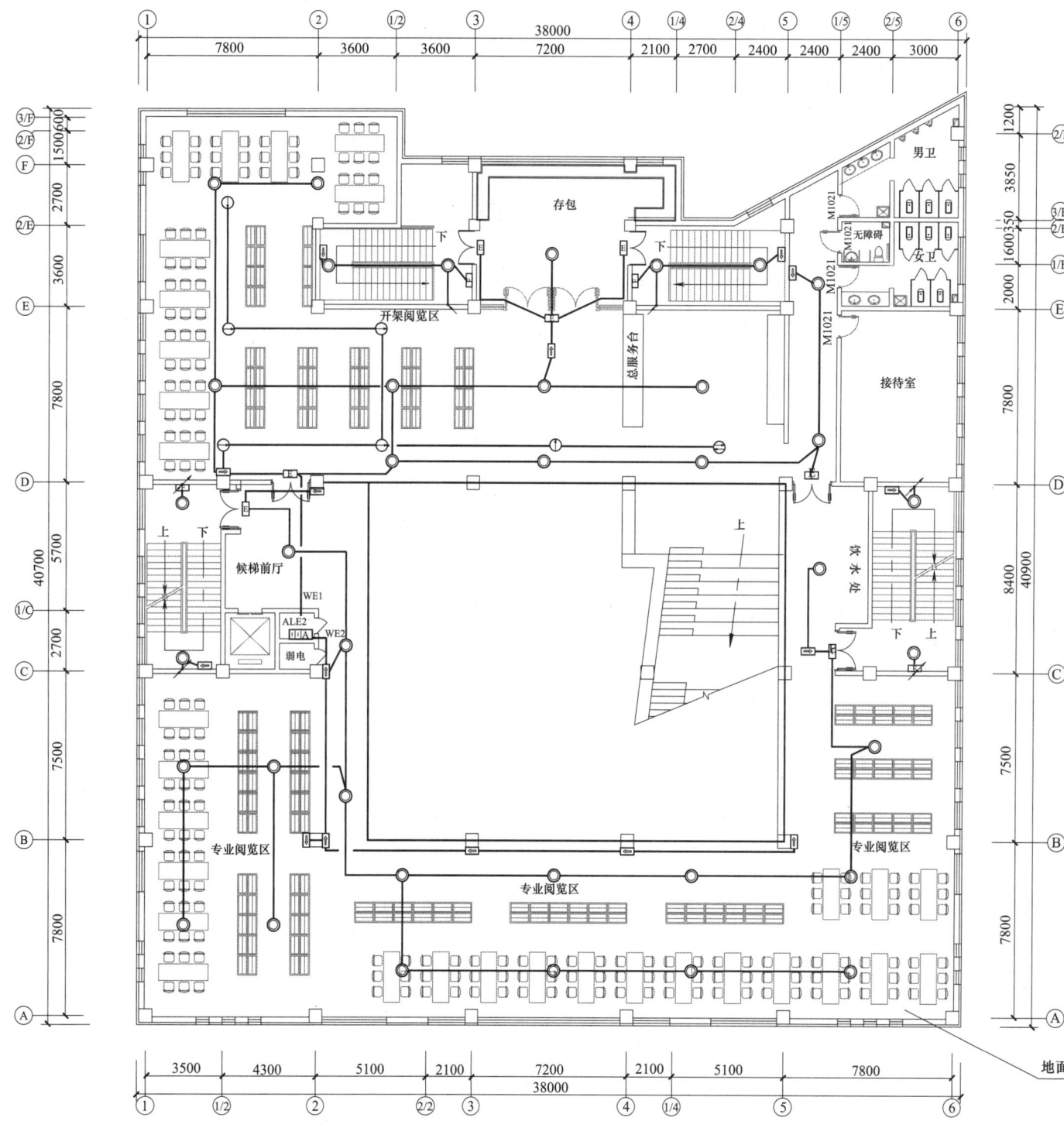

图例	型号	功能
○	TS-Q002K	集中电源疏散照明灯(A型)5W
⇐	TS-Q002	方向标志灯(左向)0.5W
⇒	TS-Q003	方向标志灯(右向)0.5W
⇔	TS-Q001	方向标志灯(双向)0.5W
E	TS-Q004	出口标志灯0.5W
F	TS-QF001	楼层标志灯0.5W
⊖	TS-M001	地埋标志灯(双向)0.5W
⊖	TS-M002	地埋标志灯(单向)0.5W

消防应急照明典型场景照度模拟表

区域	最低照度	实测照度	灯具	光通量	安装高度
图书馆	3lx	3.3lx	5W吸顶灯	400lm	3.2m

图书馆二层消防应急照明平面图（平面标注：存包、男卫、无障碍、安卫、接待室、开架阅览区、总服务台、候梯前厅、弱电、饮水处、专业阅览区等）

ALE2
消防电源专用回路 AC220V
市电检测系统通信总线
控制显示单元 通信模块 充放电单元
DC36V 输出
10A　6A
WE1:NH-RVS-2×2.5mm²-SC20 2F 开架阅览区
WE2:NH-RVS-2×2.5mm²-SC20 2F 专业阅览区
备用
智能灯控模块
DC12V 2节12V/26Ah

应急电源配电系统图(A型)

地面水平最低照度≥3.0lx

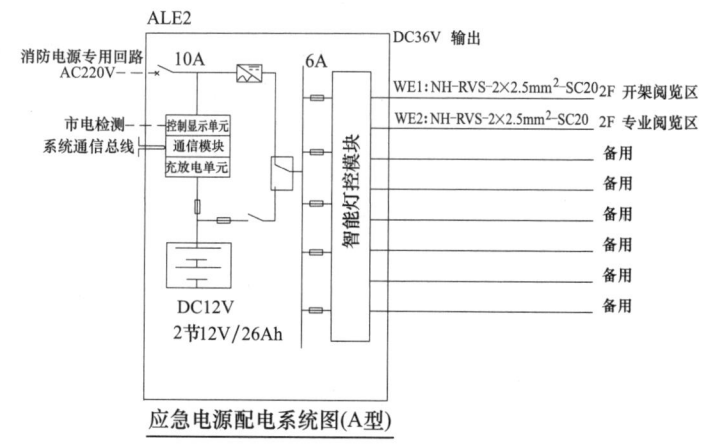

注：为方便设计师设计选型,产品型号仅供参考。

图书馆二层消防应急照明平面图（工程实例三）

图号	YJZM5-15
青岛鼎信通讯消防安全有限公司	页 81

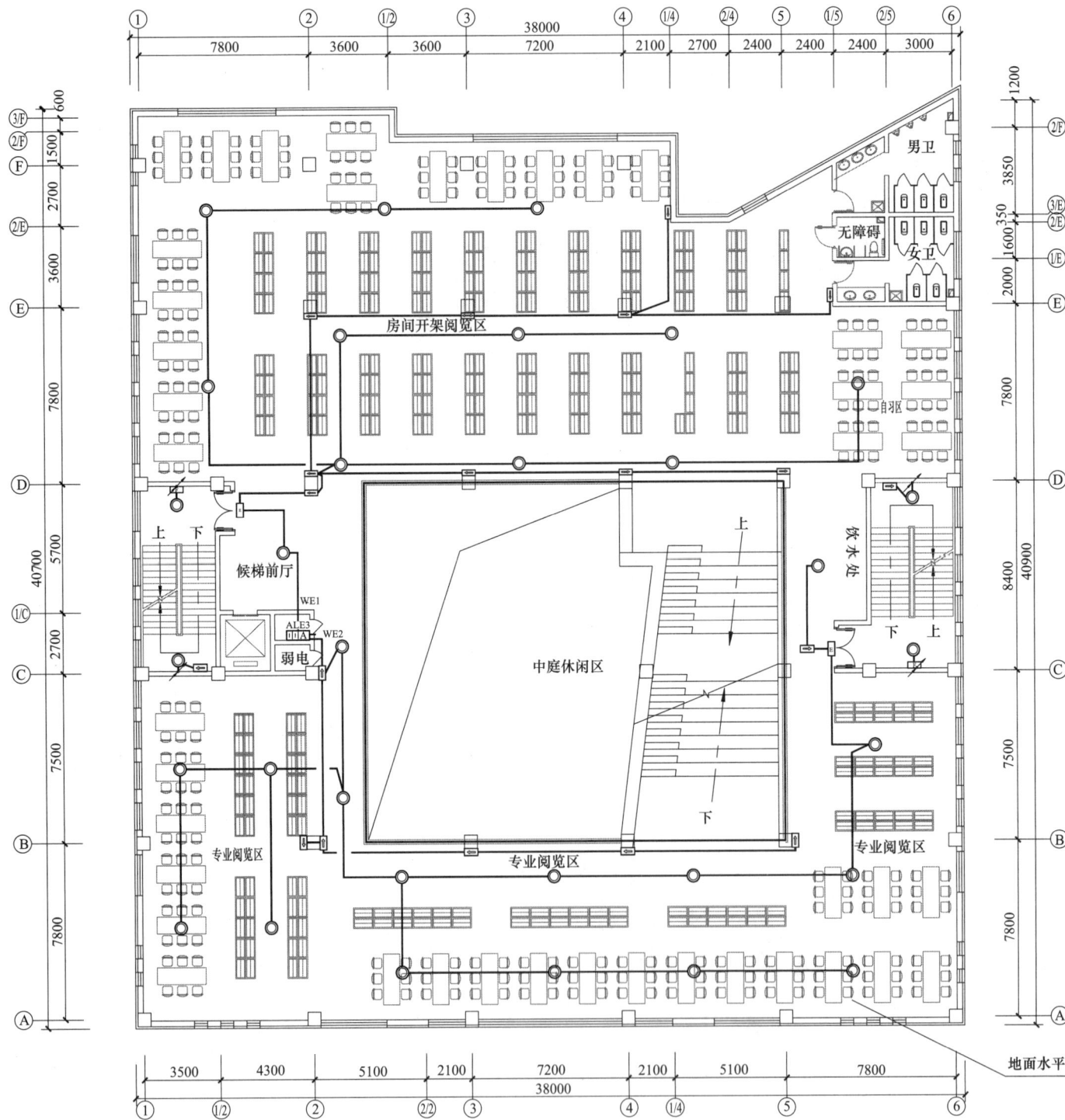

图例	型号	功能
◎	TS-Q002K	集中电源疏散照明灯(A型)5W
⬅	TS-Q002	方向标志灯(左向)0.5W
➡	TS-Q003	方向标志灯(右向)0.5W
⬅➡	TS-Q001	方向标志灯(双向)0.5W
E	TS-Q004	出口标志灯0.5W
F	TS-QF001	楼层标志灯0.5W
⊖	TS-M001	地埋标志灯(双向)0.5W
⊖	TS-M002	地埋标志灯(单向)0.5W

消防应急照明典型场景照度模拟表

区域	最低照度	实测照度	灯具	光通量	安装高度
图书馆	3lx	3.3lx	5W吸顶灯	400lm	3.2m

应急电源配电系统图(A型)

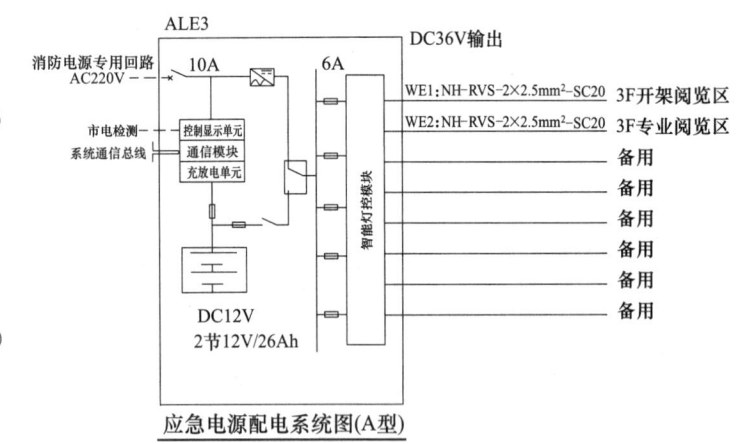

注: 为方便设计师设计选型, 产品型号仅供参考。

图书馆标准层消防应急照明平面图（工程实例三）	图号	YJZM5-16
青岛鼎信通讯消防安全有限公司	页	82

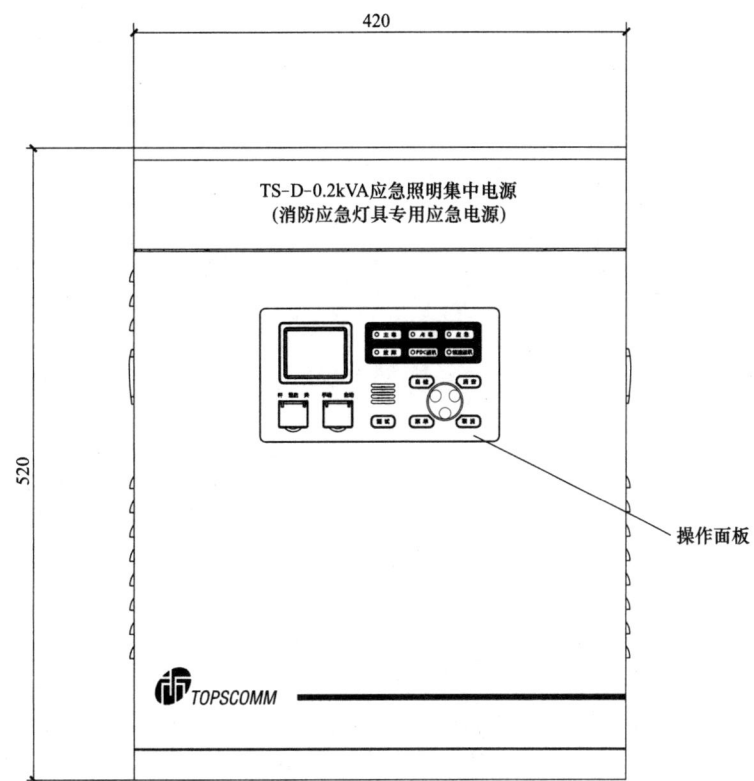

420

520

TS-D-0.2kVA应急照明集中电源
(消防应急灯具专用应急电源)

操作面板

TOPSCOMM

(a)

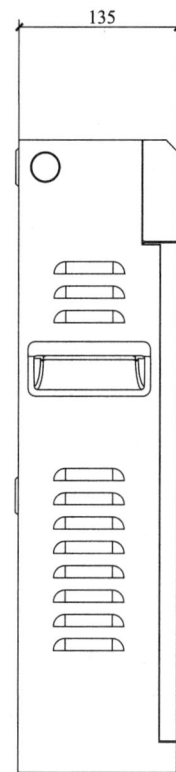

135

(b)

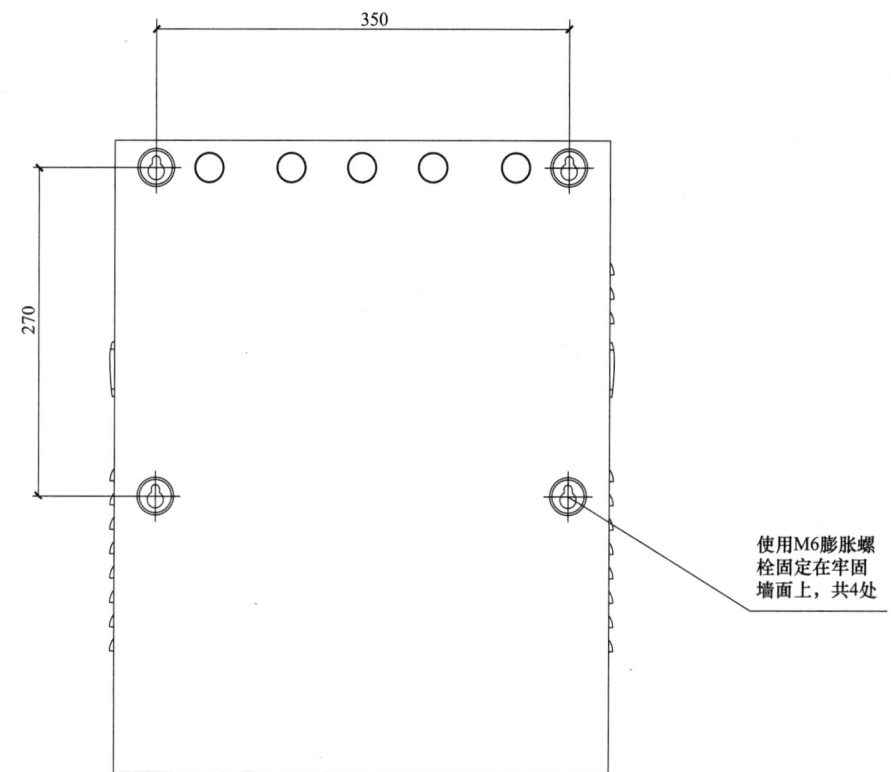

350

270

使用M6膨胀螺栓固定在牢固墙面上,共4处

(c)

TS-D-0.2kVA
(a) 电源箱正面;(b) 电源箱侧面;(c) 电源箱背面;(d) 电源箱顶面

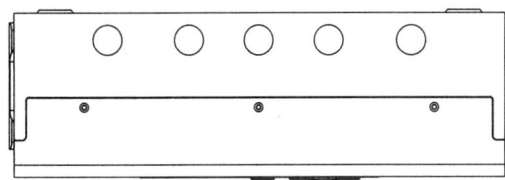

(d)

技术说明:
1.电源箱采用壁挂式安装,一体化结构设计,独立接线空间。
2.与消防应急灯具两线制连接,抗干扰能力强。
3.超宽范围工作电压,最高可达AC420V。
4.内置两节12V/26Ah铅酸蓄电池。
5.带PFC的开关电源设计,高转换效率和功率因数。
6.完善的内部保护,具有过流、过压、欠压保护。
7.具有输入、输出电压值和电流值显示及故障提示功能。

应急电源安装示意图	图号	YJZM5-17
青岛鼎信通讯消防安全有限公司	页	83

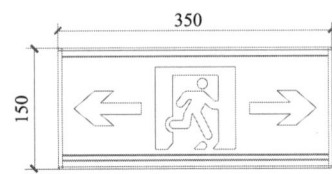

350

150

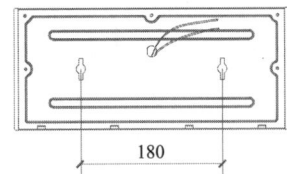

180

(a)

(b)

此位置安装用2颗钉子固定

接线盒

180

(c)

TS-B001

(a) 灯具正面；*(b)* 灯具背面；*(c)* 墙壁安装位置

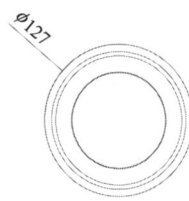

Ø127

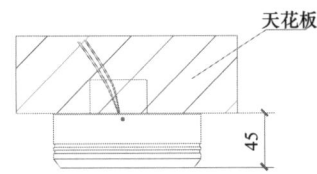

(a)

天花板

45

(c)

此位置用钉子挂装在天花板上，共2处

85

(b)

TS-Z001

(a) 灯具正面；*(b)* 灯具背面；*(c)* 灯具侧面

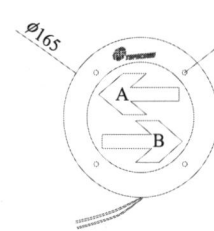

Ø165

此位置安装固定螺钉，共4处

A
B

40

地面嵌装位置

(a)

(c)

(b)

TS-M001

(a) 灯具正面；*(b)* 灯具背面；*(c)* 侧视图

技术说明：
1. 标志灯采用壁挂式安装。
2. 所有金属构件均应做防腐处理。
3. 布线方便：无极性二线制，不需独立供电。
4. 强电保护：防止现场总线错接AC220V造成产品损坏。
5. 通信可靠：采用直流载波技术，抗干扰能力强。
6. 功能多样：可根据总线指令，实现多种消防预案，可实现频闪、调向等功能。

技术说明：
1. 应急照明灯采用吸顶式安装。
2. 所有金属构件均应做防腐处理。
3. 布线方便：无极性二线制，不需独立供电。
4. 强电保护：防止现场总线错接AC220V造成产品损坏。
5. 通信可靠：采用直流载波技术，抗干扰能力强。

技术说明：
1. 标志灯采用嵌入式安装。
2. 所有金属构件均应做防腐处理。
3. 布线方便：无极性二线制，不需独立供电。
4. 强电保护：防止现场总线错接AC220V造成产品损坏。
5. 通信可靠：采用直流载波技术，抗干扰能力强。
6. 功能多样：可根据总线指令，实现多种消防预案，可实现频闪、调向等功能。

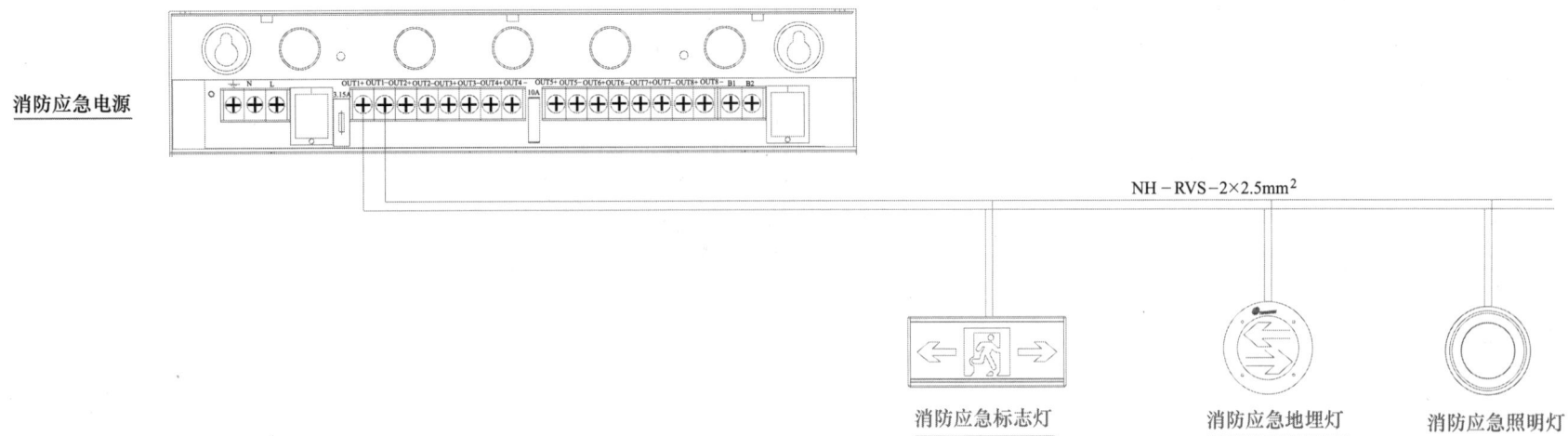

消防应急电源

$NH-RVS-2\times2.5mm^2$

消防应急标志灯　　　　消防应急地埋灯　　　　消防应急照明灯

设备安装及接线示意图	图号	YJZM5-18
青岛鼎信通讯消防安全有限公司	页	84

系 统 概 述

1 系统概要

深圳市泰和安科技有限公司生产的 TS 系列集中电源集中控制型消防应急照明和疏散指示系统，采用二总线集中监控方式对楼宇建筑内的应急灯具进行实时监控，在接收到火灾自动报警系统的火灾报警信号后，自动生成最佳疏散预案，为现场人员提供安全、准确、快速的疏散路径。系统符合《消防应急照明和疏散指示系统技术标准》GB 51309—2018、《消防应急灯具国家标准》GB 17945—2010，并具备应急管理部出具的 CCCF 证书和检验报告。

2 系统组成

主要由应急照明控制器、应急照明集中电源、集中电源集中控制型消防应急标志灯具、集中电源集中控制型消防应急照明灯具和中继器等组成。系统组网详见 P88 页。

3 系统设置

（1）应急照明控制器可实时监控系统内所有应急照明集中电源的工作状态，当通信线路、供电线路和灯具发生故障时，发出故障报警信号，并显示故障类型和故障位置，可与火灾自动报警系统主机联动，当接收到火灾报警信号时，根据预案生成疏散逃生路线。一台应急照明控制器最多可接 125 台应急照明集中电源，控制消防应急灯具的总数量≤3200 个，可实现 128 台应急照明控制器之间的联网。

（2）应急照明集中电源实时显示主电、备电、电源输出的工作状态，向应急照明控制器传送自身状态信息，具有输出短路、过载保护功能。一台应急照明集中电源可配出 1～8 条回路。

（3）中继器可实现系统 CAN 通信线连接，进一步提升网络系统的响应速度及可靠性，解决应急照明控制器、应急照明集中电源间互联时 CAN 通信线的驱动能力，增加接入网络系统的组网数量，延长 CAN 通信线的通信传输距离，CAN 中继器每个 CAN 端口组网数量≤32 个，每个 CAN 端口通信距离≤1200m。

4 系统接线

（1）应急照明控制器通过 CAN 通信线与应急照明集中电源连接，CAN 通信线采用 NH-RVSP-2×1.5mm² 线，最大传输距离 1200m。当传输距离＞1200m 或组网数量＞32 时，可通过 CAN 中继器，增加组网数量、延长通信距离。

（2）消防应急灯具通过无极性二总线与应急照明集中电源连接，总线采用 NH-RVS-2×2.5mm² 线，最大通信距离 200m，其中地埋式标志灯具的二总线需采用耐腐蚀橡胶线缆，穿金属管敷设。

（3）布线要求：

1）所有回路线不能与其他系统的线缆共管敷设。

2）二总线、CAN 通信线必须采用双绞线，以防系统受到空间电磁干扰，造成线路之间互相串扰，系统不能正常工作。严禁使用多芯平行电缆作为总线、CAN 通信线。

3）二总线、CAN 通信线应远离强电设备及强电线路，尽量避免与强电线平行布线，当无法避开时应采用十字交叉法布线。

4）为便于线路检查，不同电压等级、不同用途的导线应选择不同的颜色。

5）在多尘和潮湿的场所，为防止灰尘和水汽引起导电，影响工程质量，钢管的连接处与出线口均应做密封处理。

6）在高压、强磁场等恶劣环境下，CAN 通信线应选用屏蔽线、在潮湿的环境，应选用护套型双绞线。

7）若使用屏蔽双绞线，屏蔽层必须连续，除在控制器一端外，其他任何地点不允许接地。

8）系统导线敷设完毕，应采用 500V 兆欧表检查各条线路对地绝缘电阻，要求电阻≥2MΩ，系统方能正常工作。

（4）地埋式标志灯具进线管采用暗装方式，先根据灯具的指示方向以及灯具总线孔位置调整预埋件的方向，再将预埋件嵌入地面，预埋件最上端相对于地面下沉 5～10mm，接好总线，将标志灯具放进预埋件，调整灯具指示方向并将标志灯具固定在预埋件里。

（5）嵌墙式标志灯具进线管采用暗装方式，先将预埋件固定在墙壁上，预埋件最上端相对于墙面平齐，通过预埋件上的任意一个敲落孔进行穿线，接好总线，最后将标志灯具通过螺钉固定到预埋件上。

5 系统供电

（1）应急照明控制器采用主用、备用两路电源的供电方式，主用电源为 AC220V 消防专用电源，备用电源为内设的两节 DC12V/12AH 电池，持续供电可达 3h。

（2）应急照明集中电源采用主用、备用两路电源的供电方式，主用电源为 AC220V 消防专用电源，输出为 DC36V 安全电压，备用电源为内设的三节 DC12V/38AH 电池，内部输出转换后由同一回路为灯具供电。

系统概述	图号	YJZM6-1
深圳市泰和安科技有限公司	页	85

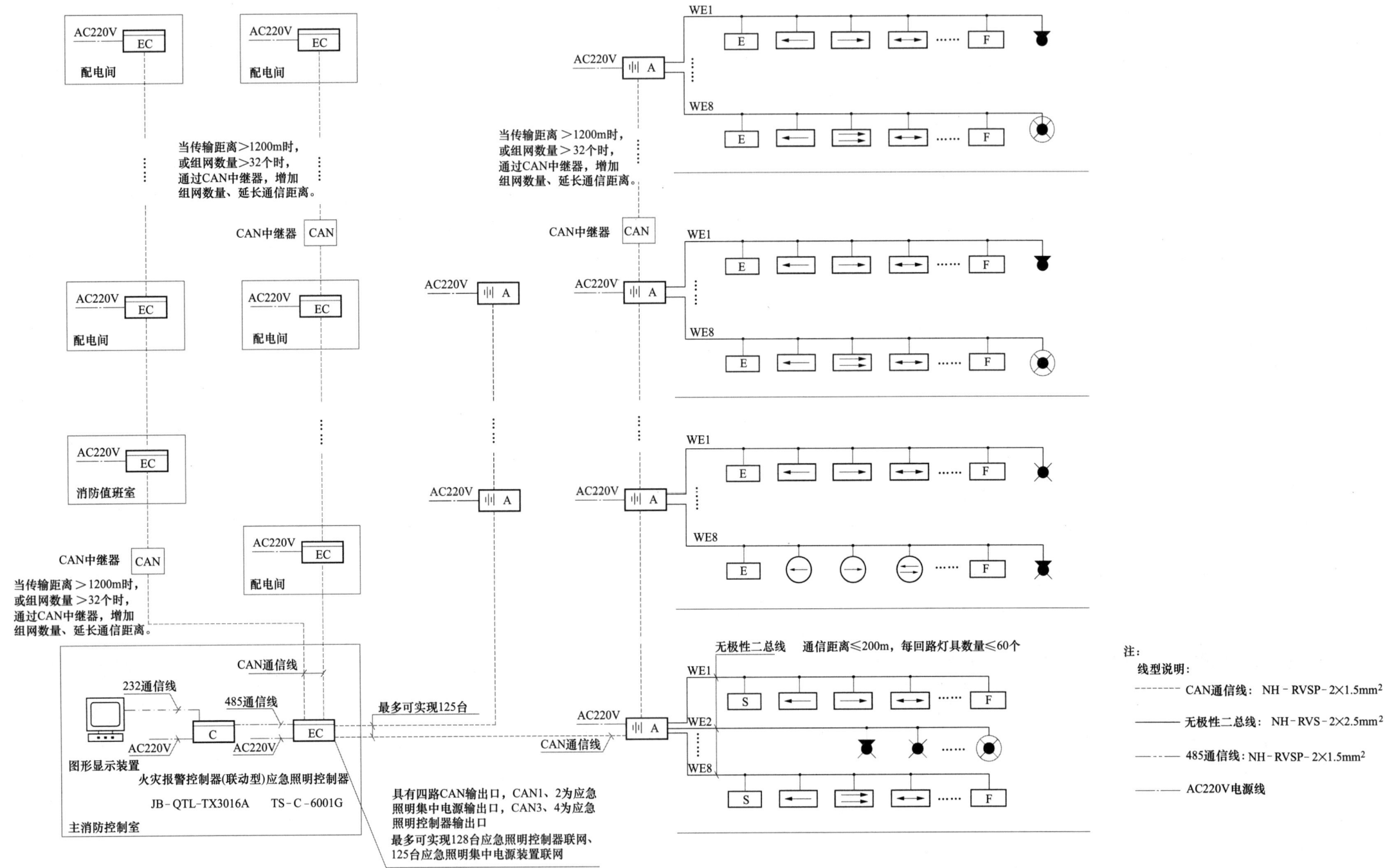

消防应急照明和疏散指示系统组网框图

当传输距离＞1200m时，或组网数量＞32个时，通过CAN中继器，增加组网数量、延长通信距离。

CAN中继器

当传输距离＞1200m时，或组网数量＞32个时，通过CAN中继器，增加组网数量、延长通信距离。

CAN通信线

232通信线
485通信线

最多可实现125台

图形显示装置

火灾报警控制器(联动型)
JB－QTL－TX3016A

应急照明控制器
TS－C－6001G

主消防控制室

具有四路CAN输出口，CAN1、2为应急照明集中电源输出口，CAN3、4为应急照明控制器输出口
最多可实现128台应急照明控制器联网、125台应急照明集中电源装置联网

无极性二总线　通信距离≤200m，每回路灯具数量≤60个

注:
线型说明：

———　CAN通信线： NH－RVSP－2×1.5mm²

———　无极性二总线： NH－RVS－2×2.5mm²

———　485通信线：NH－RVSP－2×1.5mm²

———　AC220V电源线

消防应急照明和疏散指示系统组网框图	图号	YJZM6-2
深圳市泰和安科技有限公司	页	86

序号	图例	名称	型号	规格说明	安装方式 (单位: mm) (长×宽×厚)	备注
1	EC	应急照明控制器	TS-C-6000	主用电源 AC220V 消防专用电源、备用电源两节 12V/4AH 蓄电池、功率 20W	壁挂安装 500×410×135	1. 集中控制型。 2. 故障信息显示。 3. 状态信息显示
			TS-C-6001T	主用电源 AC220V 消防专用电源、备用电源两节 12V/12AH 蓄电池、功率 75W	琴台落地安装 544×910×1350	
			TS-C-6001G	主用电源 AC220V 消防专用电源、备用电源两节 12V/12AH 蓄电池、功率 75W	立柜落地安装 550×480×1715	
2	A	应急照明集中电源	TS-D-0.5kVA-6330	主用电源 AC220V 消防专用电源、备用电源三节 12V/38AH 蓄电池、输出 DC36V、输出回路≤8	壁挂/落地安装 550×250×700	
			TS-D-0.25kVA-6320	主用电源 AC220V 消防专用电源、备用电源三节 12V/24AH 蓄电池、输出 DC36V、输出回路≤8	壁挂/落地安装 550×180×700	
3	E	疏散出口标志灯具 (阻燃塑料壳体)	TS-BLJC-10EⅡ1W-6465E	工作电压 DC36V、功率≤1W、LED 光源、IP30、持续型、巡检、常亮、频闪	壁挂/嵌墙安装 351.5×141.6×25	1. 集中电源集中控制型。 2. 无极性二总线
			TS-BLJC-20EⅡ1W-6432E	工作电压 DC36V、功率≤1W、LED 光源、IP30、持续型、巡检、常亮、频闪	吊挂安装 351.5×141.6×25	
4	E	带语音疏散出口标志灯具 (阻燃塑料壳体)	TS-BLJC-10EⅡ1W-6433	工作电压 DC36V、功率≤1W、LED 光源、IP30、持续型、巡检、常亮、频闪	壁挂/嵌墙安装 351.5×141.6×25	
5	←	左向指示标志灯具 (阻燃塑料壳体)	TS-BLJC-1LEⅡ1W-6465L	工作电压 DC36V、功率≤1W、LED 光源、IP30、持续型、巡检、常亮、频闪	壁挂/嵌墙安装 351.5×141.6×25	
6	→	单向指示标志灯具 (阻燃塑料壳体)	TS-BLJC-2LEⅡ1W-6432L	工作电压 DC36V、功率≤1W、LED 光源、IP30、持续型、巡检、常亮、频闪	吊挂安装 351.5×141.6×25	
7	→	右向指示标志灯具 (阻燃塑料壳体)	TS-BLJC-1REⅡ1W-6465P	工作电压 DC36V、功率≤1W、LED 光源、IP30、持续型、巡检、常亮、频闪	壁挂/嵌墙安装 351.5×141.6×25	
8	↔	双向指示灯志灯具 (阻燃塑料壳体)	TS-BLJC-1LREⅡ1W-6465	工作电压 DC36V、功率≤1W、LED 光源、IP30、持续型、巡检、常亮、频闪	壁挂/嵌墙安装 351.5×141.6×25	
			TS-BLJC-2LREⅡ1W-6432	工作电压 DC36V、功率≤1W、LED 光源、IP30、持续型、巡检、常亮、频闪	吊挂安装 351.5×141.6×25	
9	F	楼层指示标志灯具 (阻燃塑料壳体)	TS-BLJC-10EⅡ1W-6457	工作电压 DC36V、功率≤1W、LED 光源、IP30、持续型、巡检、常亮、频闪	壁挂安装 351.5×141.6×25	
10	E	疏散出口标志灯具 (超薄金属壳体)	TS-BLJC-1LROEⅡ1W-6482	工作电压 DC36V、功率≤1W、LED 光源、IP30、持续型、巡检、常亮、频闪	壁挂安装 380×152.5×8.5	
			TS-BLJC-2LROEⅡ1W-6472	工作电压 DC36V、功率≤1W、LED 光源、IP30、持续型、巡检、常亮、频闪	吊挂安装 380×154.5×8.5	
11	←	左向指示标志灯具 (超薄金属壳体)	TS-BLJC-1LROEⅡ1W-6482	工作电压 DC36V、功率≤1W、LED 光源、IP30、持续型、巡检、常亮、频闪	壁挂安装 380×152.5×8.5	
12	→	单向指示标志灯具 (超薄金属壳体)	TS-BLJC-2LROEⅡ1W-6472	工作电压 DC36V、功率≤1W、LED 光源、IP30、持续型、巡检、常亮、频闪	吊挂安装 380×152.5×8.5	
13	→	右向指示标志灯具 (超薄金属壳体)	TS-BLJC-1LROEⅡ1W-6482	工作电压 DC36V、功率≤1W、LED 光源、IP30、持续型、巡检、常亮、频闪	壁挂安装 380×152.5×8.5	
14	↔	双向指示标志灯具 (超薄金属壳体)	TS-BLJC-1LROEⅡ1W-6482	工作电压 DC36V、功率≤1W、LED 光源、IP30、持续型、巡检、常亮、频闪	壁挂安装 380×152.5×8.5	
			TS-BLJC-2LROEⅡ1W-6472	工作电压 DC36V、功率≤1W、LED 光源、IP30、持续型、巡检、常亮、频闪	吊挂安装 380×154.5×8.5	

注：为方便设计师设计选型，产品型号仅供参考。

消防应急照明和疏散指示系统图例（一）	图号	YJZM6-3
深圳市泰和安科技有限公司	页	87

序号	图例	名称	型号	规格说明	安装方式 （单位：mm）（长×宽×厚）	备注
15	F	楼层指示标志灯具 （超薄金属壳体）	TS-BLJC-1LROE Ⅱ 1W-6482	工作电压DC36V、功率≤1W、LED光源、IP30、持续型、巡检、常亮、频闪	壁挂安装80×152.5×8.5	
16	E	疏散出口标志灯具 （铝合金面板）	TS-BLJC-10E Ⅰ 1W-6447E	工作电压DC36V、功率≤1W、LED光源、IP30、持续型、巡检、常亮、频闪	壁挂安装350×150×21	
			TS-BLJC-20E Ⅰ 1W-6464E	工作电压DC36V、功率≤1W、LED光源、IP30、持续型、巡检、常亮、频闪	吊挂安装352×150×28	
			TS-BLJC-10E Ⅰ 1W-6425E	工作电压DC36V、功率≤1W、LED光源、IP30、持续型、巡检、常亮、频闪	嵌墙安装352×150×30	
17	E	带语音疏散出口标志灯具 （铝合金面板）	TS-BLJC-10E Ⅰ 2W-6448	工作电压DC36V、功率≤2W、LED光源、IP30、持续型、巡检、常亮、频闪	壁挂安装350×150×21	
			TS-BLJC-10E Ⅰ 2W-6428	工作电压DC36V、功率≤2W、LED光源、IP30、持续型、巡检、常亮、频闪	嵌墙安装352×150×30	
18	←	左向指示标志灯具 （铝合金面板）	TS-BLJC-1LE Ⅰ 1W-6447L	工作电压DC36V、功率≤1W、LED光源、IP30、持续型、巡检、常亮、频闪	壁挂安装350×150×21	
			TS-BLJC-1LE Ⅰ 1W-6425L	工作电压DC36V、功率≤1W、LED光源、IP30、持续型、巡检、常亮、频闪	嵌墙安装352×150×30	
19	→	右向指示标志灯具 （铝合金面板）	TS-BLJC-1RE Ⅰ 1W-6447R	工作电压DC36V、功率≤1W、LED光源、IP30、持续型、巡检、常亮、频闪	壁挂安装350×150×21	
			TS-BLJC-1RE Ⅰ 1W-6425R	工作电压DC36V、功率≤1W、LED光源、IP30、持续型、巡检、常亮、频闪	嵌墙安装352×150×30	
20	⇒	左向指示标志灯具 （铝合金面板）	TS-BLJC-2LRE Ⅰ 1W-6464L	工作电压DC36V、功率≤1W、LED光源、IP30、持续型、巡检、常亮、频闪	吊挂安装352×150×28	1. 集中电源集中控制型。 2. 无极性二总线
			TS-BLJC-2LRE Ⅱ 1W-6466L	工作电压DC36V、功率≤1W、LED光源、IP30、持续型、巡检、常亮、频闪	吊挂安装385×196×32	
			TS-BLJC-2LRE Ⅲ 1W-6468L	工作电压DC36V、功率≤1W、LED光源、IP30、持续型、巡检、常亮、频闪	吊挂安装525×200×35	
		右向指示标志灯具 （铝合金面板）	TS-BLJC-2LRE Ⅰ 1W-6464R	工作电压DC36V、功率≤1W、LED光源、IP30、持续型、巡检、常亮、频闪	吊挂安装352×150×28	
			TS-BLJC-2LRE Ⅱ 1W-6466R	工作电压DC36V、功率≤1W、LED光源、IP30、持续型、巡检、常亮、频闪	吊挂安装385×196×32	
			TS-BLJC-2LRE Ⅲ 1W-6468R	工作电压DC36V、功率≤1W、LED光源、IP30、持续型、巡检、常亮、频闪	吊挂安装525×200×35	
21	↔	双向指示标志灯具 （铝合金面板）	TS-BLJC-1LRE Ⅰ 1W-6447	工作电压DC36V、功率≤1W、LED光源、IP30、持续型、巡检、常亮、频闪	壁挂安装350×150×21	
			TS-BLJC-2LRE Ⅰ 1W-6464	工作电压DC36V、功率≤1W、LED光源、IP30、持续型、巡检、常亮、频闪	吊挂安装352×150×28	
			TS-BLJC-1LRE Ⅰ 1W-6425	工作电压DC36V、功率≤1W、LED光源、IP30、持续型、巡检、常亮、频闪	嵌墙安装352×150×30	
			TS-BLJC-2LRE Ⅱ 1W-6466	工作电压DC36V、功率≤1W、LED光源、IP30、持续型、巡检、常亮、频闪	吊挂安装385×196×32	
			TS-BLJC-2LPE Ⅲ 1W-6468	工作电压DC36V、功率≤1W、LED光源、IP30、持续型、巡检、常亮、频闪	吊挂安装525×200×35	
22	F	楼层指示标志灯具 （铝合金面板）	TS-BLJC-10E Ⅰ 1W-6456	工作电压DC36V、功率≤1W、LED光源、IP30、持续型、巡检、常亮、频闪	壁挂安装352×150×21	

注：为方便设计师设计选型，产品型号仅供参考。

消防应急照明和疏散指示系统图例（二）	图号	YJZM6-4
深圳市泰和安科技有限公司	页	88

序号	图例	名称	型号	规格说明	安装方式 (单位：mm)(长×宽×厚)	备注
23	E	疏散出口标志灯具 （铝合金面板）	TS-BLJC-20EⅡ1W-6466E	工作电压DC36V、功率≤1W、LED光源、IP30、持续型、巡检、常亮、频闪	吊挂安装385×196×32	1. 集中电源集中控制型。 2. 无极性二总线
			TS-BLJC-20EⅢ1W-6469	工作电压DC36V、功率≤1W、LED光源、IP30、持续型、巡检、常亮、频闪	吊挂安装525×200×35	
24	←	左向指示标志灯具 （钢化玻璃面板）	TS-BLJC-1LROEⅠ0.5W-6483	工作电压DC36V、功率≤0.5W、LED光源、IP67、持续型、巡检、常亮、频闪	壁挂安装440×170×36	1. 集中电源集中控制型。 2. 无极性二总线。 3. 高防护系列，适用于隧道场所
25	→	右向指示标志灯具 （钢化玻璃面板）	TS-BLJC-1LROEⅠ0.5W-6483	工作电压DC36V、功率≤0.5W、LED光源、IP67、持续型、巡检、常亮、频闪	壁挂安装440×170×36	
26	←→	双向指示标志灯具 （钢化玻璃面板）	TS-BLJC-1LROEⅠ0.5W-6483	工作电压DC36V、功率≤0.5W、LED光源、IP67、持续型、巡检、常亮、频闪	壁挂安装440×170×36	
27	S	安全出口标志灯具 （钢化玻璃面板）	TS-BLJC-1LROEⅠ0.5W-6483	工作电压DC36V、功率≤0.5W、LED光源、IP67、持续型、巡检、常亮、频闪	壁挂安装440×170×36	
28	S	安全出口标志灯具	TS-BLJC-10EⅡ1W-6482E	工作电压DC36V、功率≤1W、LED光源、IP30、持续型、巡检、常亮、频闪	壁挂安装380×152.5×8.5	
29	E N	出口指示/禁止入内 标志灯具	TS-BLJC-10EⅡ1W-6484F	工作电压DC36V、功率≤1W、LED光源、IP30、持续型、巡检、常亮、频闪	壁挂安装380×152.5×8.5	
30	←F	多信息复合标志灯具	TS-BLJC-1LROEⅡ1W-6482F	工作电压DC36V、功率≤1W、LED光源、IP30、持续型、巡检、常亮、频闪	壁挂安装380×154.5×8.5	
31	←F	双面多信息复合标志灯具	TS-BLJC-2LOEⅡ1W-6473F	工作电压DC36V、功率≤1W、LED光源、IP30、持续型、巡检、常亮、频闪	吊挂安装380×154.5×8.5	
32	↑	向前指示标志灯具	TS-BLJC-2LOEⅡ1W-6472	工作电压DC36V、功率≤1W、LED光源、IP30、持续型、巡检、常亮、频闪	吊挂安装380×154.5×8.5	
33	⊖	单向指示标志灯具 （地面）	TS-BLJC-1LREⅠ0.5W-6401A	工作电压DC36V、功率≤0.5W、LED光源、IP67、持续型、巡检、常亮、频闪	地埋安装φ245×36.5	1. 集中电源集中控制型。 2. 无极性二总线。 3. 3W照明灯适用于配电室、机房、酒店客房等。 4. 5W照明灯具适用于消防电梯间前室或合用前室等
			TS-BLJC-1LREⅠ0.5W-6409A	工作电压DC36V、功率≤0.5W、LED光源、IP67、持续型、巡检、常亮、频闪	地埋安装φ160×38.5	
34	⊖	双向指示标志灯具 （地面）	TS-BLJC-1LREⅠ0.5W-6402A	工作电压DC36V、功率≤0.5W、LED光源、IP67、持续型、巡检、常亮、频闪	地埋安装φ245×36.5	
			TS-BLJC-1LREⅠ0.5W-6410A	工作电压DC36V、功率≤0.5W、LED光源、IP67、持续型、巡检、常亮、频闪	地埋安装φ160×38.5	
35		壁挂照明灯具	TS-ZFJC-E2W-6600	工作电压DC36V、功率2W、光通量≥150lm、LED光源、IP30、非持续型	壁挂安装268.6×237.1×56.8	
			TS-ZFJC-E3W-6602	工作电压DC36V、功率3W、光通量≥180lm、LED光源、IP30、非持续型	壁挂安装298×114×72	
			TS-ZFJC-E5W-6601A	工作电压DC36V、功率5W、光通量≥350lm、LED光源、IP30、非持续型	壁挂安装298×114×72	
36		吸顶照明灯具	TS-ZFJC-E3W-6615A	工作电压DC36V、功率3W、光通量≥180lm、LED光源、IP30、非持续型	吸顶安装φ100×58	
			TS-ZFJC-E5W-6613	工作电压DC36V、功率5W、光通量≥350lm、LED光源、IP30、非持续型	吸顶安装φ170×39.3	
			TS-ZFJC-E5W-6625	工作电压DC36V、功率5W、光通量≥350lm、LED光源、IP30、非持续型	吸顶安装φ100×58	
			TS-ZFJC-E8W-6627	工作电压DC36V、功率8W、光通量≥450lm、LED光源、IP30、非持续型	吸顶安装φ250×90	
			TS-ZFJC-12W-6614	工作电压DC36V、功率12W、光通量≥860lm、LED光源、IP30、非持续型	吸顶安装φ220×39	

注：为方便设计师设计选型，产品型号仅供参考。

消防应急照明和疏散指示系统图例（三）	图号	YJZM6-5
深圳市泰和安科技有限公司	页	89

序号	图例	名称	型号	规格说明	安装方式 （单位：mm）（长×宽×厚）	备注
37	⦿	嵌入照明灯具	TS-ZFJC-E3W-6610A	工作电压 DC36V、功率 3W、光通量≥150lm、LED 光源、IP30、非持续型	嵌顶安装 φ148×47	1. 集中电源集中控制型。 2. 无极性二总线。 3. 3W 照明灯具适于：配电室、机房、酒店客房等。 4. 5W 照明灯具适于：消防电梯间前室或合用前室等。 5. 12W 照明灯具适用于：病房楼、手术部避难间、老年人照料设施、人员密集场所等。 6. 9W、18W 照明灯具适用于：车库等场所
			TS-ZFJC-E5W-6616A	工作电压 DC36V、功率 5W、光通量≥300lm、LED 光源、IP30、非持续型	嵌顶安装 φ148×47	
			TS-ZFJC-E8W-6611A	工作电压 DC36V、功率 8W、光通量≥450lm、LED 光源、IP30、非持续型	嵌顶安装 φ172.5×51.6	
			TS-ZFJC-12W-6612A	工作电压 DC36V、功率 12W、光通量≥700lm、LED 光源、IP30、非持续型	嵌顶安装 φ172.5×51.6	
38	⊢⊣	吊装照明灯具	TS-ZFJC-E9W-6620	工作电压 DC36V、功率 9W、光通量≥450lm、LED 光源、IP30、非持续型	吊挂安装 φ620×50×70	
			TS-ZFJC-18W-6622	工作电压 DC36V、功率 18W、光通量≥900lm、LED 光源、IP30、非持续型	吊挂安装 φ1230×50×70	

注：为方便设计师设计选型，产品型号仅供参考。

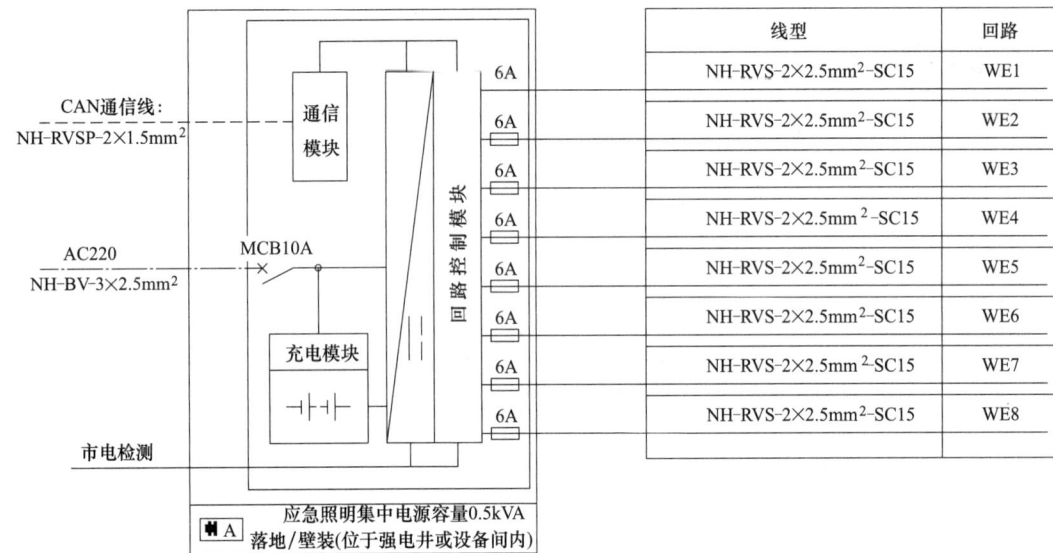

线型	回路
NH-RVS-2×2.5mm²-SC15	WE1
NH-RVS-2×2.5mm²-SC15	WE2
NH-RVS-2×2.5mm²-SC15	WE3
NH-RVS-2×2.5mm²-SC15	WE4
NH-RVS-2×2.5mm²-SC15	WE5
NH-RVS-2×2.5mm²-SC15	WE6
NH-RVS-2×2.5mm²-SC15	WE7
NH-RVS-2×2.5mm²-SC15	WE8

CAN通信线：NH-RVSP-2×1.5mm²
通信模块
回路控制模块
6A
AC220 NH-BV-3×2.5mm²
MCB10A
充电模块
市电检测
应急照明集中电源容量0.5kVA
落地/壁装(位于强电井或设备间内)

A型应急照明集中电源〈TS-D-0.5kVA-6330〉配电箱系统图

注：
1. 每回路功率≤172W。
2. 8回路总功率≤500W。

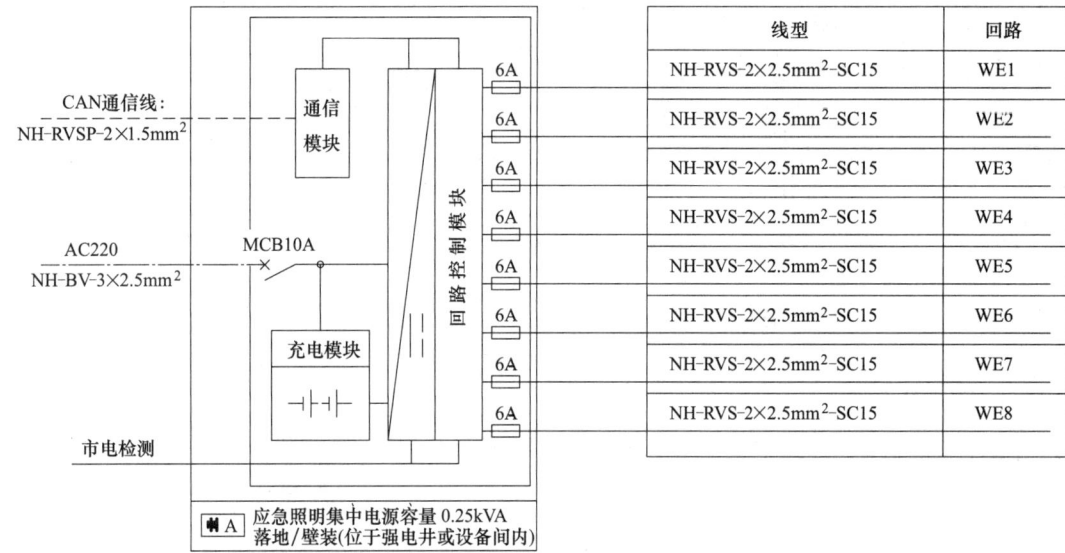

线型	回路
NH-RVS-2×2.5mm²-SC15	WE1
NH-RVS-2×2.5mm²-SC15	WE2
NH-RVS-2×2.5mm²-SC15	WE3
NH-RVS-2×2.5mm²-SC15	WE4
NH-RVS-2×2.5mm²-SC15	WE5
NH-RVS-2×2.5mm²-SC15	WE6
NH-RVS-2×2.5mm²-SC15	WE7
NH-RVS-2×2.5mm²-SC15	WE8

CAN通信线：NH-RVSP-2×1.5mm²
通信模块
回路控制模块
6A
AC220 NH-BV-3×2.5mm²
MCB10A
充电模块
市电检测
应急照明集中电源容量0.25kVA
落地/壁装(位于强电井或设备间内)

A型应急照明集中电源〈TS-D-0.25kVA-6320〉配电箱系统图

注：
1. 每回路功率≤172W。
2. 8回路总功率≤250W。

消防应急照明和疏散指示系统图例及配电箱系统图	图号	YJZM6-6
深圳市泰和安科技有限公司	页	90

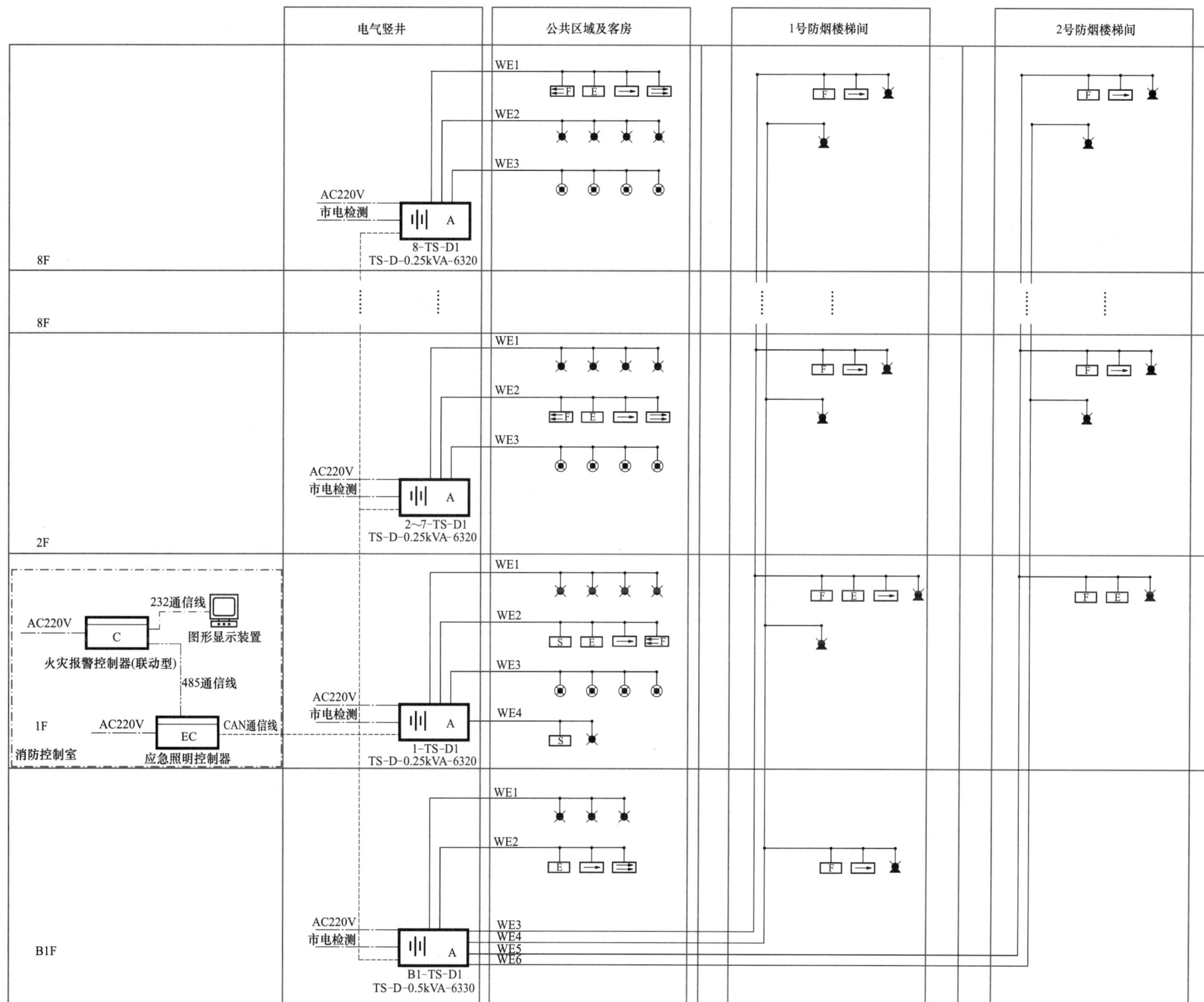

注:
1.集中电源应设置在消防控制室、低压配电室、配电间内或电气竖井内,设置场所应通风良好,场所环境温度不应超出电池标称工作温度范围。
2.集中电源输出回路不超过8回路。
3.集中电源沿电气竖井垂直方向为不同楼层的灯具供电时,每个输出回路在公共建筑中的供电范围不宜超过8层。
4.封闭楼梯间、防烟楼梯间、室外疏散楼梯间应单独设置配电回路。
5.A型灯具电源线和通信线可以采用二总线,即电源线和通信线共用两根线,如不采用二总线,电源线路与通信线路可共管敷设,通信方式及具体线缆选型由具体工程设计。
6.线型说明:

------ CAN通信线:NH-RVSP-2×1.5mm²

—— 无极性二总线:NH-RVS-2×2.5mm²

-·- 485通信线:NH-RVSP-2×1.5mm²

-·-·- 232通信线:NH-RVSP-2×1.5mm²

—— AC220V电源线

8F

AC220V
市电检测

8-TS-D1
TS-D-0.25kVA-6320

8F

WE1
WE2
WE3

AC220V
市电检测

2~7-TS-D1
TS-D-0.25kVA-6320

2F

WE1
WE2
WE3

AC220V

C

232通信线

图形显示装置

火灾报警控制器(联动型)

485通信线

AC220V

EC

CAN通信线

消防控制室

应急照明控制器

AC220V
市电检测

1-TS-D1
TS-D-0.25kVA-6320

1F

WE1
WE2
WE3
WE4

B1F

AC220V
市电检测

B1-TS-D1
TS-D-0.5kVA-6330

WE1
WE2

WE3
WE4
WE5
WE6

酒店消防应急照明和疏散指示系统图(工程实例一)	图号	YJZM6-7
深圳市泰和安科技有限公司	页	91

93

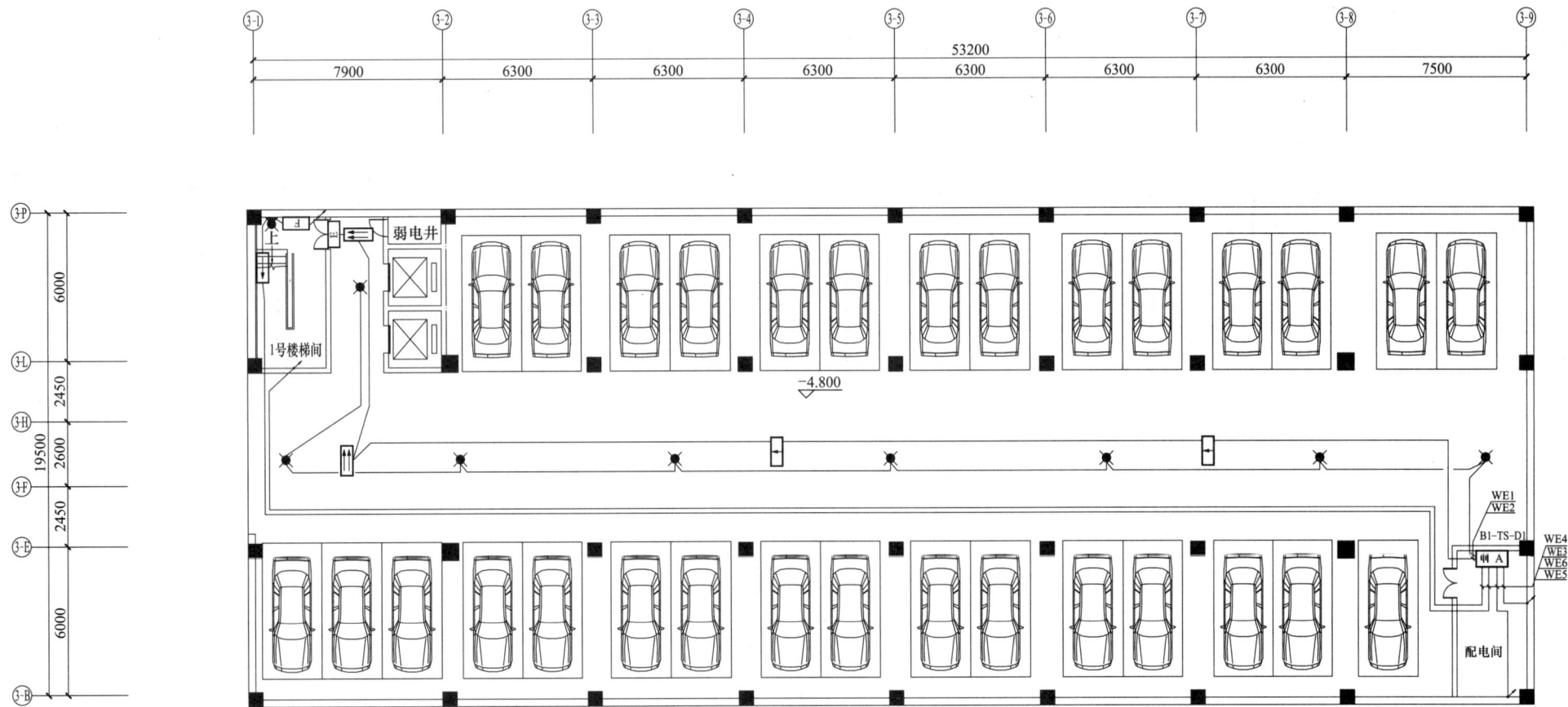

地下一层消防应急照明和疏散指示平面图 1:200

注：
1.车库内疏散照明灯及标志灯具均采用A型灯具，选用中型灯具。
2.方向标志灯的标志面与疏散方向垂直时，灯具的设置间距不应大于20m；方向标志灯的标志面与疏散方向平行时，灯具的设置间距不应大于10m。
3.吊装式方向标志灯据地高度不应低于车道控制标高，壁装式方向标志灯应设置在距地面高度1m以下的墙面上。
4.人员密集场所地面水平最低照度不应小于3.0lx，本工程属于人员密集型场所，疏散走道地面水平照度为3.0lx。
5.人员密集场所内的楼梯间、前室或合用前室、避难走道，地面水平最低照度不应小于10.0lx，本工程属于人员密集型场所，层高4.8m，封闭楼梯间地面水平照度为10.0lx。
6.楼梯间每层应设置指示该楼层的标志灯。

图例	名称	功率	安装方式
	吸顶照明灯具	5W	吸顶安装
	壁挂照明灯具	5W	壁挂安装，底边距地2.2~2.5m
	单向指示标志灯具	1W	壁挂安装，底边距地小于1m
	单向指示标志灯具(双面)	1W	吊装安装
	前向指示标志灯具(单面)	1W	吊装安装
E	疏散出口标志灯具	1W	壁挂安装，底边距门框上方0.2m
F	楼层指示标志灯具	1W	壁挂安装，底边距地2.2~2.5m

酒店地下一层消防应急照明和疏散指示平面图（工程实例一）	图号	YJZM6-8
深圳市泰和安科技有限公司	页	92

94

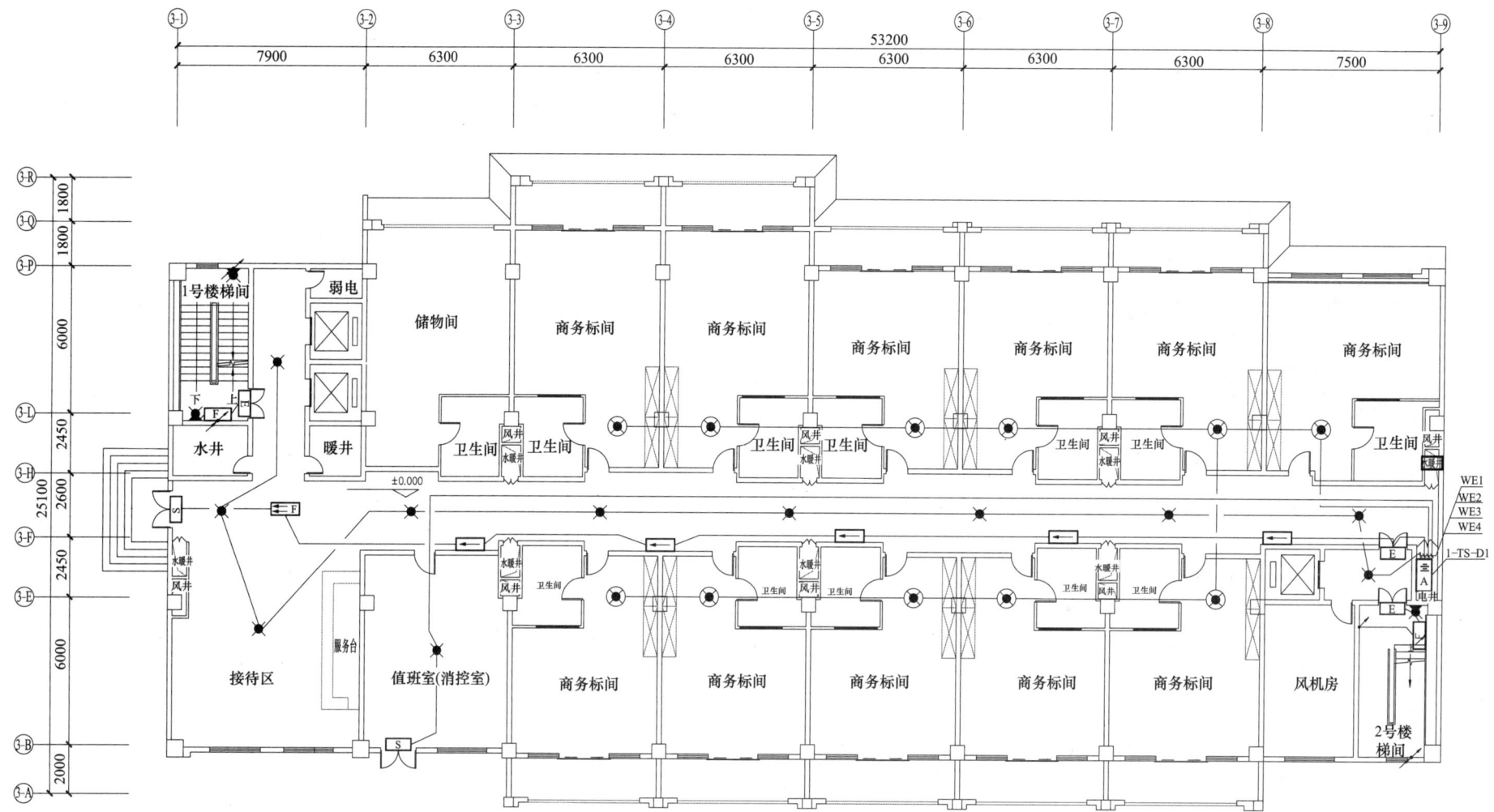

首层消防应急照明和疏散指示平面图1:200

图中标注（轴线尺寸）:

③-1 ③-2 ③-3 ③-4 ③-5 ③-6 ③-7 ③-8 ③-9

53200

7900 6300 6300 6300 6300 6300 6300 7500

③-R ③-Q ③-P ③-L ③-H ③-F ③-E ③-B ③-A

1800 1800 6000 2450 2600 2450 6000 2000

25100

房间标注:

1号楼梯间、弱电、储物间、商务标间、商务标间、商务标间、商务标间、商务标间、商务标间、商务标间

水井、暖井、卫生间、风井、水暖井、卫生间、卫生间、风井、水暖井、卫生间、卫生间、风井、水暖井、卫生间、卫生间、风井

±0.000

WE1 WE2 WE3 WE4

1-TS-D1

水暖井、风井

接待区、服务台、值班室(消控室)、商务标间、商务标间、商务标间、商务标间、商务标间、风机房

2号楼梯间

注:
1. 疏散照明灯及标志灯具均采用A型灯具,选用中型灯具。
2. 方向标志灯的标志面与疏散方向垂直时,灯具的设置间距不应大于20m;方向标志灯的标志面与疏散方向平行时,灯具的设置间距不应大于10m。
3. 吊装式方向标志灯据地高度不应低于疏散走道控制标高,壁装式方向标志灯应设置在距离地面高度1m以下的墙面上。
4. 人员密集场所地面水平最低照度不应小于3.0lx,楼梯间、前室或合用前室、避难走道,地面水平最低照度不应小于10.0lx,本工程属于人员密集型场所,疏散通道结构采用一字形疏散走道和封闭楼梯间,层高4.5m,疏散走道地面水平照度为3.0lx,封闭楼梯间地面水平照度为10.0lx。
5. 宾馆、酒店的客房疏散走道地面水平最低照度应不小于1.0lx,本工程客房疏散走道地面水平照度为1.0lx。
6. 本工程消防控制室地面水平照度大于1.0lx。
7. 楼梯间每层应设置指示该楼层的标志灯。
8. 人员密集场所的疏散出口、安全出口附近应增设多信息复合标志灯具。

图例	名称	功率	安装方式
	吸顶照明灯具	5W	吸顶安装
	嵌入照明灯具	3W	嵌顶安装
	壁挂照明灯具	5W	壁挂安装,底边距地2.2～2.5m
	单向指示标志灯具	1W	壁挂安装,底边距地小于1m
F	双面多信息复合标志灯具	1W	吊挂安装
E	疏散出口标志灯具	1W	壁挂安装,底边距门框上方0.2m
S	安全出口标志灯具	1W	壁挂安装,底边距门框上方0.2m
F	楼层指示标志灯具	1W	壁挂安装,底边距地2.2～2.5m

酒店首层消防应急照明和疏散指示平面图（工程实例一）	图号	YJZM6-9
深圳市泰和安科技有限公司	页	93

95

53200
93200

7900　6300　6300　6300　6300　6300　6300　7500

27.300
22.800
18.300
13.800
9.300
4.800

1号楼梯间　弱电

1800
1800
6000
2450
2600
2450
6000
2000
25100

商务标间　商务标间　商务标间　商务标间　商务标间　商务标间　商务标间

水井　暖井

卫生间　卫生间　卫生间　卫生间　卫生间

WE1
WE2
WE3
2~7-TS-D1

卫生间　卫生间　卫生间　卫生间　卫生间

商务标间　值班室　商务标间　商务标间　商务标间　商务标间　商务标间　风机房

2号楼梯间

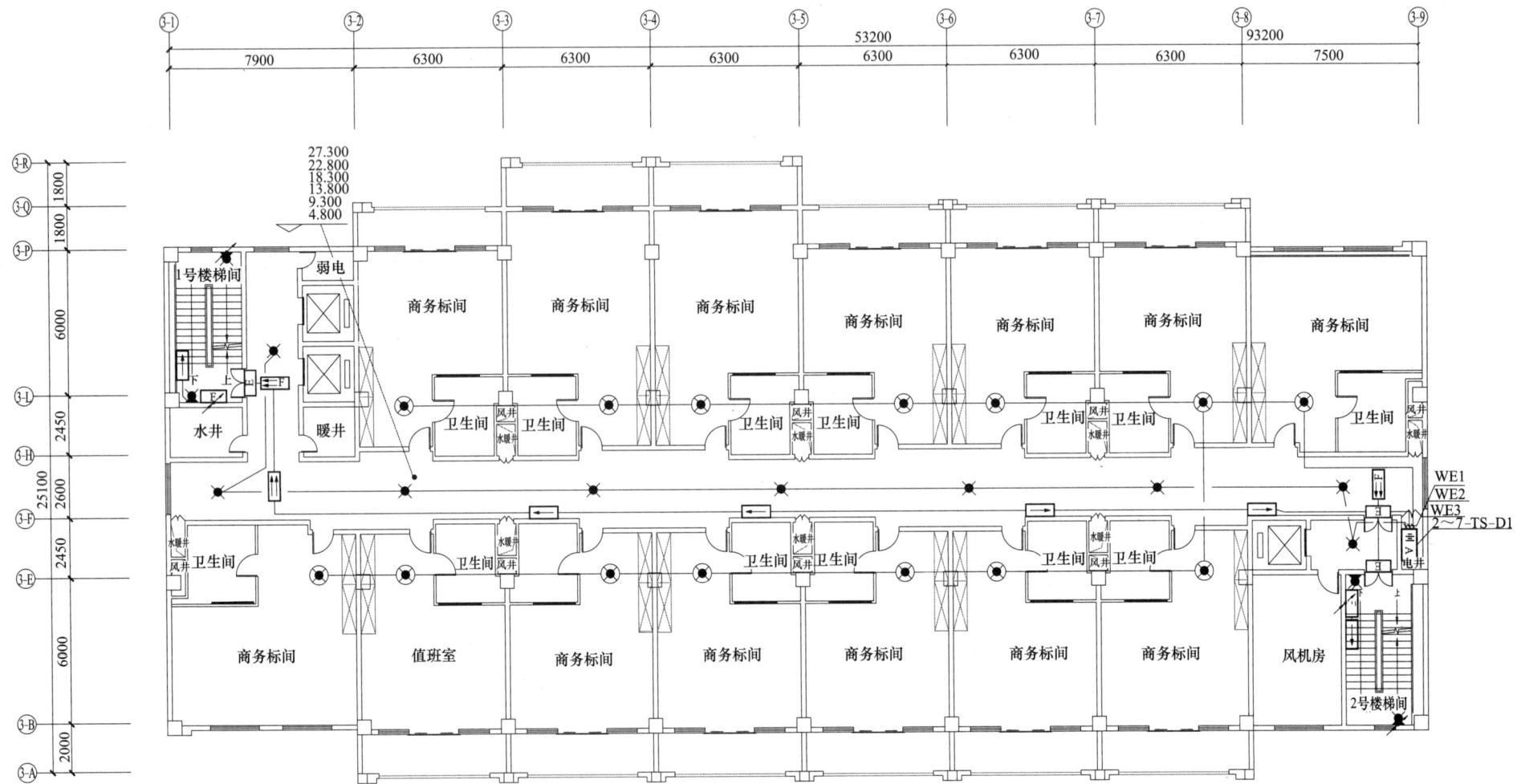

标准层消防应急照明和疏散指示平面图1:200

注:
1. 疏散照明灯及标志灯具均采用A型灯具,选用中型灯具。
2. 方向标志灯的标志面与疏散方向垂直时,灯具的设置间距不应大于20m;方向标志灯的标志面与疏散方向平行时,灯具的设置间距不应大于10m。
3. 吊装式方向标志灯据地高度不应低于疏散走道控制标高,壁装式方向标志灯应设置在距地面高度1m以下的墙面上。
4. 人员密集场所地面水平最低照度不应小于3.0lx,楼梯间、前室或合用前室、避难走道,地面水平最低照度不应小于10.0lx,本工程属于人员密集型场所,疏散通道结构采用一字形疏散走道和封闭楼梯间,层高4.5m,疏散走道地面水平照度为3.0lx,封闭楼梯间地面水平照度为10.0lx。
5. 宾馆、酒店的客房疏散走道地面水平最低照度应不小于1.0lx,本工程客房疏散走道地面水平照度为1.0lx。
6. 楼梯间每层应设置指示该楼层的标志灯。
7. 人员密集场所的疏散出口、安全出口附近应增设多信息复合标志灯具。

图例	名称	功率	安装方式
	吸顶照明灯具	5W	吸顶安装
	嵌入照明灯具	3W	嵌顶安装
	壁挂照明灯具	5W	壁挂安装,底边距地2.2~2.5m
	单向指示标志灯具	1W	壁挂安装,底边距地小于1m
	单向指示标志灯具	1W	吊挂安装
F	双面多信息复合标志灯具	1W	吊挂安装
E	疏散出口标志灯具	1W	壁挂安装,底边距门框上方0.2m
F	楼层指示标志灯具	1W	壁挂安装,底边距地2.2~2.5m

酒店标准层消防应急照明和疏散指示平面图（工程实例一）	图号	YJZM6-10
深圳市泰和安科技有限公司	页	94

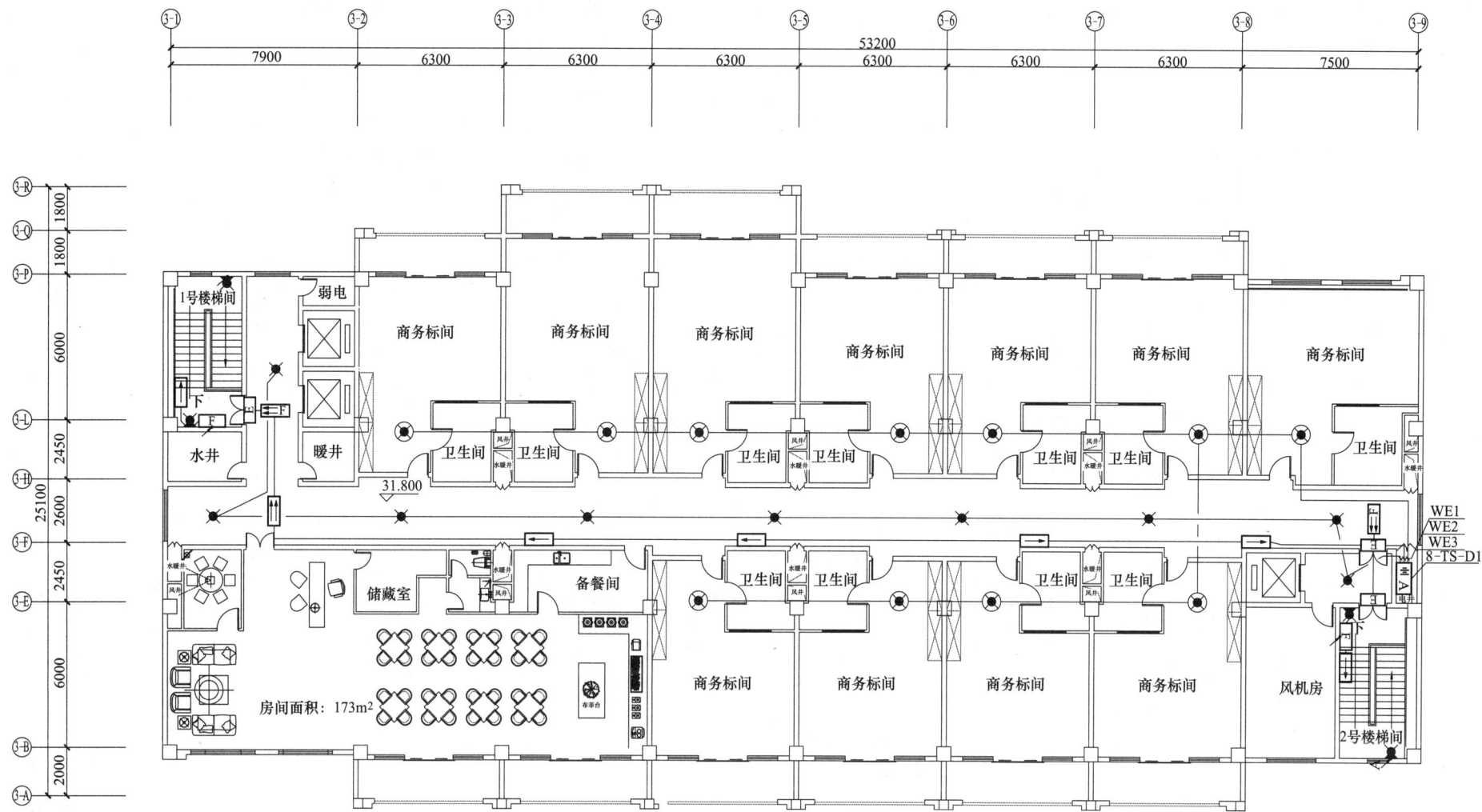

顶层消防应急照明和疏散指示平面图 1:200

注:
1.疏散照明灯及标志灯具均采用A型灯具,选用中型灯具。
2.方向标志灯的标志面与疏散方向垂直时,灯具的设置间距不应大于20m;方向标志灯的标志面与疏散方向平行时,灯具的设置间距不应大于10m。
3.吊装式方向标志灯据地高度不应低于疏散走道控制标高,壁装式方向标志灯应设置在距地面高度1m以下的墙面上。
4.人员密集场所地面水平最低照度不应小于3.0lx,楼梯间、前室或合用前室、避难走道,地面水平最低照度不应小于10.0lx,本工程属于人员密集型场所,疏散通道结构采用一字形疏散走道和封闭楼梯间,层高4.5m,疏散走道地面水平照度为3.0lx,封闭楼梯间地面水平照度为10.0lx。
5.宾馆、酒店的客房疏散走道地面水平最低照度应不小于1.0lx,本工程客房疏散走道地面水平照度为1.0lx。
6.楼梯间每层应设置指示该楼层的标志灯。
7.人员密集场所的疏散出口、安全出口附近应增设多信息复合标志灯具。

图例	名称	功率	安装方式
	吸顶照明灯具	5W	吸顶安装
	嵌入照明灯具	3W	嵌入安装
	壁挂照明灯具	5W	壁挂安装,底边距地2.2~2.5m
	单向指示标志灯具	1W	壁挂安装,底边距地小于1m
	单向指示标志灯具	1W	吊挂安装
	双面多信息复合标志灯具	1W	吊挂安装
	疏散出口标志灯具	1W	壁挂安装,底边距门框上方0.2m
	楼层指示标志灯具	1W	壁挂安装,底边距地2.2~2.5m

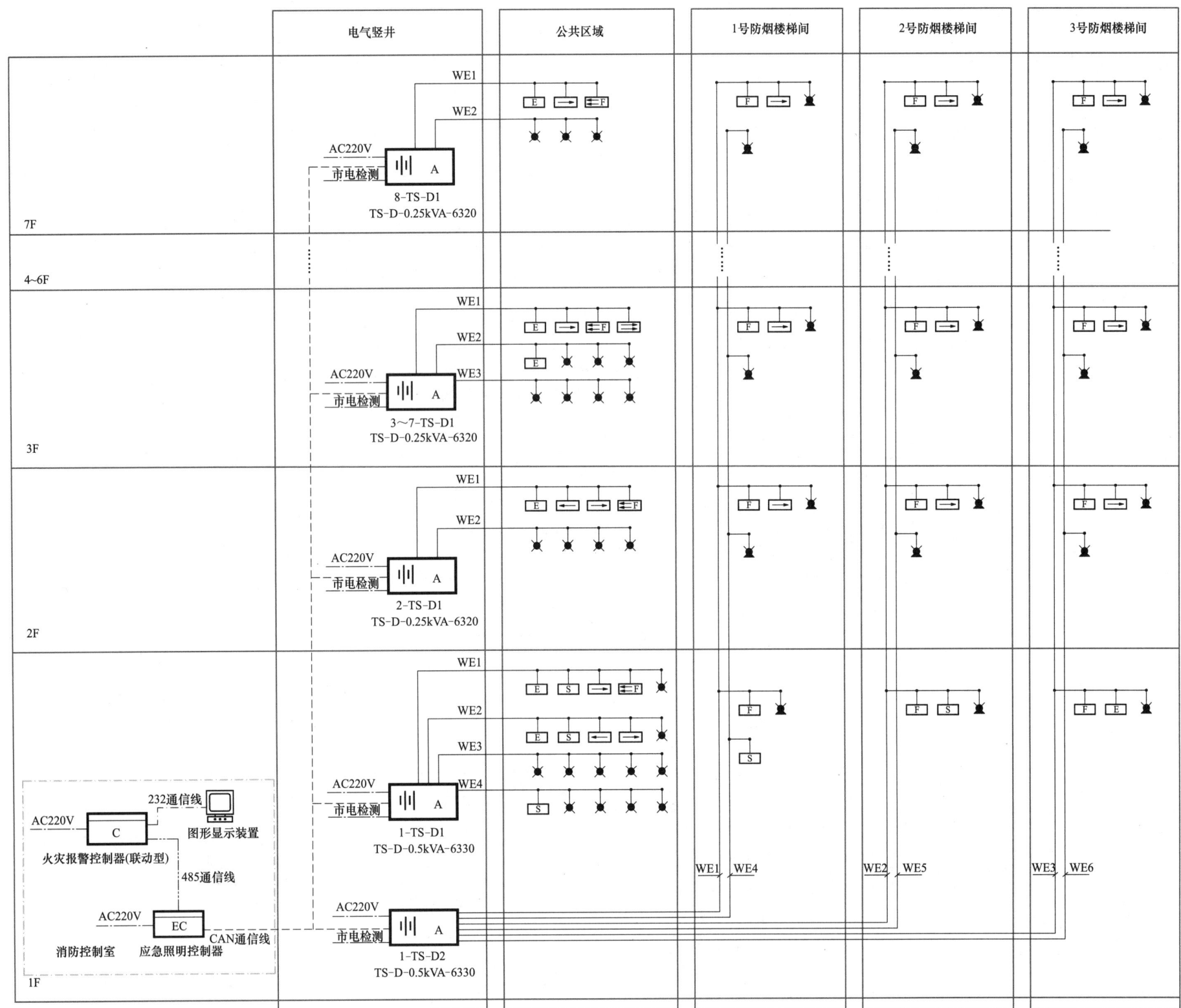

办公楼消防应急照明和疏散指示系统图（工程实例二）

电气竖井　公共区域　1号防烟楼梯间　2号防烟楼梯间　3号防烟楼梯间

7F

WE1
WE2

AC220V
市电检测

8-TS-D1
TS-D-0.25kVA-6320

4~6F

3F

WE1
WE2
WE3

AC220V
市电检测

3～7-TS-D1
TS-D-0.25kVA-6320

2F

WE1
WE2

AC220V
市电检测

2-TS-D1
TS-D-0.25kVA-6320

WE1
WE2
WE3
WE4

AC220V
市电检测

1-TS-D1
TS-D-0.5kVA-6330

1F

232通信线

AC220V
C

图形显示装置

火灾报警控制器(联动型)

485通信线

AC220V
EC

CAN通信线

消防控制室　应急照明控制器

AC220V
市电检测

1-TS-D2
TS-D-0.5kVA-6330

WE1 WE4　WE2 WE5　WE3 WE6

注：
1.集中电源应设置在消防控制室、低压配电室、
配电间内或电气竖井内，设置场所通风良好，
场所环境温度不应超出电池标称工作温度范围。
2.集中电源输出回路不超过8回路。
3.集中电源沿电气竖井垂直方向为不同楼层的
灯具供电时，每个输出回路在公共建筑中的供
电范围不宜超过8层。
4.封闭楼梯间、防烟楼梯间、室外疏散楼梯间
应单独设置配电回路。
5.A型灯具电源线和通信线可以采用二总线，即
电源线和通信线共用两根线，如不采用二总线，
电源线路与通信线路可共管敷设，通信方式及
具体线缆选型由具体工程设计。
6.线型说明：

- - - - - CAN通信线：NH-RVSP-2×1.5mm²

───── 无极性二总线：NH-RVS-2×2.5mm²

─── AC220V电源线：NH-BV-3×2.5mm²

─·─·─ 485通信线：NH-RVSP-2×1.5mm²

─ ─ ─ 232通信线：NH-RVSP-2×1.5mm²

办公楼消防应急照明和疏散指示系统图（工程实例二）	图号	YJZM6-12
深圳市泰和安科技有限公司	页	96

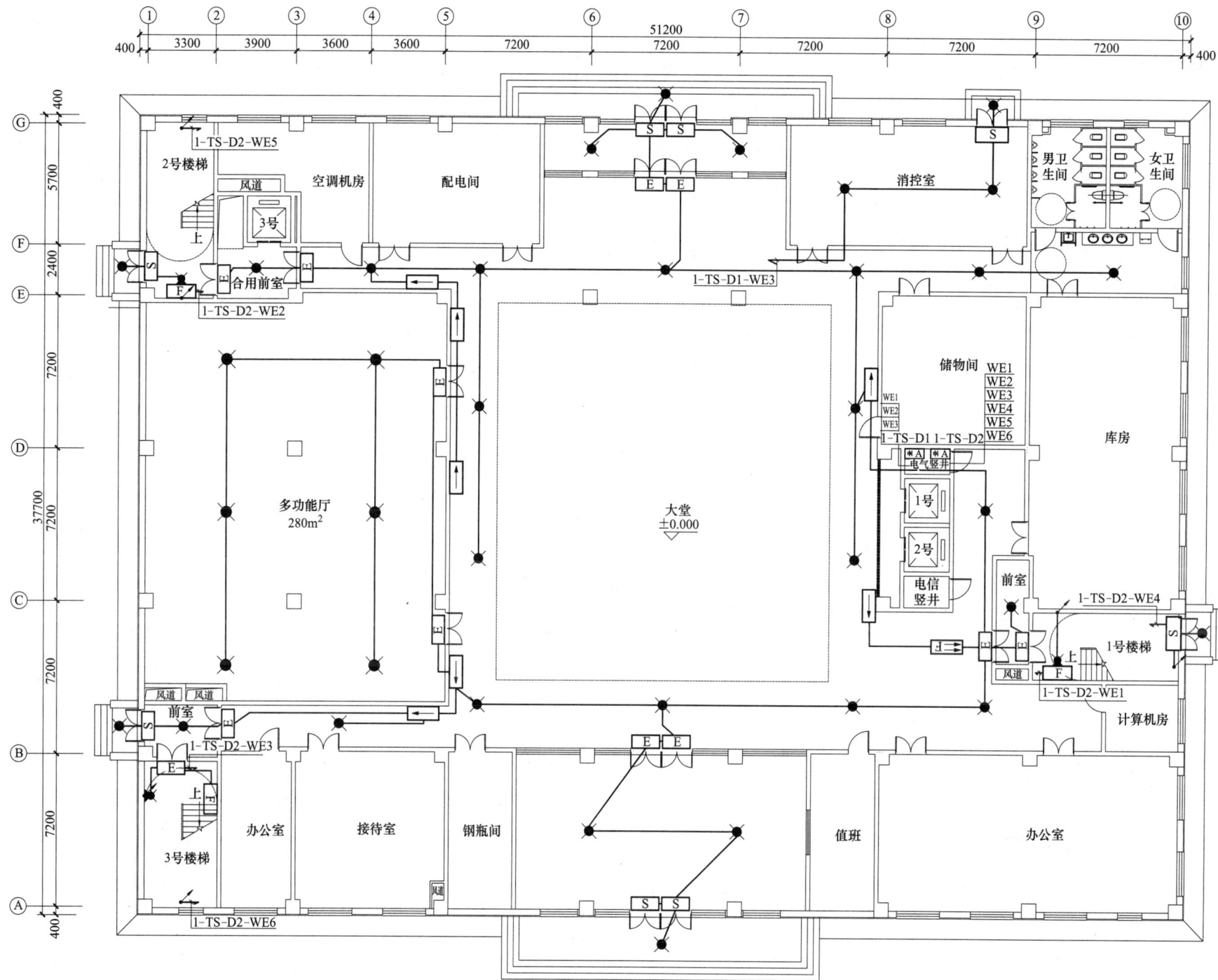

首层消防应急照明和疏散指示平面图 1:200

注:
1.本层楼高度为4.2m,选用A型照明灯及A型中型标志灯具。
2.方向标志灯的标志面与疏散方向垂直时,灯具的设置间距不应大于20m;方向标志灯的标志面与疏散方向平行时,灯具的设置间距不应大于10m。
3.本工程首层地面水平照度要求如下:
  3.1 疏散走道地面水平照度为1.0lx。
  3.2 消防控制室地面水平照度为1.0lx。
  3.3 多功能厅等人员密集场所地面水平照度为3.0lx。
  3.4 楼梯间、前室或合用前室、避难走道,地面水平照度为5.0lx。
4.楼梯间每层应设置指示该楼层的标志灯。

图例	名称	功率	安装方式及位置
	吸顶照明灯具	3W	吸顶安装,疏散走道、通道、消控室
	吸顶照明灯具	5W	吸顶安装,前室、多功能厅
	壁挂照明灯具	5W	壁挂安装,底边距地2.2~2.5m
	单向指示标志灯具	1W	壁挂安装,底边距地<1m
	双面多信息复合标志灯具	1W	吊挂安装
E	疏散出口标志灯具	1W	壁挂安装,底边距门框上方0.2m
S	安全出口标志灯具	1W	壁挂安装,底边距门框上方0.2m
F	楼层指示标志灯具	1W	壁挂安装,底边距地2.2~2.5m

办公楼首层消防应急照明和疏散指示平面图(工程实例二)	图号	YJZM6-13
深圳市泰和安科技有限公司	页	97

99

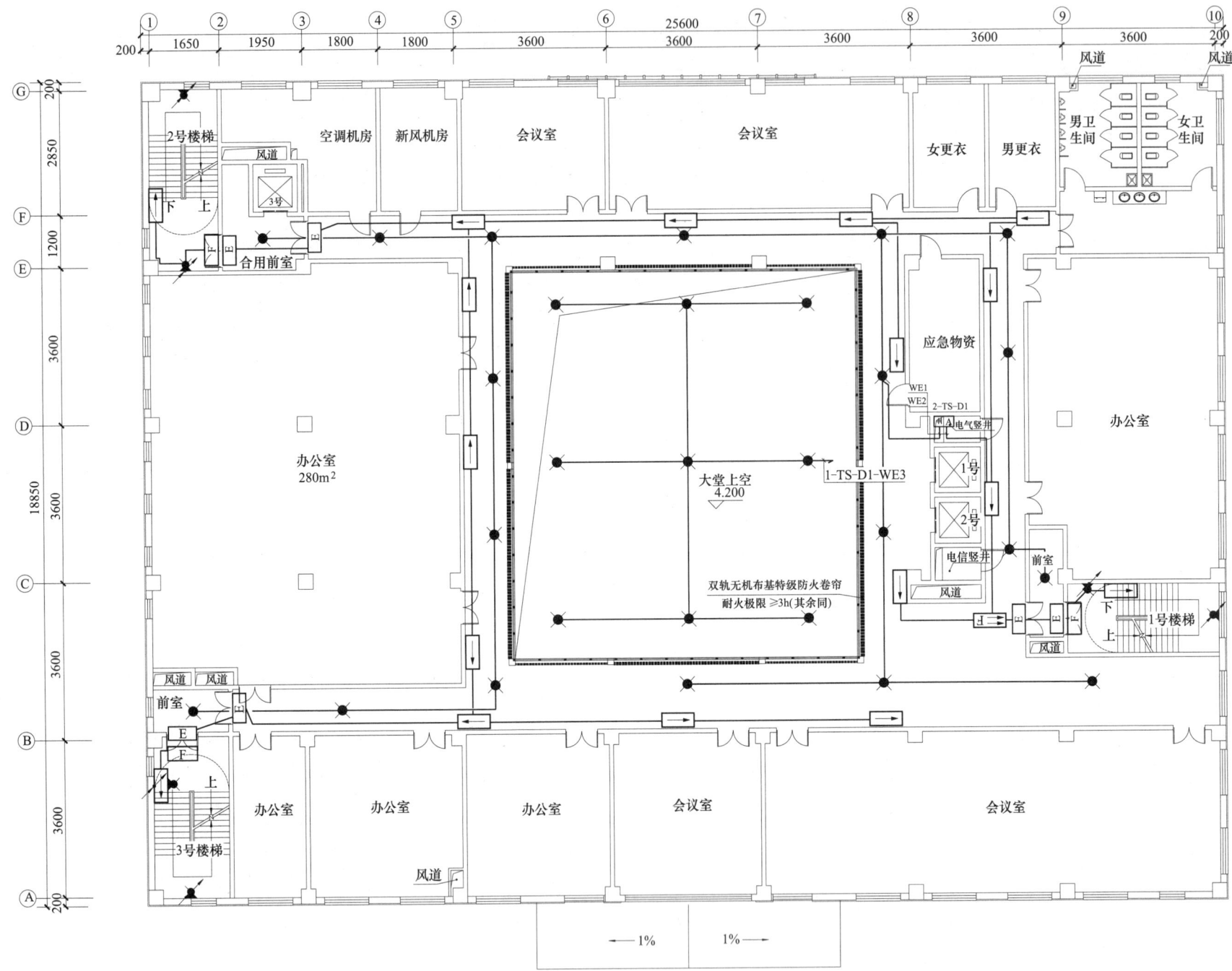

二层消防应急照明和疏散指示平面图 1:200

注:
1. 本层楼高度为3.3m，选用A型照明灯及A型中型标志灯具。
2. 方向标志灯的标志面与疏散方向垂直时，灯具的设置间距不应大于20m；方向标志灯的标志面与疏散方向平行时，灯具的设置间距不应大于10m。
3. 本工程二层地面水平照度如下：
　 3.1 疏散走道地面水平照度为1.0lx。
　 3.2 楼梯间、前室或合用前室、避难走道，地面水平照度为5.0lx。
4. 楼梯间每层应设置指示该楼层的标志灯。

图例	名称	功率	安装方式及位置
	吸顶照明灯具	3W	吸顶安装，疏散走道、通道
	吸顶照明灯具	5W	吸顶安装，前室
	吸顶照明灯具	12W	吸顶安装，大堂上空
	壁挂照明灯具	5W	壁挂安装 底边距地2.2～2.5m
	单向指示标志灯具	1W	壁挂安装 底边距地<1m
	双面多信息复合标志灯具	1W	吊挂安装
	疏散出口标志灯具	1W	壁挂安装 底边距门框上方0.2m
	楼层指示标志灯具	1W	壁挂安装 底边距地2.2～2.5m

办公楼二层消防应急照明和疏散指示平面图（工程实例二）	图号	YJZM6-14
深圳市泰和安科技有限公司	页	98

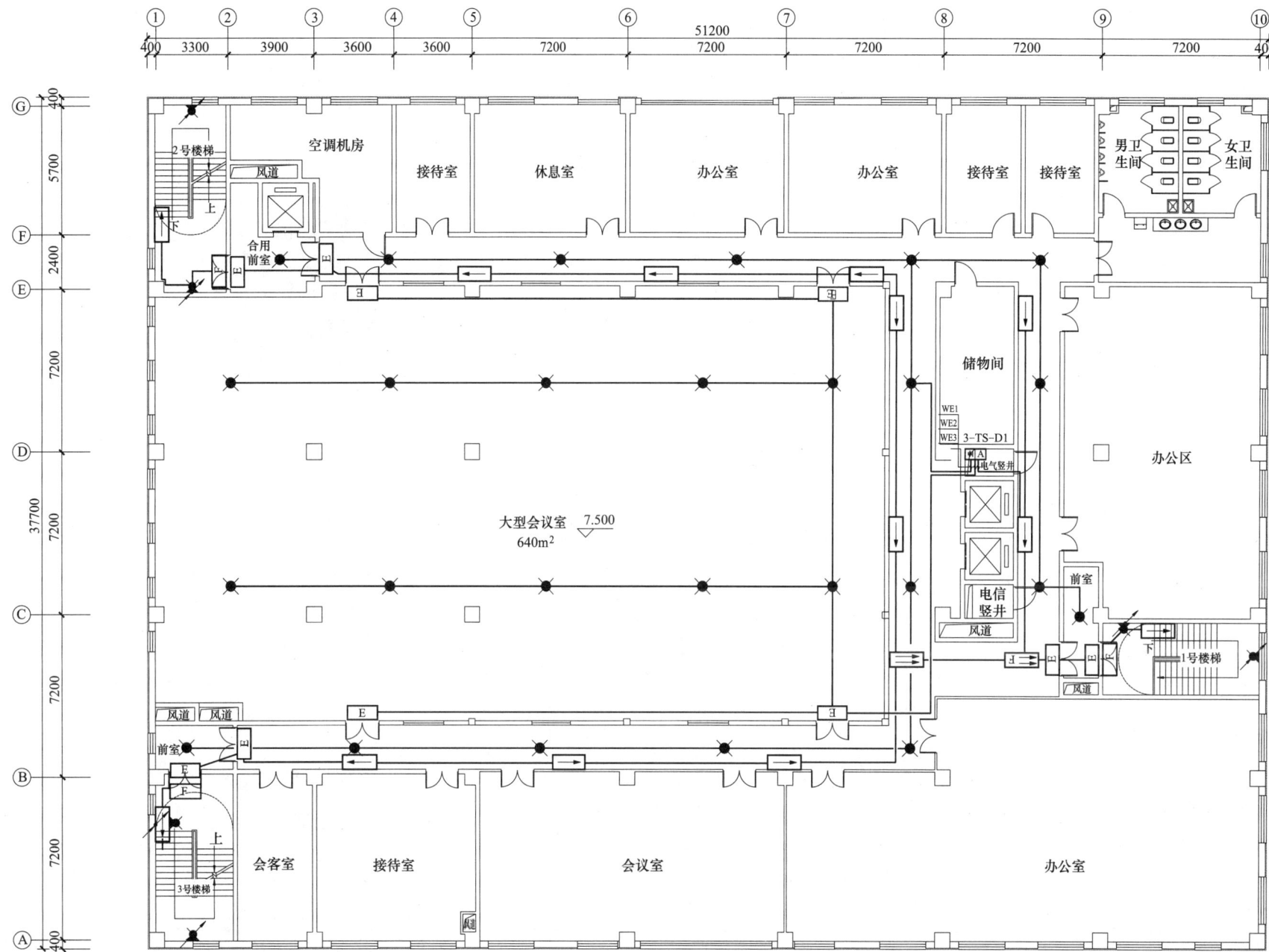

三层消防应急照明和疏散指示平面图 1:200

平面图标注:

①②③④⑤⑥⑦⑧⑨⑩

51200

400 3300 3900 3600 3600 7200 7200 7200 7200 7200 400

G F E D C B A

400 5700 2400 7200 7200 7200 7200 400

37700

房间标注:
- 2号楼梯
- 空调机房
- 风道
- 接待室
- 休息室
- 办公室
- 办公室
- 接待室
- 接待室
- 男卫生间
- 女卫生间
- 合用前室
- 储物间
- WE1 WE2 WE3 3-TS-D1
- 电气竖井
- 办公区
- 大型会议室 7.500 640m²
- 电信竖井
- 前室
- 风道
- 1号楼梯
- 前室
- 风道 风道
- 会客室
- 接待室
- 会议室
- 办公室
- 3号楼梯

注:
1. 本层楼高度为3.3m,选用A型照明灯及A型中型标志灯具。
2. 方向标志灯的标志面与疏散方向垂直时,灯具的设置间距不应大于20m; 方向标志灯的标志面与疏散方向平行时,灯具的设置间距不应大于10m。
3. 本工程三层地面水平照度如下:
   3.1 疏散走道地面水平照度为1.0lx。
   3.2 会议室（建筑面积>400m²）地面水平最低为3.0lx。
   3.3 楼梯间、前室或合用前室、避难走道,地面水平照度为5.0lx。
4. 楼梯间每层应设置指示该楼层的标志灯。

图例表:

图例	名称	功率	安装方式及位置
	吸顶照明灯具	3W	吸顶安装,疏散走道、通道
	吸顶照明灯具	5W	吸顶安装,前室、大型会议室
	壁挂照明灯具	5W	壁挂安装 底边距地 2.2~2.5m
	单向指示标志灯具	1W	壁挂安装 底边距地 <1m
	单向指示标志灯具	1W	吊挂安装
E	双面多信息复合标志灯具	1W	吊挂安装
E	疏散出口标志灯具	1W	壁挂安装 底边距门框上方0.2m
F	楼层指示标志灯具	1W	壁挂安装 底边距地 2.2~2.5m

① ② ③ ④ ⑤ ⑥ ⑦ ⑧ ⑨ ⑩

200 1650 1950 1800 1800 3600 3600 3600 3600 3600 200

25600
3600 3600 3600 3600 3600

风道 风道

G 200
2850
2号楼梯 新风机房 办公室 办公室 会议室 办公室 女更衣 男更衣 男卫生间 女卫生间
F 1200
下 上 风道
合用前室 3号
E
3600
库房
会议室
18850 D 3600
WE1
WE2 4-TS-D1
电气竖井
1#
办公室
280m²
2#
C 3600
20.700
17.400
14.100
10.800
会议室
电信竖井
前室
风道
B 3600
风道 风道
前室 办公室 办公室 办公室 办公室 接待室 办公室 办公室 办公室
下 上
1号楼梯
上
3号楼梯
A 200
风道

标准层消防应急照明和疏散指示平面图1:200

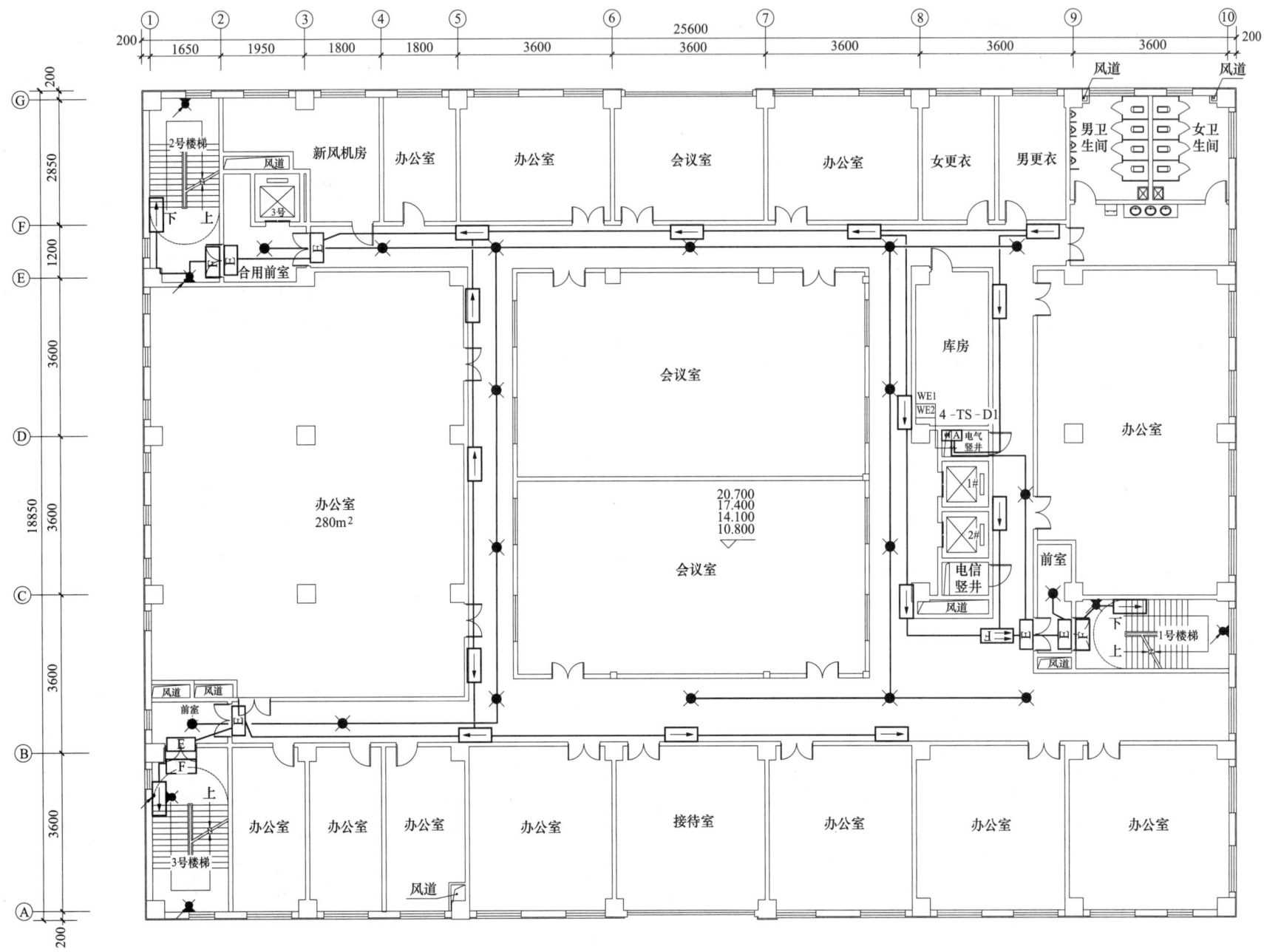

注:
1. 本层楼高度为3.3m,选用A型照明灯
及A型中型标志灯具。
2. 方向标志灯的标志面与疏散方向垂直时,
灯具的设置间距不应大于20m;方向标志灯
的标志面与疏散方向平行时,灯具的设置
间距不应大于10m。
3. 本工程首层照度如下:
3.1 疏散走道地面水平照度为1.0lx。
3.2 楼梯间、前室或合用前室、避难走道,
地面水平照度为5.0lx。
4. 楼梯间每层应设置指示该楼层的标志灯。

图例	名称	功率	安装方式及位置
	吸顶照明灯具	3W	吸顶安装,疏散走道、通道
	吸顶照明灯具	5W	吸顶安装,前室
	壁挂照明灯具	5W	壁挂安装 底边距地2.2~2.5m
	单向指示标志灯具	1W	壁挂安装 底边距地<1m
	双面多信息复合标志灯具	1W	吊挂安装
	疏散出口标志灯具	1W	壁挂安装 底边距门框上方0.2m
	楼层指示标志灯具	1W	壁挂安装 底边距地2.2~2.5m

办公楼标准层消防应急照明和疏散指示平面图（工程实例二）	图号	YJZM6-16
深圳市泰和安科技有限公司	页	100

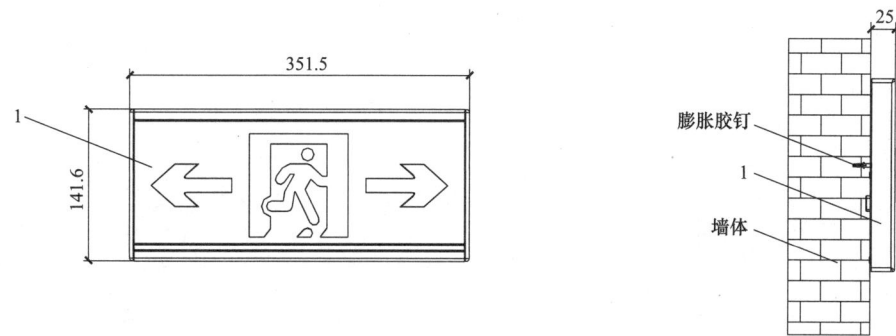

壁挂标志灯具安装示意图

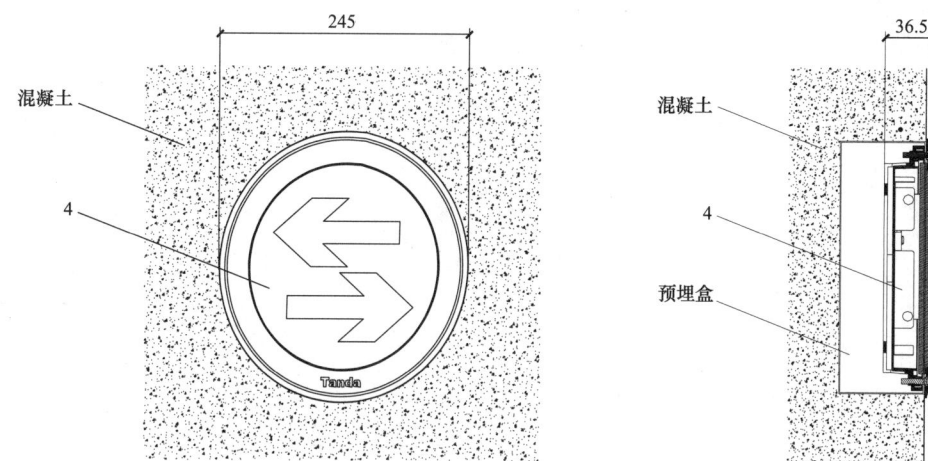

膨胀胶钉
墙体

地埋标志灯具安装示意图

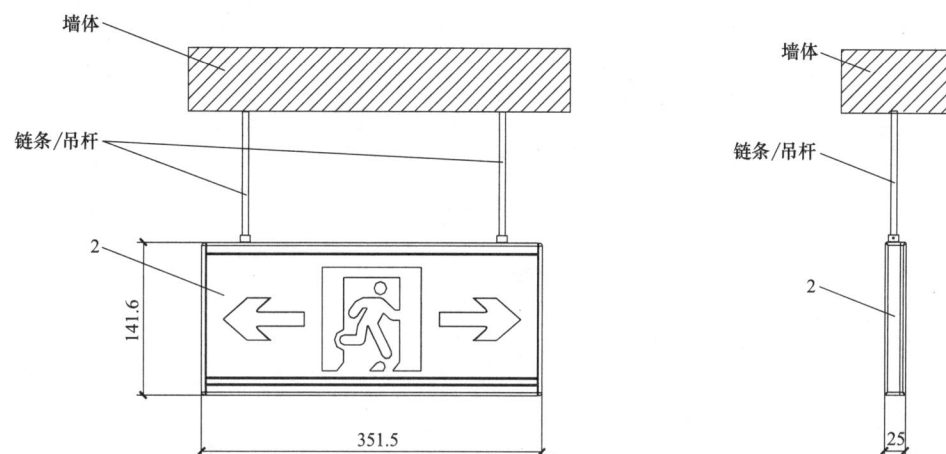

混凝土
预埋盒

墙体
链条/吊杆
吊挂标志灯具安装示意图

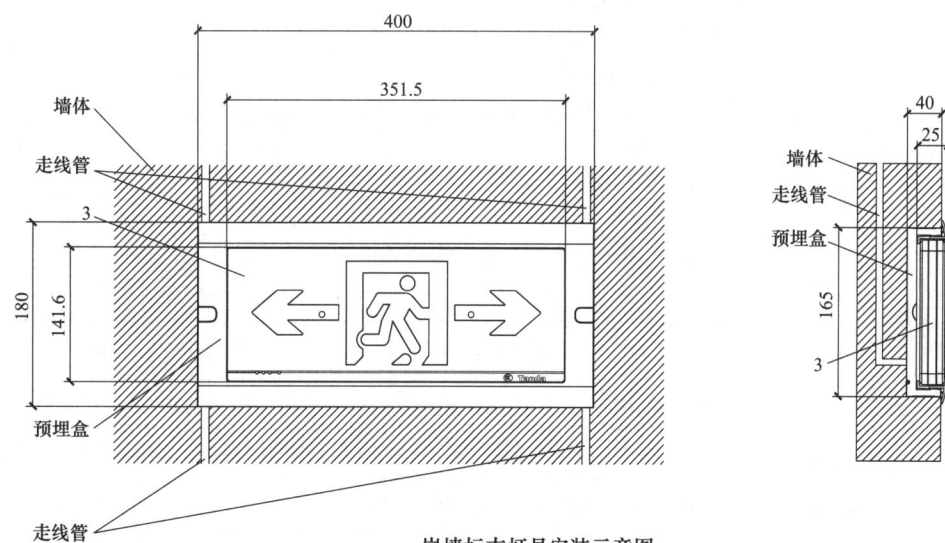

墙体
链条/吊杆

注:
1. 方向标志灯具安装在疏散走道、通道上方时:室内高度不大于3.5m的场所,标志灯具底边距地面的高度宜为2.2~2.5m。
2. 方向标志灯具安装在疏散走道、通道两侧的墙面或柱面上时,标志灯具底边距地面(H)的高度应小于1m。
3. 方向标志灯具安装在疏散走道、通道的地面上时,应符合下列规定:
   3.1 标志灯具安装在疏散走道、通道的中心位置。
   3.2 标志灯具的所有金属构件应采用耐腐蚀构件或做防腐处理,标志灯具配电、通信线路的连接应采用密封胶密封。
   3.3 标志灯具表面应与地面平行,高于地面距离不应大于3mm,标志灯具边缘与地面垂直距离高度不应大于1mm。
4. 所有金属构件均应做防腐处理。

墙体
走线管
预埋盒

墙体
走线管
预埋盒

走线管
嵌墙标志灯具安装示意图

编号	名称	产品特点	备注
1	壁挂标志灯具	工作电压DC36V、功率≤1W、LED光源、IP30、持续型、巡检、常亮、频闪	集中电源集中控制型
2	吊装标志灯具	工作电压DC36V、功率≤1W、LED光源、IP30、持续型、巡检、常亮、频闪	集中电源集中控制型
3	嵌墙标志灯具	工作电压DC36V、功率≤1W、LED光源、IP30、持续型、巡检、常亮、频闪	集中电源集中控制型
4	地埋标志灯具	工作电压DC36V、功率≤1W、LED光源、IP67、持续型、巡检、常亮、频闪	集中电源集中控制型

消防应急照明和疏散指示系统灯具安装示意图（一）	图号	YJZM6-17
深圳市泰和安科技有限公司	页	101

103

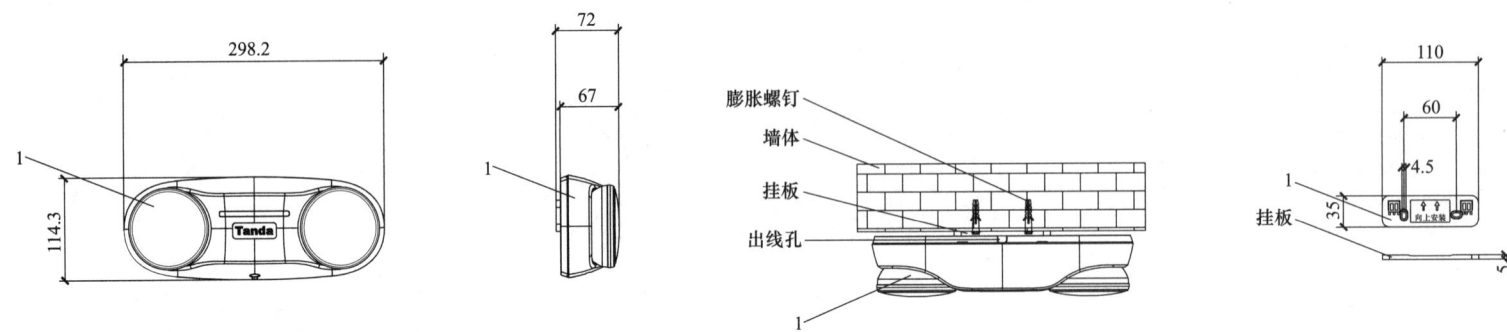

壁挂照明灯具安装示意图

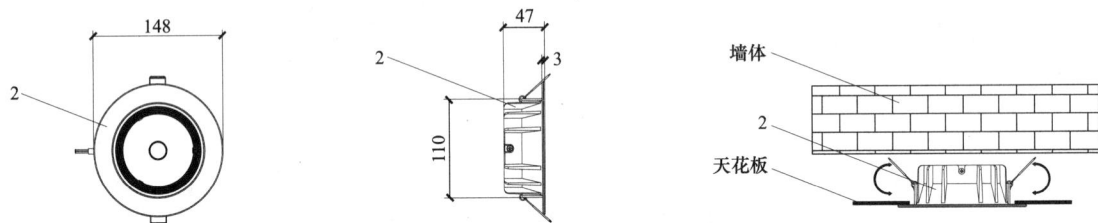

膨胀螺钉
墙体
挂板
出线孔

嵌入照明灯具安装示意图

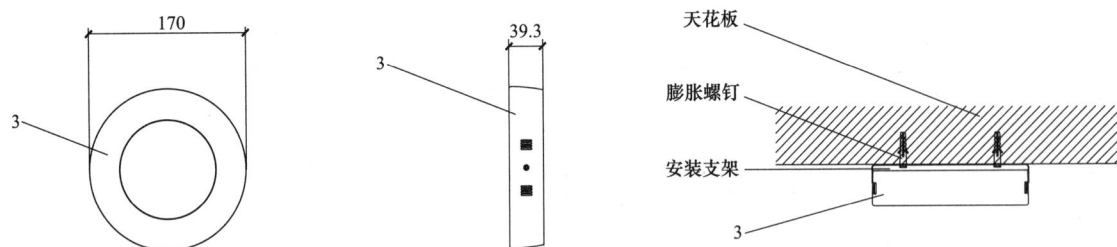

墙体
天花板

吸顶照明灯具安装示意图

天花板
膨胀螺钉
安装支架

注:
1. 照明灯具宜安装在顶棚上。
2. 当条件限制时,照明灯具可安装在走道侧面墙上,并应符合下列规定:
　　2.1 安装高度不应在距地面1～2m。
　　2.2 在距地面1m以下侧面墙上安装时,应保证光线照射在灯具的水平线以下。
3. 照明灯具不应安装在地面上。
4. 所有金属构件均应做防腐处理。

编号	名称	产品特点	备注
1	壁挂照明灯具	工作电压DC36V、功率5W、光通量≥350lm、LED光源、IP30、非持续型	集中电源集中控制型
2	嵌入照明灯具	工作电压DC36V、功率5W、光通量≥250lm、LED光源、IP30、非持续型	集中电源集中控制型
3	吸顶照明灯具	工作电压DC36V、功率5W、光通量≥350lm、LED光源、IP30、非持续型	集中电源集中控制型

消防应急照明和疏散指示系统灯具安装示意图(二)	图号	YJZM6-18
深圳市泰和安科技有限公司	页	102

104

系 统 概 述

1 系统概要

沈阳宏宇光电子科技有限公司（下简称沈阳宏宇）研发生产的集中电源集中控制型消防应急照明和疏散指示系统于 2006 年获得了国家消防认可，是国内第一家集中电源集中控制型疏散照明系统国家消防认可企业，在 2006 年公司将"系统与消防报警系统联动、自动生成'安全疏散预案'、灯具采用安全电压供电、分散设置集中供电电源"技术引入消防疏散照明行业。

本公司生产的消防应急照明和疏散指示系统包括集中电源集中控制型、自带电源集中控制型、集中电源非集中控制型及自带电源非集中控制型四种类型。由于篇幅限制本系统概述部分仅就集中电源集中控制型进行阐述。

2 系统组成

集中电源集中控制型消防应急照明和疏散指示系统由应急照明控制器、应急照明集中电源及消防应急灯具组成，系统设备及灯具均应选择符合现行国家标准《消防应急照明和疏散指示系统》GB 17945 规定，具有国家 CCC 认证证书的产品。

3 系统设置

（1）本系统应急灯具内部不设蓄电池，由集中电源供电，应急标志灯具为持续型，工作电压：DC24V 或 DC36V（DC36V 带载距离更远）；应急照明灯具为非持续型，小功率应急照明灯具采用 A 型灯具，工作电压：DC24V 或 DC36V；大功率应急照明灯具采用 B 型灯具，工作电压：AC220V。

（2）本系统应急灯具供电采用多台分散设置的集中电源，集中电源设置在配电间或竖井内，输出功率不大于 1kW，集中电源设置在有通风换气设施的隔离场所，输出功率不大于 5kW；单台集中电源输出回路不大于 8 路。

（3）一台应急照明控制器直接控制灯具的总数量≤3200 点。控制器之间支持联网，最多可以到 128 台主机联网。每台控制器标配输出 4 路；输出回路可根据实际需求，通过通信扩展模块进行扩展。应急照明控制器与应急电源之间的通信线单条最多可带 80 个应急照明集中电源。

（4）控制器和集中电源均自带蓄电池组，控制器蓄电池组初装应急时间不小于 180min；集中电源蓄电池组初装应急时间根据设计要求确定。

4 系统接线

（1）集中电源的每个出线回路均设置了短路保护；A 型集中电源的输出：电源线与通信线共管穿线，管路敷设 SC20；B 型集中电源的输出：电源线和信号线分管穿线，管路敷设 2×SC20。

（2）由应急照明控制器引至应急照明集中电源的通信线采用放射式布线，采用 NH-RVSP-2×1.5mm²-SC20。通信线最远可传输 1200m。距离大于 1200m 时可采用光纤。

（3）A 型消防应急灯具配电回路的线路可以是 4 线、3 线或 2 线。

四线制：电源线采用 NH-BVR-2×2.5mm²、通信线采用 NH-RVS-2×1.5mm²、电源线与信号线共管敷设，管路敷设 SC20。

三线制：电源、信号线采用 NH-BVR-3×2.5mm²-SC20；

二线制：电源、信号线采用 NH-RVS-2×2.5mm²-SC20。

线制选型原则：四线制为供电线和通信线分开敷设，二线制为供电和通信功能复合在二线上。重大项目建议采用四线制，确保通信稳定性。

（4）B 型消防应急灯具，配电回路的线路：电源线 NH-BVR-3×2.5mm²，信号线 NH-RVS-2×1.5mm²。

5 系统供电

（1）应急照明控制器由控制室的消防电源供电，供电电源：AC220V 50Hz。

（2）应急照明集中电源由所在防火分区的消防电源配电箱供电，供电电源：AC220V 50Hz；

A 型应急照明集中电源输出电压：DC24V 或 DV36V；

B 型应急照明集中电源输出电压：AC220V。

6 功能要求

（1）火灾时，应急照明控制器接收到火灾报警控制器的火灾报警输出信号后，自动执行以下控制操作：

1）控制系统所有非持续型应急照明灯的光源应急点亮；

2）持续性灯具的光源由节电点亮模式转入应急点亮模式；

3）熄灭着火防火分区用于借用疏散的出口标志灯。

（2）系统主电源断电后，断电区域的应急照明灯可快速启动点亮工作。

（3）系统具有手动操作应急照明控制器功能，可控制系统内所有持续型标志应急灯具由节能点亮状态进入应急点亮状态，非持续型应急照明灯由熄灭状态进入应急点亮状态。

（4）非火灾状态下，系统主电源断电后，自动执行以下控制操作：

1）控制系统所有非持续型应急照明灯的光源应急点亮；

2）持续性灯具的光源由节电点亮模式转入应急点亮模式；

3）灯具持续应急点亮时间应符合设计文件的规定，且不应超过 0.5h。

（5）系统主电源恢复后，灯具的光源恢复原工作状态；灯具持续点亮时间达到设计文件规定的时间，且系统主电源仍未恢复供电时，系统配接灯具的光源熄灭。

7 设备安装要求

（1）应急照明控制器设置于消防控制室，宜靠近火灾自动报警系统主机落地安装；集中电源设置于消控室、配电间（或电井）内靠墙落地安装，底部应高出地面 150mm 以上，做基础或金属托架，箱体与墙壁用膨胀螺栓固定。

（2）指示疏散方向的消防应急标志灯具设置在疏散走道的侧面墙上时，灯具底边距地 1m 以下；设置在疏散走道的顶部时，灯具底边距地面高度宜为 2.2～2.5m。

（3）指示楼层的消防应急标志灯具设置在楼梯间内朝向楼梯的正面墙上，标志灯底边距地面的高度宜为 2.2～2.5m。

（4）安全出口标志灯设置在安全出口或疏散门内侧上方居中的位置，底边离门框距离不大于 200mm，标志面朝向建筑物内的疏散通道。

（5）应急照明灯具设置在疏散走道顶部时采用嵌入吸顶或吊顶安装，设置在楼梯间内时采用壁挂安装或吸顶安装。

（6）非地面式消防应急灯具接线处预留标准 86 接线盒，地面式消防应急灯具需安装由厂家提供的配套预埋盒，灯具接线需挂锡焊接并以绝缘胶布缠实，地面式灯具还需对接头采用密封胶密封，以达到较好的防潮防水效果。

8 系统联动

本系统主机与火灾报警系统 FAS 系统主机可通过 RS232 接口或 RS485 接口或数字 I/O 接口进行联动，由 FAS 系统主机向本系统主机提供确认火警信息以联动本系统进入火灾应急工作模式，联动方式在设计联络时确定。

系统概述		图号	YJZM7-1
沈阳宏宇光电子科技有限公司		页	103

1号   2号   配楼

消防电源AC220V输入   DC24V/36V WE1   4
市电监测线   HY-D   DC24V/36V WE8   4   E ···· ←
应急照明集中电源
nDY-1(n<80)
1kVA   nF

消防电源AC220V输入   HY-D   市电监测线
应急照明集中电源
JD-12DY
0.2kVA   12F

消防电源AC220V输入   DC24V/36V WE1   4
市电监测线   HY-D   DC24V/36V WE8   E ····
应急照明集中电源
3DY-1
1kVA

消防电源AC220V输入   DC24V/36V WE1   4
市电监测线   HY-D   DC24V/36V WE8   4   E ····
应急照明集中电源
3DY-2
1kVA   3F

消防电源AC220V输入   HY-D   市电监测线
应急照明集中电源
JD-6~11DY
0.2kVA   11F

消防电源AC220V输入   DC24V/36V WE1   4
市电监测线   HY-D   DC24V/36V WE8
应急照明集中电源
2DY-1
1kVA

消防电源AC220V输入   DC24V/36V WE1   4
市电监测线   HY-D   DC24V/36V WE8
应急照明集中电源
2DY-2   2F

NH-RVSP-2×1.5mm²-SC20

消防电源AC220V输入   AC220V WE1   5
  HY-D   AC220V WE8   5
应急照明集中电源
1DY-2B
2.5kVA

消防电源AC220V输入   HY-D   市电监测线
应急照明集中电源
JD-2DY
0.5kVA   2F

消防控制室
AC220V,消防电源
FAS系统主机   报警位置信息输入   应急照明控制器   HY-C

NH-RVSP-2×1.5mm²-SC20
W1
W2
W3
W4

消防电源AC220V输入   DC24V/36V WE1   4
市电监测线   HY-D   DC24V/36V WE8
应急照明集中电源
1DY-1
1kVA

消防电源AC220V输入   DC24V/36V WE1   4
市电监测线   HY-D   DC24V/36V WE8   4
应急照明集中电源
1DY-2
1kVA   1F

消防电源AC220V输入   HY-D   市电监测线
应急照明集中电源
JD-1DY
0.5kVA   1F

NH-RVSP-2×1.5mm²
屏蔽双绞线

注:应急照明控制器输出回路可扩展。

消防电源AC220V输入   HY-D   市电监测线
应急照明集中电源
B1DY-1
0.5kVA

消防电源AC220V输入   HY-D   市电监测线
应急照明集中电源
B1DY-2
0.5kVA

消防电源AC220V输入   HY-D   市电监测线
应急照明集中电源
B1DY-3
0.5kVA

消防电源AC220V输入   HY-D   市电监测线
应急照明集中电源
B1DY-N
0.5kVA   B1F

集中电源集中控制型消防应急照明及疏散指示系统组网图	图号	YJZM7-2
沈阳宏宇光电子科技有限公司	页	104

序号	图例	产品名称	型号	规格尺寸 （单位：mm）（长×宽×厚）	功能描述	安装方式	备注
1	E	集中电源集中控制型消防应急标志灯具（A型）	HY-BLJC-10EⅡ0.2W	365×150×8	巡检、灭灯、常亮功能	门上方0.2m处壁挂式安装	疏散出口
2	E ᴰ	集中电源集中控制型消防应急标志灯具（A型）	HY-BLJC-10EⅡ0.2W	365×150×8	巡检、灭灯、常亮功能	距地2.2～2.5m吊挂式安装	疏散出口
3	E	集中电源集中控制型消防应急标志灯具（A型）	HY-BLJC-10EⅠ0.25WB	365×150×8	巡检、灭灯、常亮功能	门上方0.2m处壁挂式安装	区间安全出口
4	E-A	集中电源集中控制型消防应急标志灯具（A型）	HY-BLJC-1LROEⅡ1W	380×160×16	巡检、灭灯、常亮功能	门上方0.2m处壁挂式安装	安全出口
5	E-A ᴰ	集中电源集中控制型消防应急标志灯具（A型）	HY-BLJC-1LROEⅡ1W	380×160×16	巡检、灭灯、常亮功能	距地2.2～2.5m吊挂式安装	安全出口
6	F→ ᴰ	集中电源集中控制型消防应急标志灯具（A型）	HY-BLJC-2LEⅡ1WJLC	360×135×25	巡检、灭灯、常亮功能	距地2.2～2.5m吊挂式安装	多信息复合标志灯
7	E-N	集中电源集中控制型消防应急标志灯具（A型）	HY-BLJC-10EⅡ1WJJR	360×135×20	巡检、灭灯、常亮功能	门上方0.2m处壁挂式安装	单面山口加禁止入内
8	F	集中电源集中控制型消防应急标志灯具（A型）	HY-BLJC-10EⅡ0.2WF	365×150×8	巡检、灭灯、常亮功能	楼梯间内朝向楼梯的正面墙上2.2m处壁挂式安装	楼层显示
9	←	集中电源集中控制型消防应急标志灯具（A型）	HY-BLJC-1LEⅡ0.2W	365×150×8	巡检、灭灯、常亮功能	疏散通道墙壁1m以下壁挂式安装	单面左向
10	→	集中电源集中控制型消防应急标志灯具（A型）	HY-BLJC-1REⅡ0.2W	365×150×8	巡检、灭灯、常亮功能	疏散通道墙壁1m以下壁挂式安装	单面右向
11	←→	集中电源集中控制型消防应急标志灯具（A型）	HY-BLJC-1LREⅡ0.25W	365×150×8	巡检、方向可调、灭灯、常亮功能	疏散通道墙壁1m以下壁挂式安装	单面双向
12	⥂	集中电源集中控制型消防应急标志灯具（A型）	HY-BLJC-1LROEⅠ0.25WJM	350×150×16	巡检、方向可调、灭灯、常亮功能	疏散通道墙壁1m以下壁挂式安装	带米标方向指示
13	←→ ᴰ	集中电源集中控制型消防应急标志灯具（A型）	HY-BLJC-2LREⅡ2W	380×160×20	巡检、方向可调、灭灯、常亮功能	棚下距地2.2～2.5m吊挂式安装	双面双向
14	→ ᴰ	集中电源集中控制型消防应急标志灯具（A型）	HY-BLJC-2LROEⅡ2W	380×160×20	巡检、灭灯、常亮功能	棚下距地2.2～2.5m吊挂式安装	双面单向
15	→	集中电源集中控制型消防应急标志灯具（A型）	HY-BLJC-1LEⅠ0.15W-DB15	φ150×34	巡检、灭灯、常亮功能	疏散通道地面嵌入式安装	地面单向
16	⇄	集中电源集中控制型消防应急标志灯具（A型）	HY-BLJC-1LREⅠ0.15W-DB15	φ165×34	巡检、方向可调、灭灯、常亮功能	疏散通道地面嵌入式安装	地面双向
17	⊗	集中电源集中控制型消防应急照明灯具（A型）	HY-ZFJC-E3WQ	φ75 H84	巡检、照明、开灯、灭灯	疏散通道嵌顶式安装	嵌顶应急照明
18	⊗	集中电源集中控制型消防应急照明灯具（A型）	HY-ZFJC-E5WQ	φ75 H84	巡检、照明、开灯、灭灯	疏散通道嵌顶式安装	嵌顶应急照明
19	⊗	集中电源集中控制型消防应急照明灯具（A型）	HY-ZFJC-E3WQ-2	φ100 H80	巡检、照明、开灯、灭灯	疏散通道吸顶式安装	吸顶应急照明
20	⊗	集中电源集中控制型消防应急照明灯具（A型）	HY-ZFJC-E5WQ-2	φ100 H80	巡检、照明、开灯、灭灯	疏散通道吸顶式安装	吸顶应急照明
21	⊗ ᴰ	集中电源集中控制型消防应急照明灯具（A型）	HY-ZFJC-E3WQ-2	φ100 H80	巡检、照明、开灯、灭灯	疏散通道吊挂式安装	吊挂应急照明
22	⊗ ᴰ	集中电源集中控制型消防应急照明灯具（A型）	HY-ZFJC-E5WQ-2	φ100 H80	巡检、照明、开灯、灭灯	疏散通道吊挂式安装	吊挂应急照明
23	⊠	集中电源集中控制型消防应急照明灯具（A型）	HY-ZFJQ-3WQ-3	φ100 H80	巡检、照明、开灯、灭灯	楼梯间及前室壁挂式安装	壁挂应急照明
24	⊠	集中电源集中控制型消防应急照明灯具（A型）	HY-ZFJC-E5WQ-3	φ100 H80	巡检、照明、开灯、灭灯	楼梯间及前室壁挂式安装	壁挂应急照明
25	⊗	集中电源集中控制型消防应急照明灯具（A型）	HY-ZFJC-E10WQ	φ145 H60	巡检、照明、开灯、灭灯	疏散通道嵌顶式安装	嵌顶应急照明
26	⊗	集中电源集中控制型消防应急照明灯具（A型）	HY-ZFJC-E12WQ	φ170 H60	巡检、照明、开灯、灭灯	疏散通道嵌顶式安装	嵌顶应急照明
27	⊗	集中电源集中控制型消防应急照明灯具（A型）	HY-ZFJC-E10WFS	113×85×76	巡检、照明、开灯、灭灯	疏散通道壁挂式安装	壁挂应急照明

消防应急照明及疏散指示系统灯具设备一览表（一）	图号	YJZM7-3
沈阳宏宇光电子科技有限公司	页	105

序号	图例	产品名称	型号	规格尺寸 (单位：mm)(长×宽×厚)	功能描述	安装方式	备注
28	⊗	集中电源集中控制型消防应急照明灯具（A型）	HY-ZLJC-E18W×30	φ300 H45	巡检、照明、开灯、灭灯	疏散通道吸顶式安装	吸顶应急照明
29	⊙	集中电源集中控制型消防应急照明灯具（B型）	HY-ZFJC-E15WT	φ152 H148	巡检、照明、开灯、灭灯	疏散通道嵌顶式安装	嵌顶应急照明
30	D1	集中电源集中控制型消防应急照明灯具（B型）	HY-ZFJC-E80WQ	φ275 H160	巡检、照明、开灯、灭灯	疏散通道吊挂式安装	吊挂应急照明
31	D2	集中电源集中控制型消防应急照明灯具（B型）	HY-ZFJC-E100WQ	φ275 H160	巡检、照明、开灯、灭灯	疏散通道吊挂式安装	吊挂应急照明
32	D3	集中电源集中控制型消防应急照明灯具（B型）	HY-ZFJC-E200WQ	φ345 H160	巡检、照明、开灯、灭灯	疏散通道吊挂式安装	吊挂应急照明
33	D4	集中电源集中控制型消防应急照明灯具（B型）	HY-ZFJC-E400WQ	φ360 H270	巡检、照明、开灯、灭灯	疏散通道吊挂式安装	吊挂应急照明
34	⊢──┤	集中电源集中控制型消防应急照明灯具（B型）	HY-ZFJC-E18WR	1200	巡检、照明、开灯、灭灯	吸顶、吊挂、壁挂式安装	单管LED灯应急照明灯具
35	═══	集中电源集中控制型消防应急照明灯具（B型）	HY-ZFJC-E36WR	2×1200	巡检、照明、开灯、灭灯	吸顶、吊挂、壁挂式安装	双管LED灯应急照明灯具
36	▦	集中电源集中控制型消防应急照明灯具（B型）	HY-ZFJC-E36WG	600×600×80	巡检、照明、开灯、灭灯	吸顶安装	格栅LED灯应急照明灯具
37	▦	应急照明控制器	HY-C-5000	550×600×1800	设备监控、显示、消防联动功能	安装于消防控制室，靠近FAS主机落地安装，应做底座基础固定	落地式安装
38	▭	应急照明控制器	HY-C-5000B	485×300×675	设备监控、显示、消防联动功能	安装于消防控制室，靠近FAS主机落地安装，应做底座基础固定	壁挂式安装
39		应急照明控制器	HY-C-5000B1	400×115×550	设备监控、显示、消防联动功能	安装于消防控制室，靠近FAS主机落地安装，应做底座基础固定	壁挂式安装
40	HY-D A型	应急照明集中电源（A型）	HY-D-0.1kVA HY-D-0.2kVA HY-D-0.5kVA HY-D-1kVA HY-D-0.5kVA-1 HY-D-1kVA-1	400×200×900 400×200×900 400×200×900 400×200×1050 500×600×200 500×600×200 500×600×200 500×600×200	具有巡检、故障上传、报警等功能 自带集中蓄电池 输出回路个数：8路 输出电压DC36V或DC24V	电气竖井或强电间内落地安装，箱体底部宜做基础（方钢支架），基础高度大于150mm，（或壁挂安装）箱体背板与墙体通过膨胀螺栓连接固定	
41	HY-D B型	应急照明集中电源（B型）	HY-D-1kVA（B） HY-D-2.5kVA HY-D-5kVA HY-D-10kVA	800×400×1400 550×600×1800 550×800×1800 1110×800×1800	具有巡检、故障上传、报警等功能 自带集中蓄电池 输出回路个数：8路 输出电压AC220V	电气竖井或强电间内落地安装，箱体底部宜做基础（方钢支架），基础高度大于150mm，（或壁挂安装）箱体背板与墙体通过膨胀螺栓连接固定	
42	──	通信线	NH-RVSP-2×1.5mm²		应急照明控制器与应急照明集中电源通讯线	通信线采用SC20镀锌钢管敷设	

消防应急照明及疏散指示系统灯具设备一览表（二）	图号	YJZM7-4
沈阳宏宇光电子科技有限公司	页	106

序号	图例	名称	型号	规格尺寸 （单位：mm）（长×宽×厚）	功能描述	安装方式	备注
1		自带电源集中控制型消防应急标志灯具（A型）	HY-BLZC-1LROEⅡ 1W	380×160×16	巡检、灭灯、常亮功能	门上方0.2m处壁挂式安装	安全出口
		自带电源集中控制型消防应急标志灯具（A型）	HY-BLZC-1LROEⅡ 1W/Q	380×160×16	巡检、灭灯、常亮功能	门上方0.2m处嵌墙式安装	安全出口
2		自带电源集中控制型消防应急标志灯具（A型）	HY-BLZC-1LROEⅡ 1W	380×160×16	巡检、灭灯、常亮功能	楼梯间内朝向楼梯的正面墙上，2.2m处壁挂式安装	楼层显示
3		自带电源集中控制型消防应急标志灯具（A型）	HY-BLZC-1LROEⅡ 1W	380×160×16	巡检、灭灯、常亮功能	疏散通道墙壁1m以下壁挂式安装	单面左向
		自带电源集中控制型消防应急标志灯具（A型）	HY-BLZC-1LROEⅡ 1W/Q	380×160×16	巡检、灭灯、常亮功能	疏散通道墙壁1m以下嵌墙式安装	单面左向
4		自带电源集中控制型消防应急标志灯具（A型）	HY-BLZC-1LROEⅡ 1W	380×160×16	巡检、灭灯、常亮功能	疏散通道墙壁1m以下壁挂式安装	单面右向
		自带电源集中控制型消防应急标志灯具（A型）	HY-BLZC-1LROEⅡ 1W/Q	380×160×16	巡检、灭灯、常亮功能	疏散通道墙壁1m以下嵌墙式安装	单面右向
5		自带电源集中控制型消防应急标志灯具（A型）	HY-BLZC-1LREⅡ 1W	380×160×16	巡检、方向可调、灭灯、常亮功能	疏散通道墙壁1m以下壁挂式安装	单面双向
		自带电源集中控制型消防应急标志灯具（A型）	HY-BLZC-1LREⅡ 1W/Q	380×160×16	巡检、方向可调、灭灯、常亮功能	疏散通道墙壁1m以下嵌墙式安装	单面双向
6		自带电源集中控制型消防应急标志灯具（A型）	HY-BLZC-2LREⅡ 3W	380×160×20	巡检、方向可调、灭灯、常亮功能	疏散通道棚下距地2.2~2.5m吊挂式安装	双面双向
7		自带电源集中控制型消防应急标志灯具（A型）	HY-BLZC-2LROEⅡ 2W	380×160×20	巡检、灭灯、常亮功能	疏散通道棚下距地2.2~2.5m吊挂式安装	双面单向
8		自带电源集中控制型消防应急照明灯具（A型）	HY-ZFZC-E3WQ	φ94 H40	巡检、照明、开灯、灭灯	疏散通道嵌顶、吸顶安装	嵌顶应急照明
9		自带电源集中控制型消防应急照明灯具（A型）	HY-ZFZC-E4W1	φ300 H42	巡检、照明、开灯、灭灯、感应控制	疏散通道及楼梯间嵌顶、吸顶安装	应急照明（感应控制兼做正常照明）12W/4W（兼做）
10		自带电源集中控制型消防应急照明灯具（A型）	HY-ZFZC-E4W2	φ220 H39	巡检、照明、开灯、灭灯、感应控制	疏散通道及楼梯间嵌顶、吸顶安装	应急照明（感应控制兼做正常照明）8W/4W（兼做）
11		应急照明控制器	HY-C-5000	550×600×1800	设备监控、显示、消防联动功能	安装于消防控制室，靠近FAS主机落地安装，应做底座基础固定	落地式安装
12		应急照明控制器	HY-C-5000B	485×300×675	设备监控、显示、消防联动功能	安装于消防控制室，靠近FAS主机落地安装，应做底座基础固定	壁挂式安装
13		应急照明控制器	HY-C-5000B1	400×115×550	设备监控、显示、消防联动功能	安装于消防控制室，靠近FAS主机落地安装，应做底座基础固定	壁挂式安装
14		应急照明配电箱（A型）	HY-PD-ACDC	400×200×500	具有巡检、故障上传、报警等功能 输出回路个数：8路 输出电压DC36V或DC24V	电气竖井或强电间内落地安装，箱体底部宜做基础（方钢支架），基础高度大于150mm，（或壁挂安装）箱体背板与墙体通过膨胀螺栓连接固定	
15	——	通信线	NH-RVSP-2×1.5mm²		应急照明控制器与应急照明配电箱通信线	通信线采用SC20镀锌钢管敷设	

消防应急照明及疏散指示系统灯具设备一览表（三）	图号	YJZM7-5
沈阳宏宇光电子科技有限公司	页	107

109

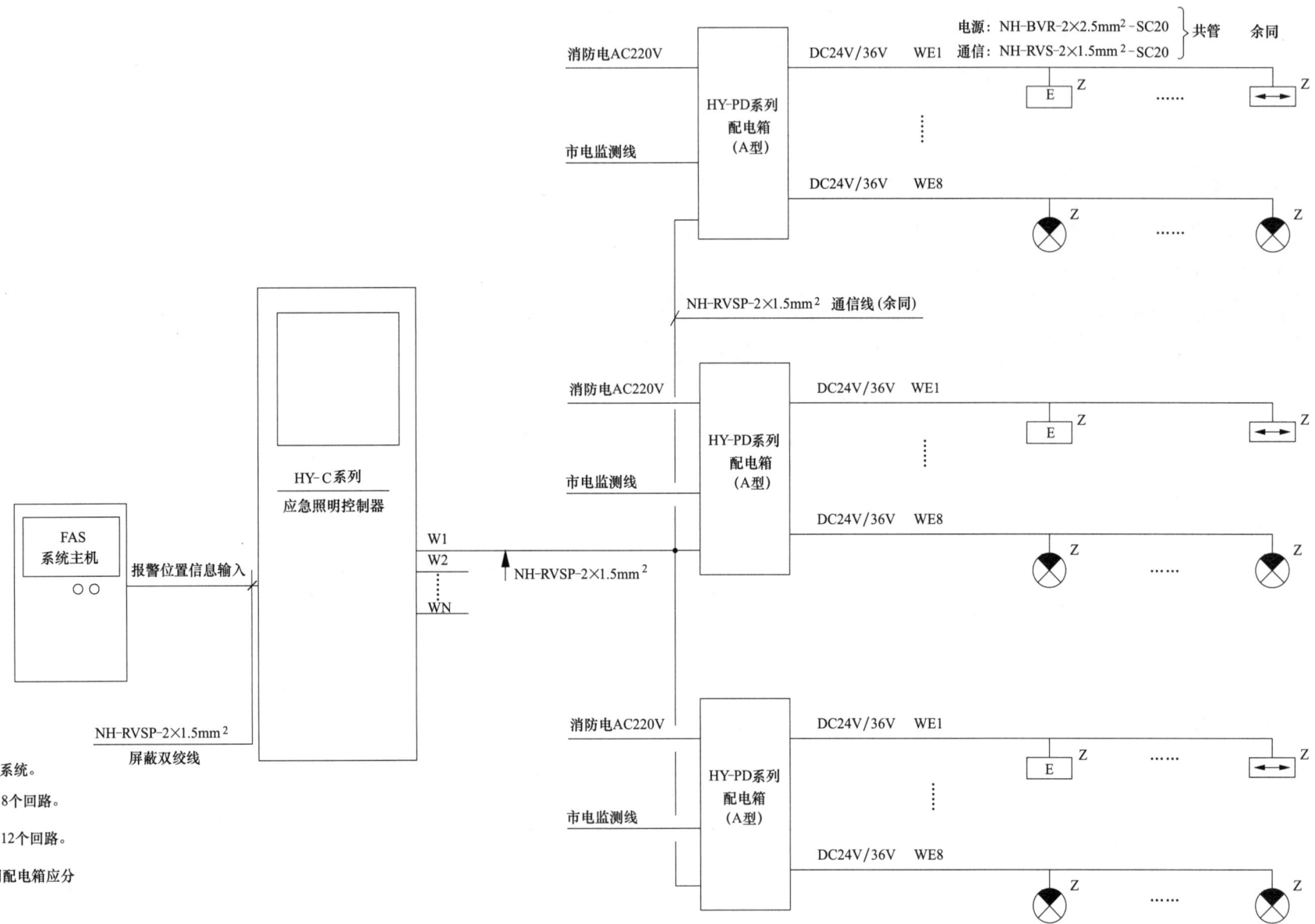

电源：NH-BVR-2×2.5mm² -SC20 共管 余同
通信：NH-RVS-2×1.5mm² -SC20

消防电AC220V

DC24V/36V WE1

HY-PD系列
配电箱
（A型）

市电监测线

DC24V/36V WE8

NH-RVSP-2×1.5mm² 通信线（余同）

消防电AC220V

DC24V/36V WE1

HY-PD系列
配电箱
（A型）

市电监测线

DC24V/36V WE8

HY-C系列
应急照明控制器

W1
W2

WN

NH-RVSP-2×1.5mm²

消防电AC220V

DC24V/36V WE1

HY-PD系列
配电箱
（A型）

市电监测线

DC24V/36V WE8

FAS
系统主机

报警位置信息输入

NH-RVSP-2×1.5mm²
屏蔽双绞线

注：

1.本图适用于灯具自带电源集中控制型系统。

2.A型应急照明配电箱输出回路不超过8个回路。

3.B型应急照明配电箱输出回路不超过12个回路。

4.A型应急照明配电箱与B型应急照明配电箱应分
别独立设置。

5.A型消防应急灯具配电回路的线路可以是
4线、3线或2线。

6.主机输出回路标配四路,可根据实际需求进行
扩展,单条回路最多可带载80台应急照明配电箱。

自带电源集中控制型系统

自带电源集中控制型消防应急照明和疏散指示系统组网图	图号	YJZM7-6
沈阳宏宇光电子科技有限公司	页	108

市电AC220V

市电监测线

FAS(火灾报警系统) → I/O 信号模块 → HY-D系列 集中电源 (A型)

DC24V/36V WE1 电源:NH-BVR-2×2.5mm²-SC20 供电线 余同

E ......

DC24V/36V WE8

市电AC220V

市电监测线

FAS(火灾报警系统) → I/O 信号模块 → HY-D系列 集中电源 (A型)

DC24V/36V WE1

E ......

DC24V/36V WE8

主电AC220V

市电监测线

FAS(火灾报警系统) → I/O 信号模块 → HY-D系列 集中电源 (B型)

AC220V WE1 电源:NH-BVR-3×2.5mm²-SC20 余同

B型照明灯 ...... B型照明灯

AC220V WE8 电源:NH-BVR-3×2.5mm²-SC20 余同

B型照明灯 ...... B型照明灯

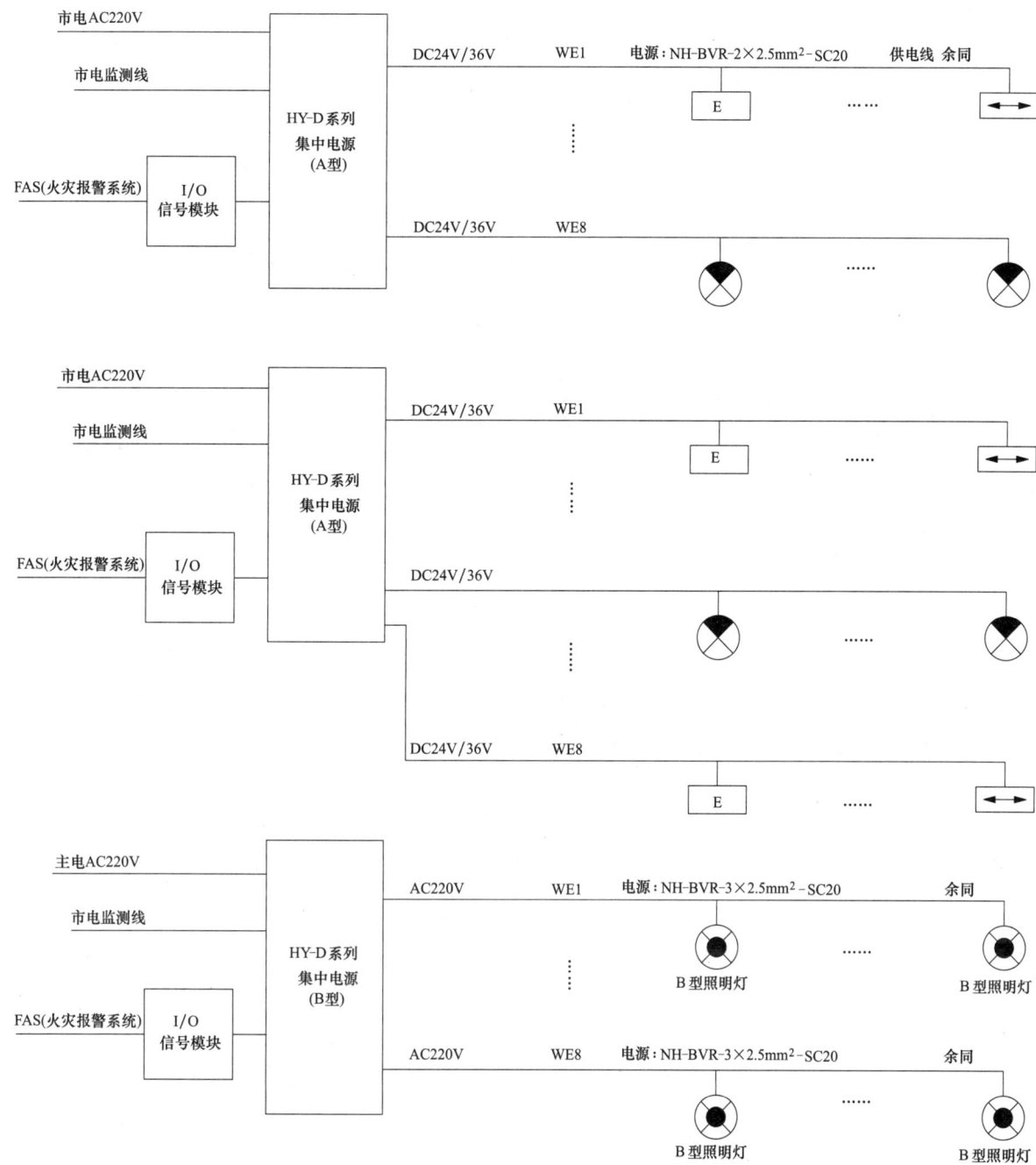

集中电源非集中控制型消防应急照明和疏散指示系统组网图(含B型灯具)

注:
1.本图适用于集中电源非集中控制型系统。
2.高度≤8m的应急照明灯和疏散标志灯采用A型灯具,高度>8m的应急照明灯采用B灯具。
3.设置区域火灾报警系统的场所,集中电源接收到区域火灾报警控制器的火灾报警输出信号后,自动转入蓄电池电源输出,并控制其配接的所有非持续型照明灯的光源应急点亮,持续型灯具的光源进入应急亮模式。
4.在非火灾状态下,任一防火分区、楼层的正常照明断电后,将联动点亮非持续型应急照明灯的光源,持续型灯具的光源进入应急点亮模式。

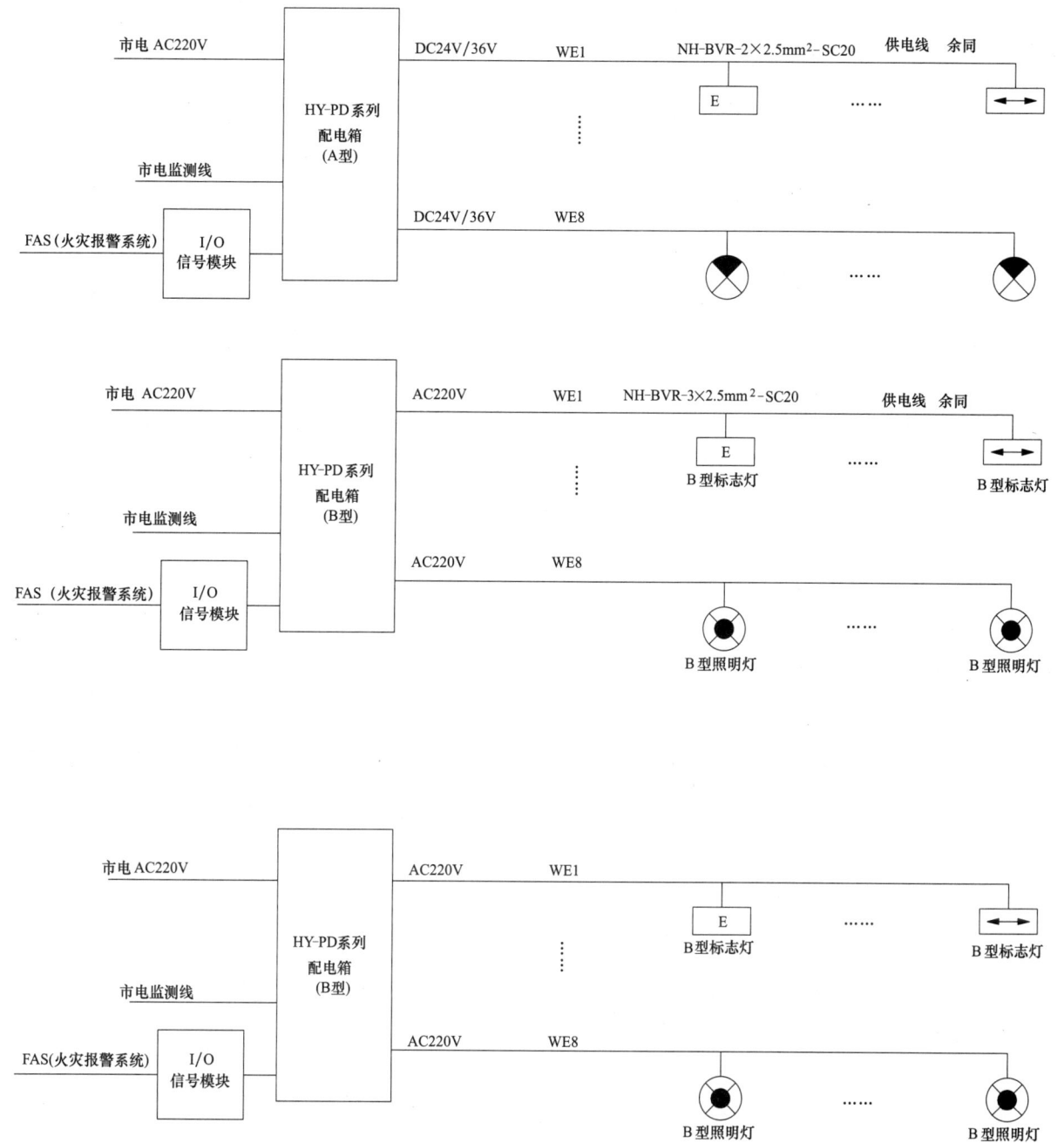

市电 AC220V

市电监测线

FAS(火灾报警系统) → I/O 信号模块 → HY-PD系列 配电箱 (A型)

DC24V/36V WE1 NH-BVR-2×2.5mm²-SC20 供电线 余同

E ......

DC24V/36V WE8

市电 AC220V

市电监测线

FAS (火灾报警系统) → I/O 信号模块 → HY-PD系列 配电箱 (B型)

AC220V WE1 NH-BVR-3×2.5mm²-SC20 供电线 余同

E ...... B型标志灯
B型标志灯

AC220V WE8

B型照明灯 ...... B型照明灯

市电 AC220V

市电监测线

FAS(火灾报警系统) → I/O 信号模块 → HY-PD系列 配电箱 (B型)

AC220V WE1

E ...... B型标志灯
B型标志灯

AC220V WE8

B型照明灯 ...... B型照明灯

自带电源非集中控制型消防应急照明和疏散指示系统组网图

注:
1.本图适用于自带电源非集中控制型系统。
2.高度≤8m的应急照明灯和疏散标志灯采用A型灯具,高度>8m的应急照明灯采用B型灯具。
3.能手动操作配电箱,控制配电箱及其配接的所有非持续型照明灯转入蓄电池电源输出,光源应急点亮。

非集中控制型消防应急照明和疏散指示系统组网图	图号	YJZM7-7
沈阳宏宇光电子科技有限公司	页	109

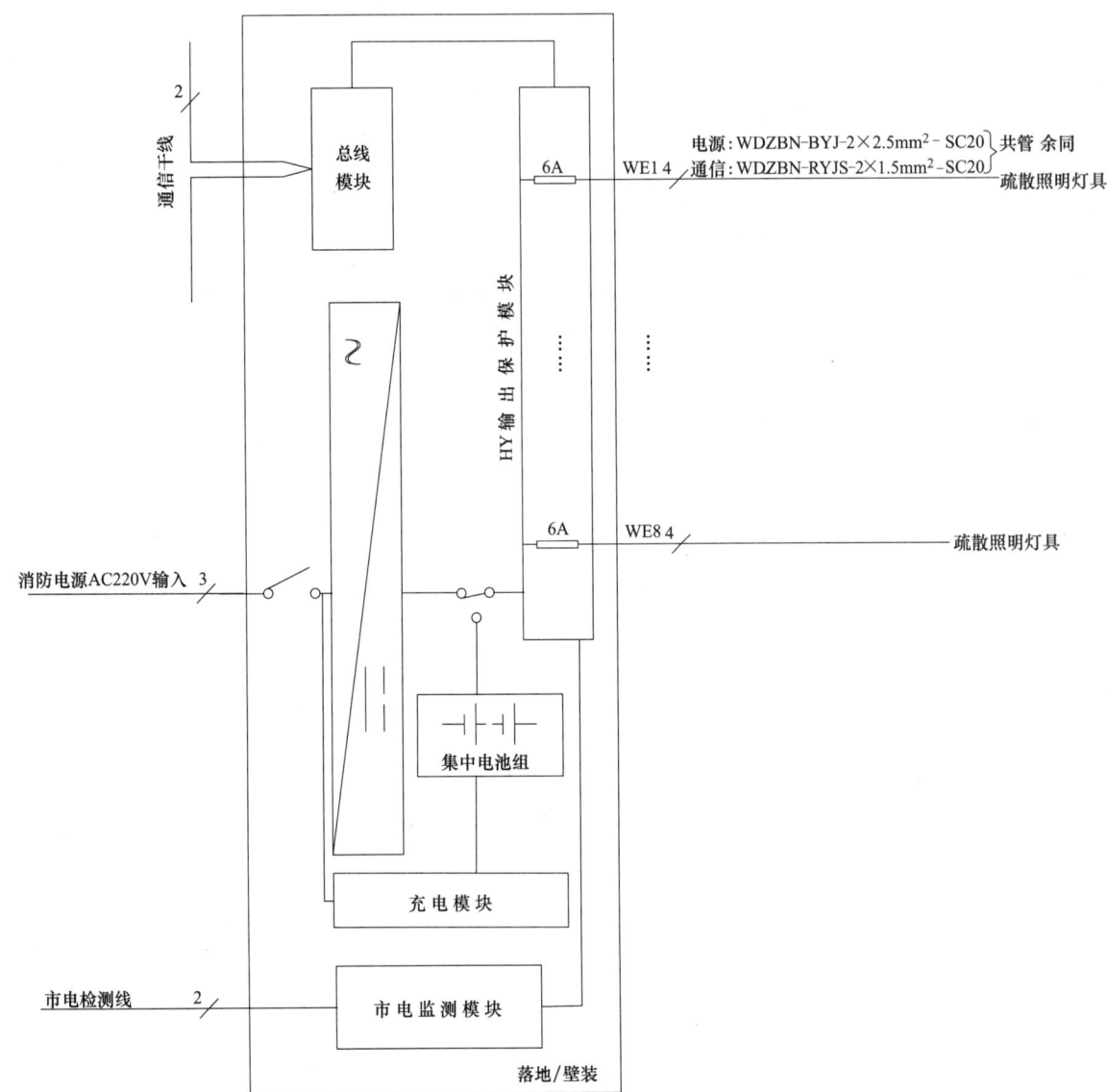

HY-D(A)型

备注: HY-D(A)型

容量	输出回路	电压等级
0.1kVA	8	24V或36V
0.2kVA	8	24V或36V
0.5kVA	8	24V或36V
1kVA	8	24V或36V

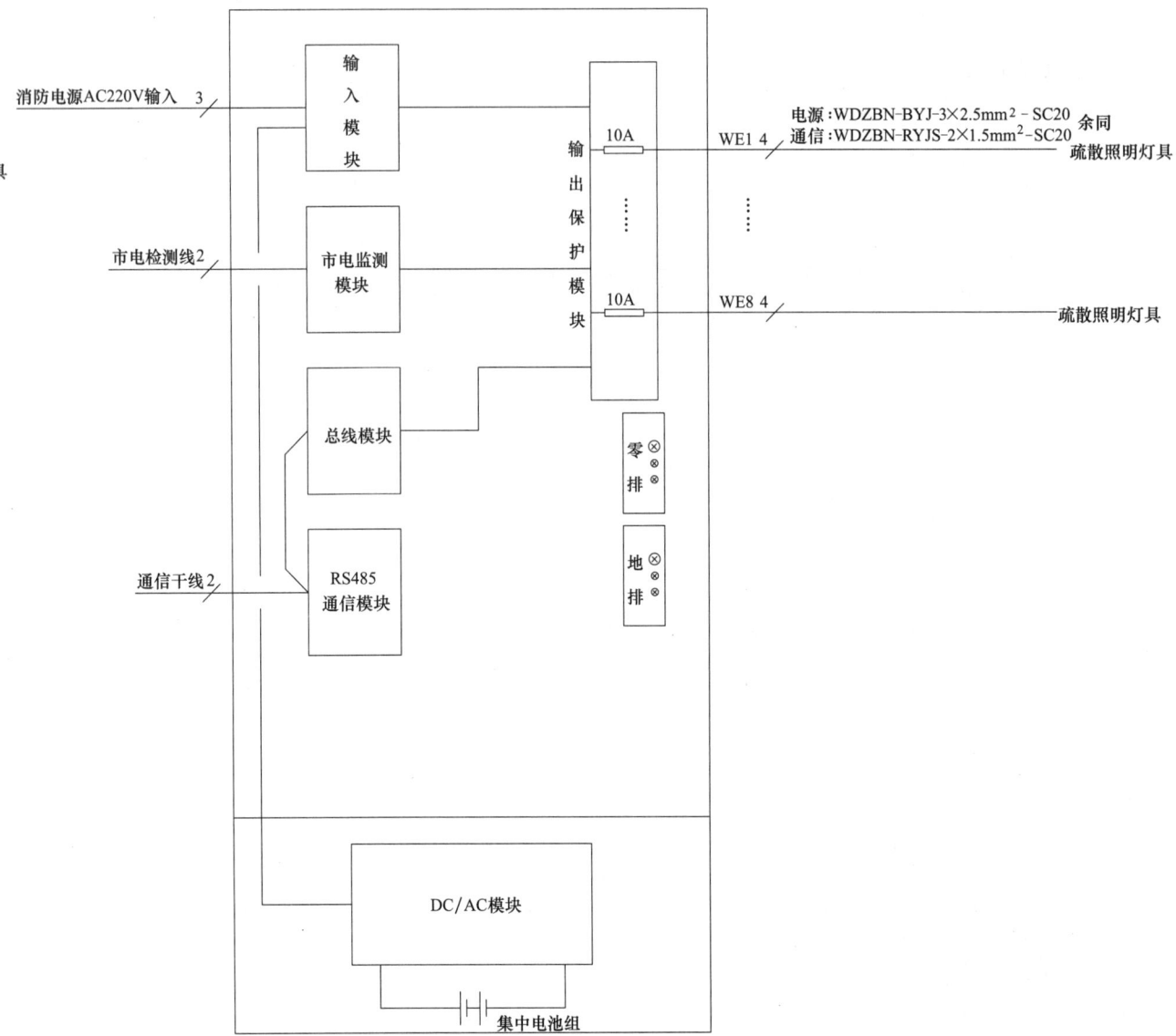

HY-D(B)型

备注: HY-D(B)型

容量	输出回路	电压等级
1kVA	8	AC220V
2.5kVA	8	AC220V
5kVA	8	AC220V
10kVA	8	AC220V

集中电源配电系统图	图号	YJZM7-8
沈阳宏宇光电子科技有限公司	页	110

配电箱系统图

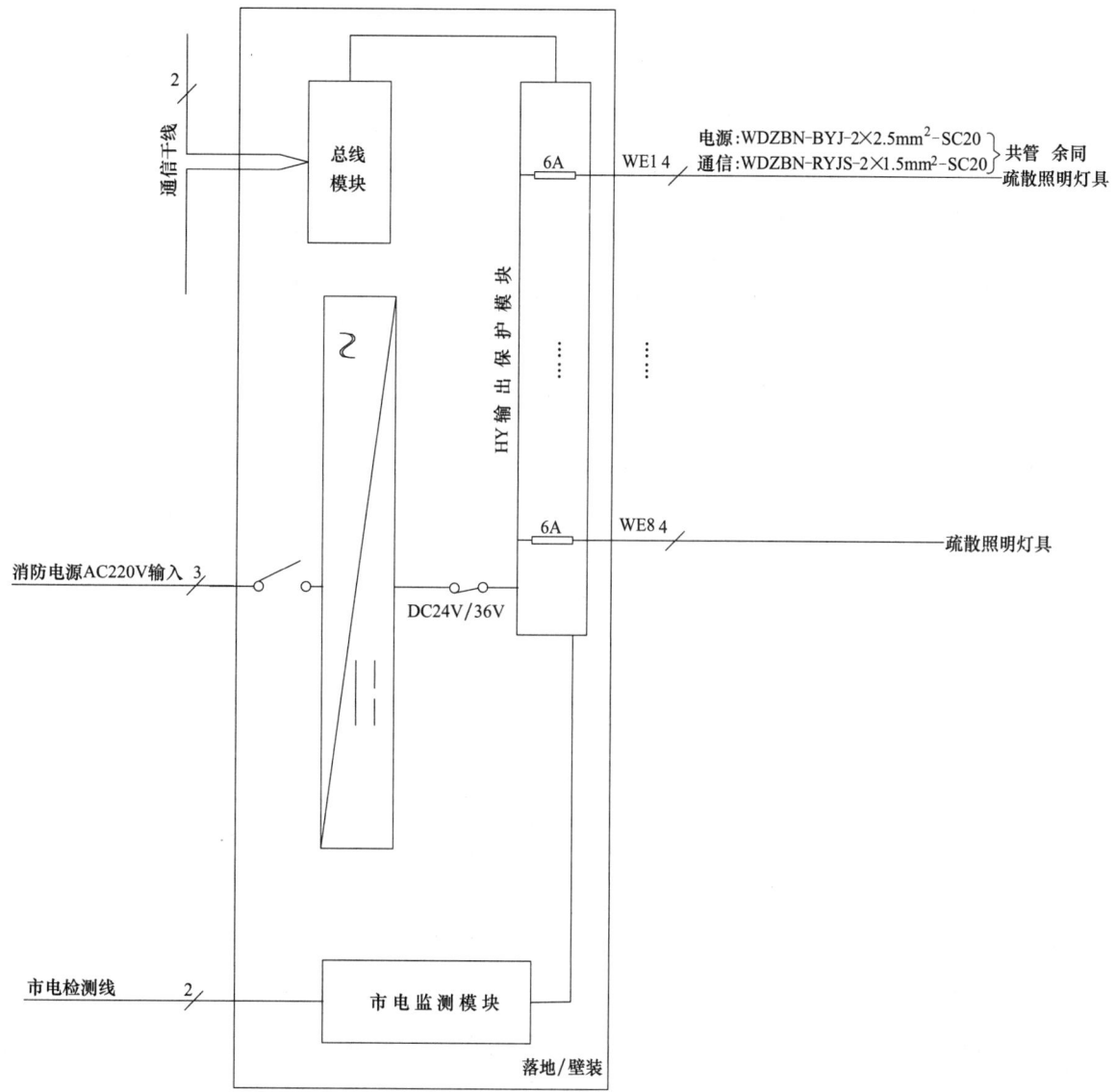

应急照明配电箱HY-PD(A)型

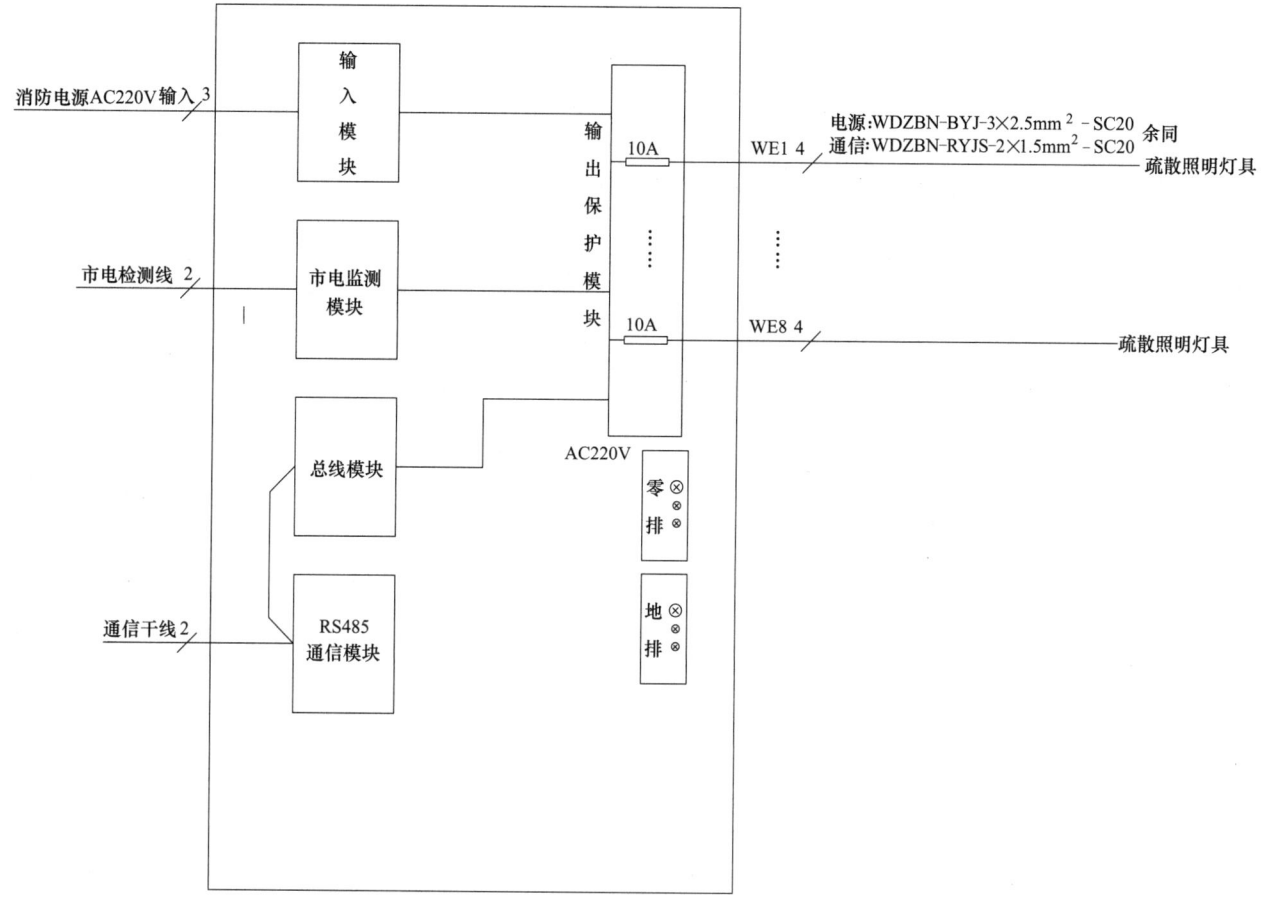

- 通信干线 2
- 总线模块
- HY 输出保护模块
- 6A WE1 4 电源:WDZBN-BYJ-2×2.5mm²-SC20 通信:WDZBN-RYJS-2×1.5mm²-SC20 共管 余同 疏散照明灯具
- 6A WE8 4 疏散照明灯具
- 消防电源AC220V输入 3
- DC24V/36V
- 市电检测线 2
- 市电监测模块
- 落地/壁装

应急照明配电箱HY-PD(B)型

- 消防电源AC220V输入 3
- 输入模块
- 输出保护模块
- 10A WE1 4 电源:WDZBN-BYJ-3×2.5mm²-SC20 通信:WDZBN-RYJS-2×1.5mm²-SC20 余同 疏散照明灯具
- 10A WE8 4 疏散照明灯具
- 市电检测线 2
- 市电监测模块
- 总线模块
- AC220V
- 通信干线 2
- RS485 通信模块
- 零排
- 地排

配电箱系统图	图号	YJZM7-9
沈阳宏宇光电子科技有限公司	页	111

113

	1号竖井	2号竖井	
	消防电源AC220V输入	消防电源AC220V输入	
	市电监测线 HY-D	市电监测线 HY-D	
	应急照明集中电源 6DY-1 1kVA	应急照明集中电源 6DY-2 1kVA	6F
	消防电源AC220V输入	消防电源AC220V输入	
	市电监测线 HY-D	市电监测线 HY-D	
	应急照明集中电源 5DY-1 1kVA	应急照明集中电源 5DY-2 1kVA	5F
	消防电源AC220V输入	消防电源AC220V输入	
	市电监测线 HY-D	市电监测线 HY-D	
	应急照明集中电源 4DY-1 1kVA	应急照明集中电源 4DY-2 1kVA	4F
	消防电源AC220V输入	消防电源AC220V输入	
	市电监测线 HY-D	市电监测线 HY-D	
	应急照明集中电源 3DY-1 1kVA	应急照明集中电源 3DY-2 1kVA	3F
	消防电源AC220V输入	消防电源AC220V输入	
	市电监测线 HY-D	市电监测线 HY-D	
	应急照明集中电源 2DY-1 1kVA	应急照明集中电源 2DY-2 1kVA	2F

运行指挥大楼消防控制室

AC220V，消防电源　　AC220V，消防电源

HY-C
FAS系统主机
应急照明控制器　　报警位置信息输入　　HY-C 应急照明控制器

引至运行指挥大楼1F

可采用屏蔽双绞线或光纤

WDZBN-RYJSP-2×1.5mm²
屏蔽双绞线

综合换乘中心消防控制室

AC220V，消防电源

FAS系统主机
报警位置信息输入　　HY-C-5000 应急照明控制器

引至综合换乘中心1F

WDZBN-RYJSP-2×1.5mm²
屏蔽双绞线

停车楼消防控制室

AC220V，消防电源

FAS系统主机
报警位置信息输入　　HY-C-5000 应急照明控制器

引至停车楼1F

WDZBN-RYJSP-2×1.5mm²
屏蔽双绞线

服务大楼消防控制室

AC220V，消防电源

FAS系统主机
报警位置信息输入　　HY-C-5000 应急照明控制器

SC20
WDZBN-RYJSP-2×1.5mm²

WDZBN-RYJSP-2×1.5mm²
屏蔽双绞线

	消防电源AC220V输入	消防电源AC220V输入	
	市电监测线 HY-D	市电监测线 HY-D	
	应急照明集中电源 1DY-3 1kVA		
	消防电源AC220V输入	消防电源AC220V输入	
	市电监测线 HY-D	市电监测线 HY-D	
	应急照明集中电源 1DY-1 1kVA	应急照明集中电源 1DY-2 1kVA	1F
	消防电源AC220V输入	消防电源AC220V输入	
	市电监测线 HY-D	市电监测线 HY-D	
	应急照明集中电源 2DY-1 1kVA	应急照明集中电源 2DY-2 1kVA	B1F

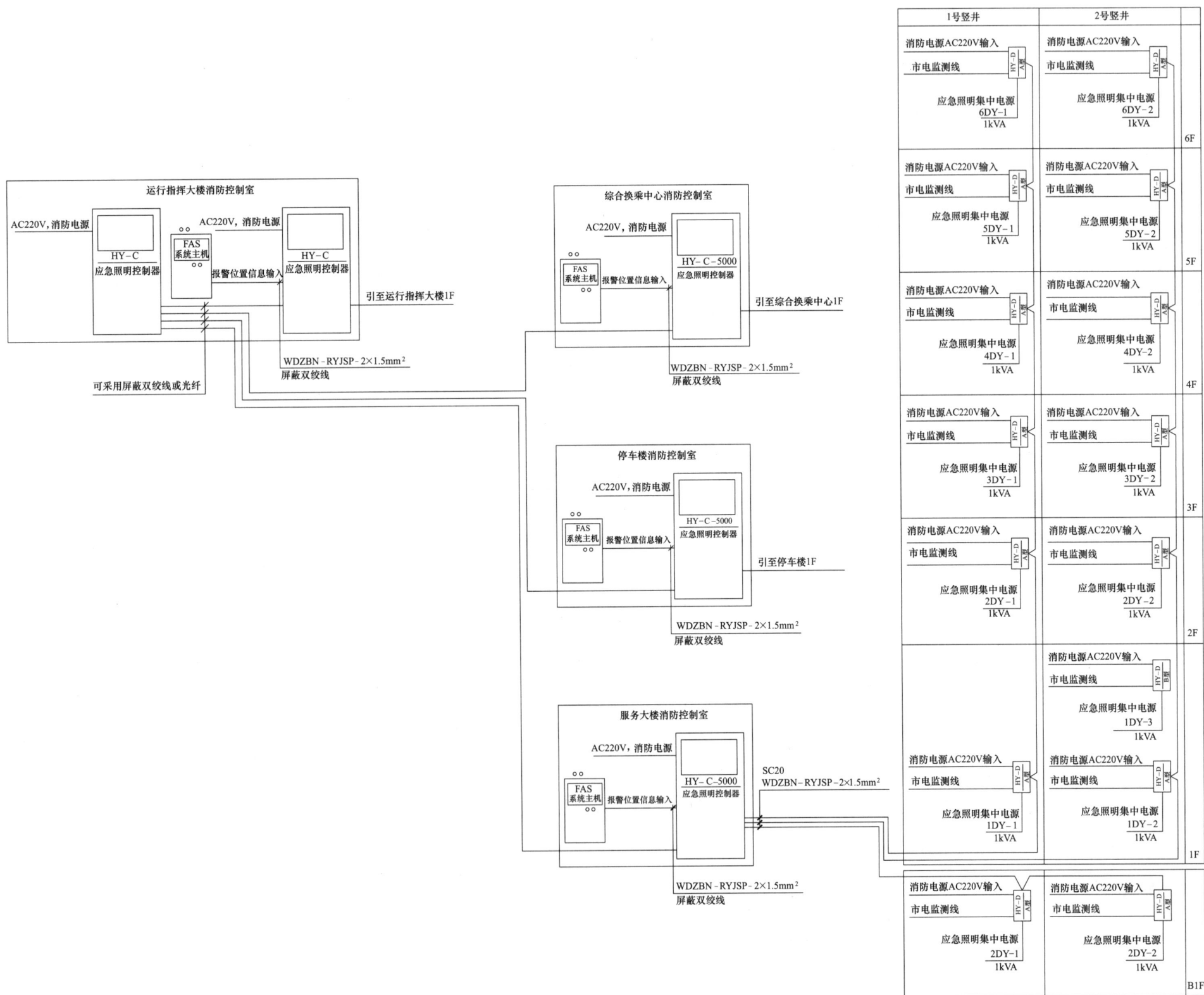

机场项目——集中电源集中控制型系统（工程实例一）	图号	YJZM7-10
沈阳宏宇光电子科技有限公司	页	112

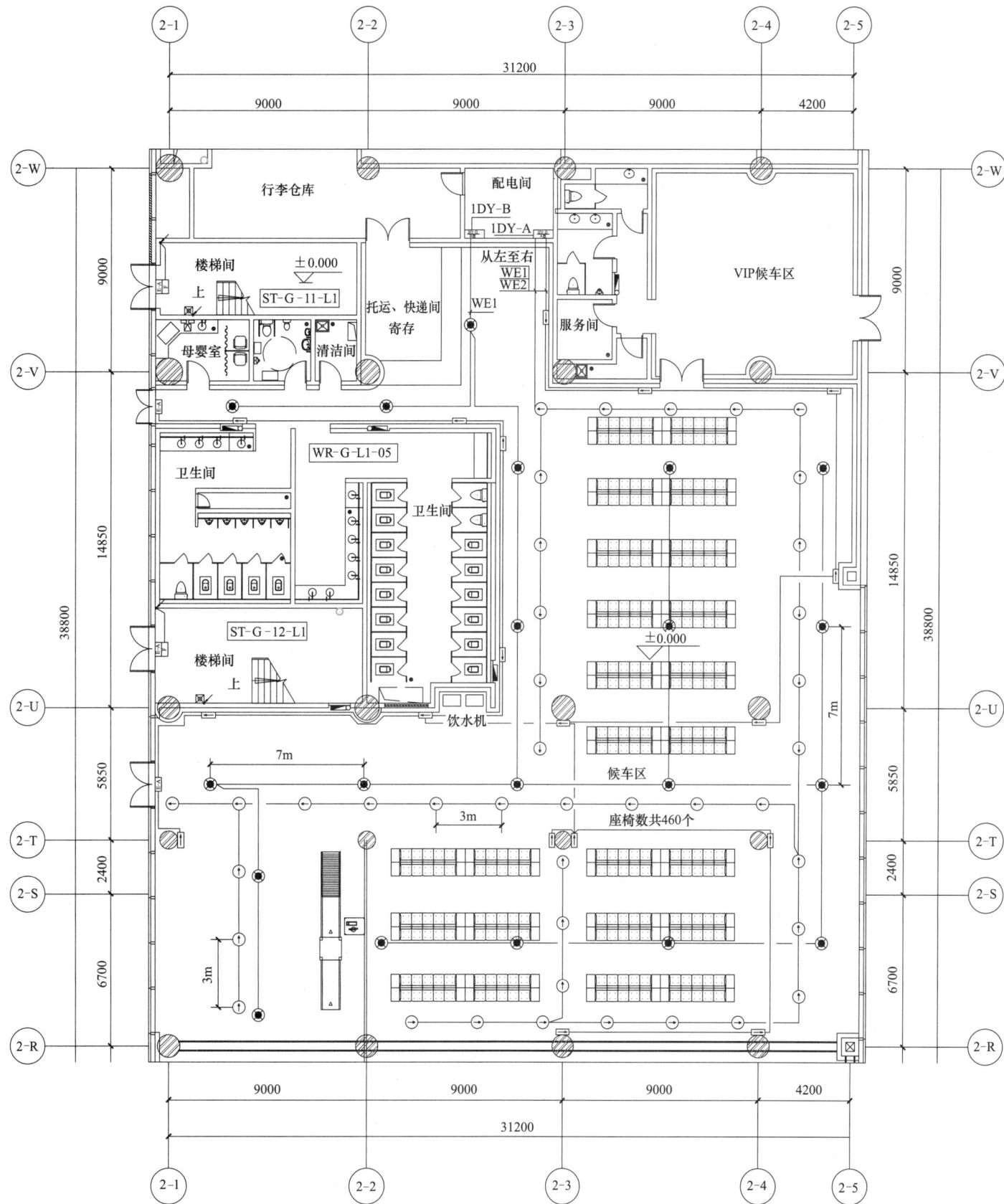

消防应急照明典型场景照度模拟表

区域	最低照度	实测照度	灯具	光通量	灯具布置间距	安装高度
候车厅	5lx	6.2lx	15W筒灯	1275lm	7m	8.5m

集中电源集中控制系统机场项目实例-图例

图例	名称	型号
E→A	安全出口(A型)	HY-BLJC-1LROEⅡ1W
E	疏散出口(A型)	HY-BLJC-1OEⅡ0.2W
F	楼层显示(A型)	HY-BLJC-1OEⅡ0.2WF
←→D	多信息复合标志灯(A型)	HY-BLJC-2LEⅡ1WJLC
←	壁挂左向(A型)	HY-BLJC-1LEⅡ0.2W
→	壁挂右向(A型)	HY-BLJC-1LEⅡ0.2W
←→	壁挂双向(A型)	HY-BLJC-1LREⅡ0.25W
→	地面单向(A型)	HY-BLJC-1LEⅠ0.15W-DB15
⊠	壁挂应急照明(A型)	HY-ZFJC-E5WQ-3
⊛	高举架应急照明(B型)	HY-ZFJC-E15WT
⊡	应急照明集中电源(A型)	HY-D-0.5kVA
⊡	应急照明集中电源(B型)	HY-D-1kVA(B)
▯	应急照明控制器	HY-C-5000
—	应急照明控制器与应急照明集中电源通信线	WDZBN-RYJSP-2×1.5mm²-SC20
═	A型消防灯具电源线及通信线	(WDZBN-BYJ-2×2.5mm²+WDZBN-RYJS-2×1.5mm²)-SC25 地面标志灯具采用四芯轻型防水电缆，线型与此相同
═	B型消防灯具电源线及通信线	WDZBN-BYJ-3×2.5mm²-SC25 WDZBN-RYJS-2×1.5mm²-SC25

注:

1.图中示例区域为机场候车厅。

2.该区域疏散标志灯具采用A型灯具，与地面疏散标志指示灯配合使用。

3.方向标志灯的设置间距不应大于10m。

4.为保持视觉连续，地面疏散标志指示灯应设置在疏散通道地面的中心位置，且灯具的设置间距不应大于3m。

5.因该处区域挑空，举架8.5m。依据《消防应急照明和疏散指示系统技术标准》GB 51309-2018，该区域应急照明灯具选用B型灯具。(图中选用220V 15W照明)

6.候车厅疏散走道地面水平最低照度≥5lx。

机场候车厅消防应急照明布灯示意图（工程实例一）	图号	YJZM7-11
沈阳宏宇光电子科技有限公司	页	113

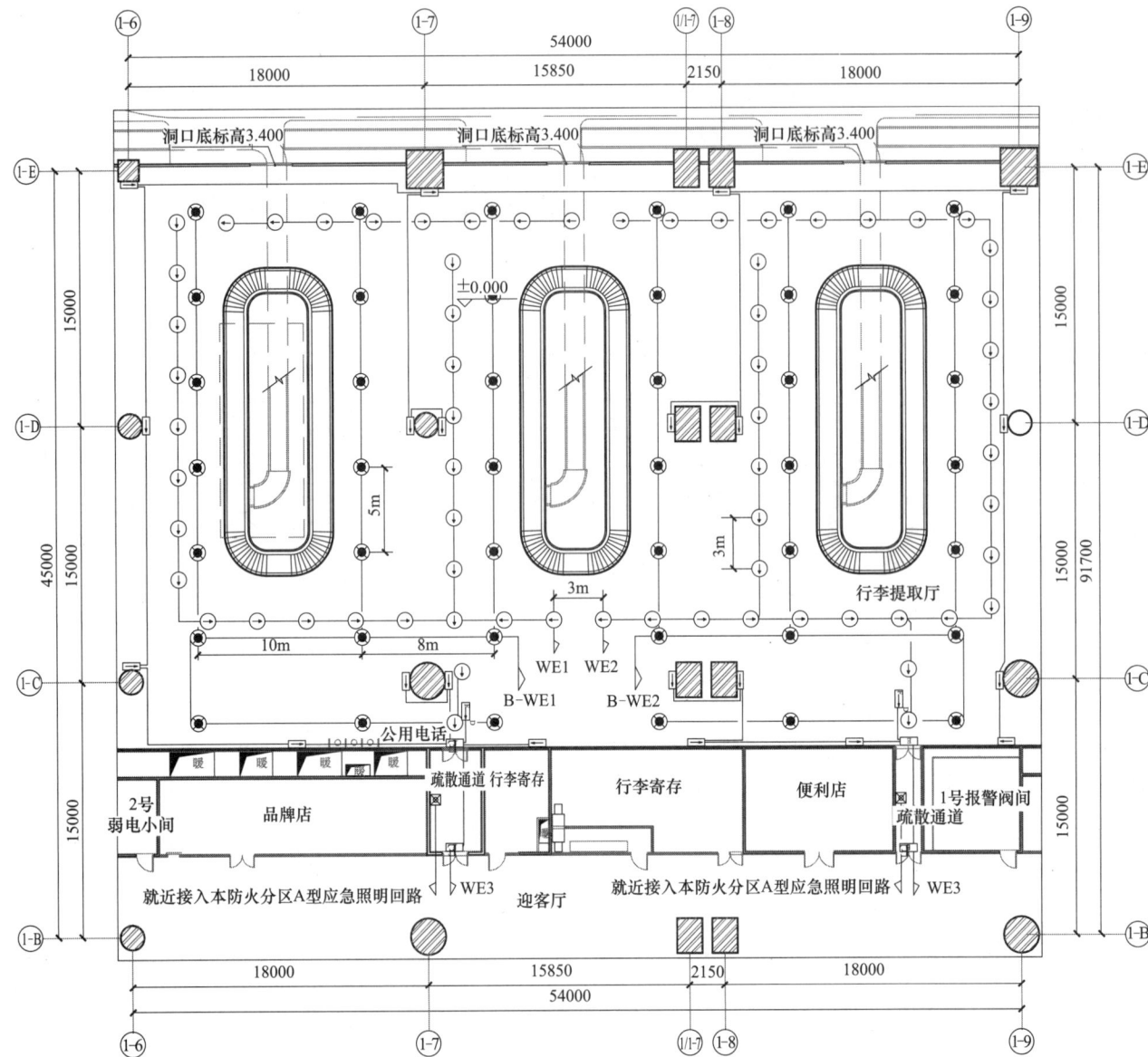

洞口底标高3.400 洞口底标高3.400 洞口底标高3.400

行李提取厅

WE1 WE2
B-WE1 B-WE2

公用电话

疏散通道 行李寄存 行李寄存 便利店 1号报警阀间
疏散通道

2号 品牌店 迎客厅 WE3 WE3
弱电小间

就近接入本防火分区A型应急照明回路 就近接入本防火分区A型应急照明回路

消防应急照明典型场景照度模拟表

区域	最低照度	实测照度	灯具	光通量	灯具布置间距	安装高度
行李传送区	5lx	6.7lx	15W筒灯	1275lm	7m	8.5m

注：
1. 图中示例区域为机场行李传送区域。
2. 图中B-WE1、B-WE2回路引至本防火分区B型应急照明集中电源。
3. 图中以"WE"开头的回路(如：WE1)引至本防火分区A型应急照明集中电源。
4. 该区域疏散标志灯具采用A型灯具，墙面疏散标志与地面疏散标志指示灯配合使用。
5. 为保持视觉连续，地面疏散标志指示灯应设置在疏散通道地面的中心位置，且灯具的设置间距不应大于3m。
6. 因该处区域挑空，举架8.5m。依照《消防应急照明和疏散指示系统技术标准》GB 51309—2018，该区域应急照明灯具选用B型灯具。(图中选用220V 15W照明)
7. 该区域疏散走道地面水平最低照度≥5lx。
8. 因机场举架较高，消防楼梯为多跑楼梯。图中仅为示例。
9. 楼梯间应急照明和疏散指示灯具选用A型灯具。
10. 楼梯间属于竖向疏散区域，应单独设置配电回路，且应急照明灯具与疏散指示灯具不宜连接在同一回路上。
11. A型应急照明集中电源的输出回路不应超过8路，且每个输出回路的供电范围不宜超过8层。

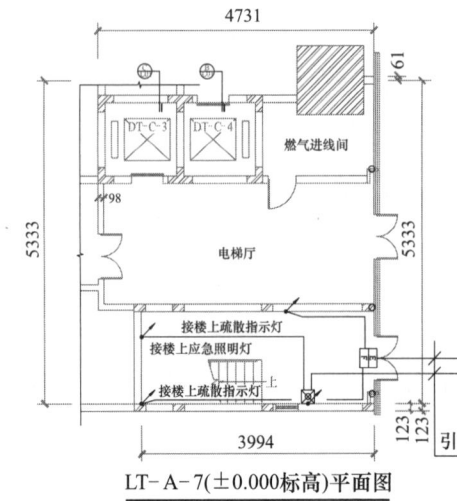

燃气进线间

电梯厅

接楼上疏散指示灯
接楼上应急照明灯
接楼上疏散指示灯

引自本防火分区A型应急照明集中电源

LT-A-7(±0.000标高)平面图

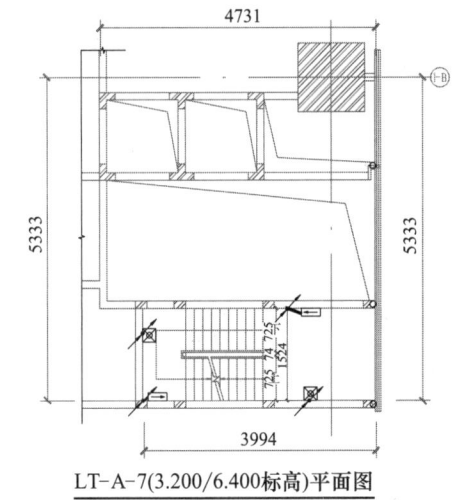

就近接入本防火分区A型应急照明及疏散指示回路

LT-A-7(3.200/6.400标高)平面图

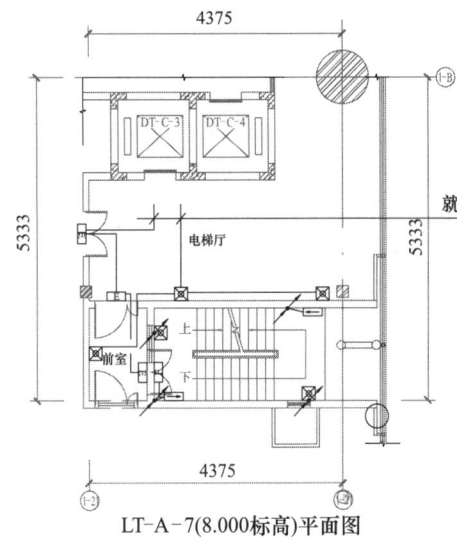

电梯厅

就近接入本防火分区A型应急照明及疏散指示回路

LT-A-7(8.000标高)平面图

机场行李传送区域及多跑楼梯间消防应急照明布灯示意图（工程实例一）	图号	YJZM7-12
沈阳宏宇光电子科技有限公司	页	114

消防电源AC220V输入

接FAS信号

FAS系统

车控室

HY-C-5000 应急照明控制器

WDZBN-BYJ-2×2.5/4.0mm²-SC25
WDZBN-RYJS-2×1.5mm²-SC25

WDZN-RYJSP-2×1.5mm²
屏蔽双绞线

WDZBN-RYJSP-2×2.5mm²-SC25

WDZBN-BYJ-2×2.5/4.0mm²-SC25
WDZBN-RYJS-2×1.5mm²-SC25

站厅层 公共区 | 公共区 站厅层

疏散指示 / 疏散照明灯

站厅A端照明配电室
A-DY1 0.5kVA
消防电源AC220V输入
WDZBN-BYJ-3×2.5mm²
市电监测线

站厅B端照明配电室
B-DY1 0.5kVA
消防电源AC220V输入
WDZBN-BYJ-3×2.5mm²
市电监测线

HY-D A型

站厅层 设备区 | 设备区 站厅层

站台层 公共区 | 公共区 站台层

站台A端照明配电室
A-DY2 0.5kVA
消防电源AC220V输入
WDZBN-BYJ-3×2.5mm²
市电监测线

站台B端照明配电室
B-DY2 0.5kVA
消防电源AC220V输入
WDZBN-BYJ-3×2.5mm²
市电监测线

站台层 设备区 | 设备区 站台层

消防电源AC220V输入
WDZBN-BYJ-3×2.5mm²

联络通道 市电监测线

区间 上行 | 上行 区间

1kVA HY-D A型

站台A端区间照明配电室
A-DY3 1kVA
消防电源AC220V输入
WDZBN-BYJ-3×2.5mm²
市电监测线

站台B端区间照明配电室
B-DY3 1kVA
消防电源AC220V输入
WDZBN-BYJ-3×2.5mm²
市电监测线

消防电源AC220V输入
WDZBN-BYJ-3×2.5mm²

市电监测线 联络通道

A-DY4 区间 下行 | 下行 区间 B-DY4

1kVA HY-D A型

A-DY5 | B-DY5

疏散指示 / 疏散照明灯

P1 P2 P3 P4 P5 P6 P7

WDZBN-BYJ-2×6.0mm²-SC25
WDZBN-RYJS-2×2.5mm²-SC25

WDZBN-BYJ-2×6.0mm²-SC25
WDZBN-RYJS-2×2.5mm²-SC25

WDZBN-BYJ-2×6.0mm²-SC25
WDZBN-RYJS-2×2.5mm²-SC25

WDZBN-BYJ-2×6.0mm²-SC25
WDZBN-RYJS-2×2.5mm²-SC25

WDZBN-BYJ-2×6.0mm²-SC25
WDZBN-RYJS-2×2.5mm²-SC25

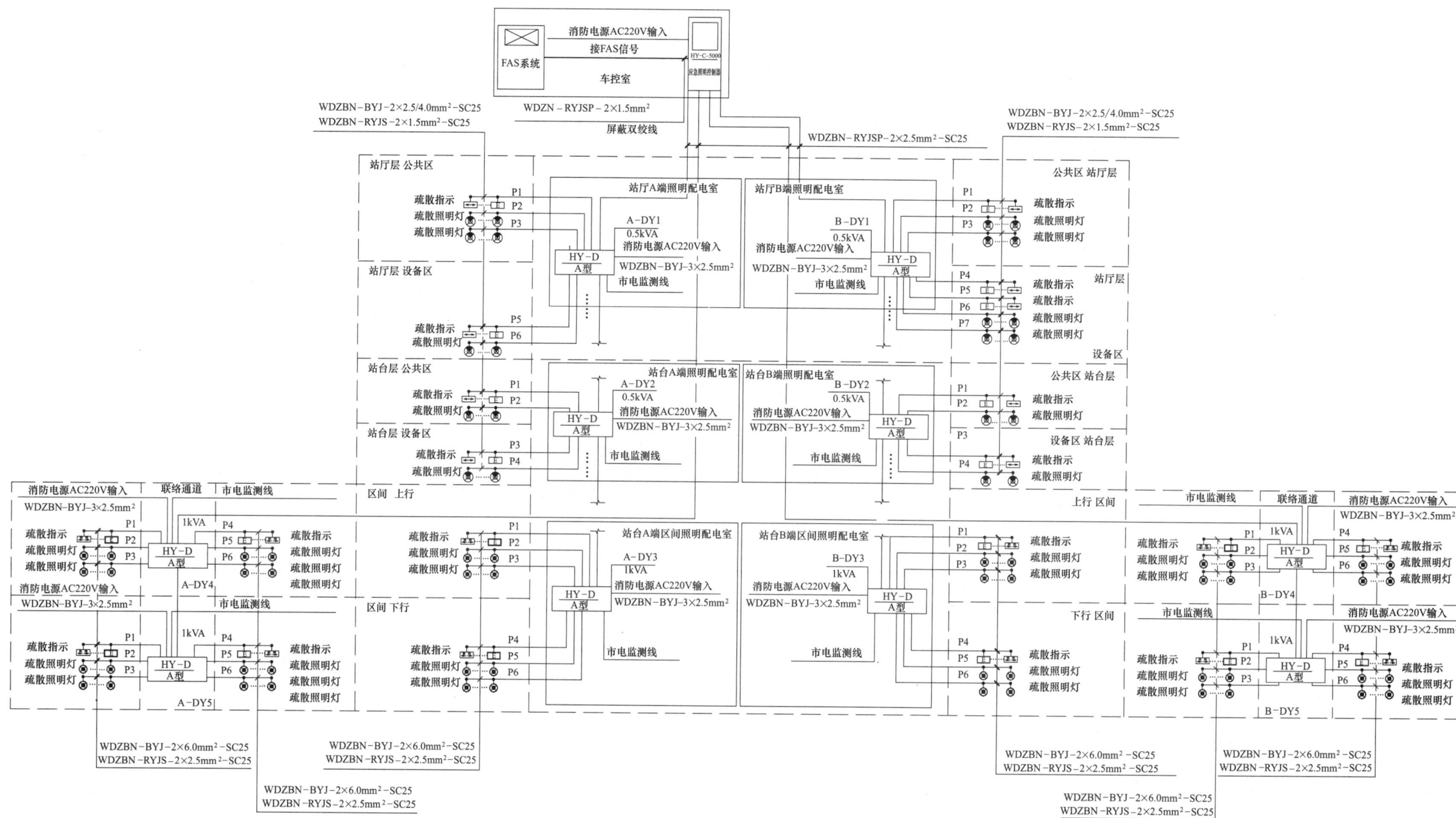

注：地铁项目带载距离较远，灯具供电电压建议采用DC36V。灯具供电线为四线时，通信是专用线缆，稳定性较高。为了保证系统稳定性，建议地铁项目的灯具供电线路采用四根线(两个电源线+两根通信线)。

地铁项目——集中电源集中控制系统（工程实例二）	图号	YJZM7-13
沈阳宏宇光电子科技有限公司	页	115

从上至下：
1DY-1：WE5
1DY-1：WE4

公安值班室　公安设备室　民用通信设备室　通号电缆间　照明配电室　会议室　环控电控室　气瓶间

AFC设备室　AFC票务室　女卫　男卫　强电间　见注2　信号设备室　女更衣室　风室　风室　环控机房

车站控制室　见注1　站长室　风室　专用通信设备室　专用通信电源室　男更衣室　环控电控室

综合监控设备室　站务室　清扫工具间　加压风井　加压风机房　排烟机房　活塞风道

消防泵房　见注1

消防水池　新风道　排风道

9150　9150

−5.500

6m

消防应急照明典型场景照度模拟表

区域	最低照度	实测照度	灯具	光通量	灯具布置间距	安装高度
站厅层设备区走道	3lx	3.2lx	5W筒灯	425lm	6m	3.5m

集中电源集中控制系统地铁项目实例-图例

图例	名称	型号
	安全出口(A型)	HY-BLJC-10EⅡ0.2W
	区间安全出口(A型)	HY-BLJC-1LROEⅠ0.25WJM
	楼层显示(A型)	HY-BLJC-10EⅡ0.2WF
	壁挂左向(A型)	HY-BLJC-1LEⅡ0.2W
	壁挂右向(A型)	HY-BLJC-1LRⅡ0.2W
	壁挂双向(A型)	HY-BLJC-1LREⅡ0.25W
	区间壁挂双向(A型)	HY-BLJC-1LROEⅠ0.25WJM
	区间应急照明(A型)	HY-ZFJC-E10WFS
	应急照明(A型)	HY-ZFJC-E5WQ
	应急照明(A型)	HY-ZFJC-E5WQ-3
	应急照明集中电源	HY-D-0.5kVA
		HY-D-1kVA
	应急照明控制器	HY-C-5000
	应急照明控制器与应急照明集中电源通信线	WDZBN-RYJSP-2×2.5mm²-SC25
	区间消防灯具电源线及通信线	(WDZBN-BYJ-2×6mm²+WDZBN-RYJS-2×2.5mm²)-SC32
	站厅及站台消防灯具电源线及通信线	(WDZBN-BYJ-2×2.5/4.0mm²+WDZBN-RYJS-2×1.5mm²)-SC25

3470　8300　7500　8800　9000　9000　9000　7000　6600　800

⑮　⑯　⑰　⑱　⑲　⑳　㉑　㉒　㉓

站厅层设备区消防应急照明与疏散指示布灯示意图

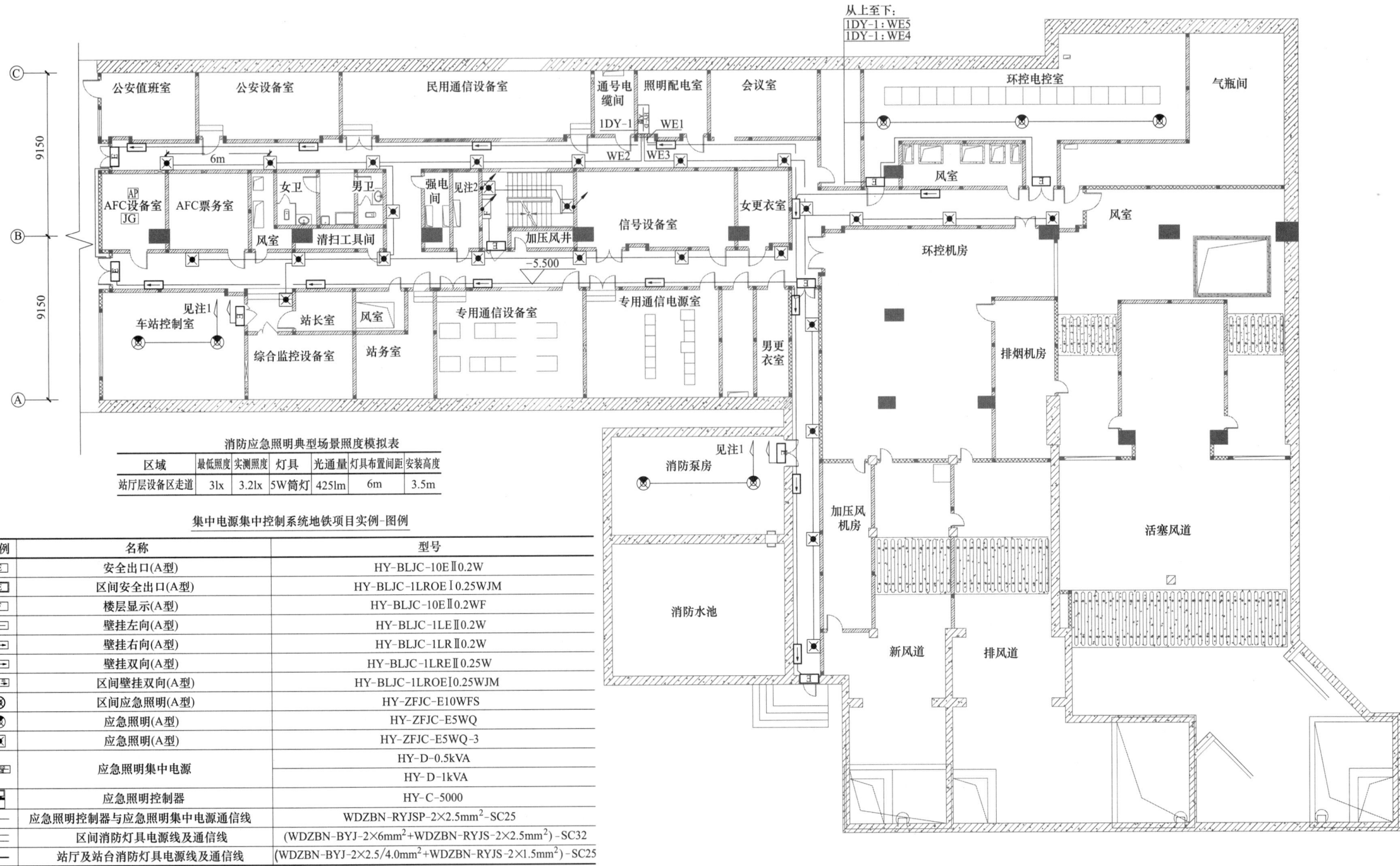

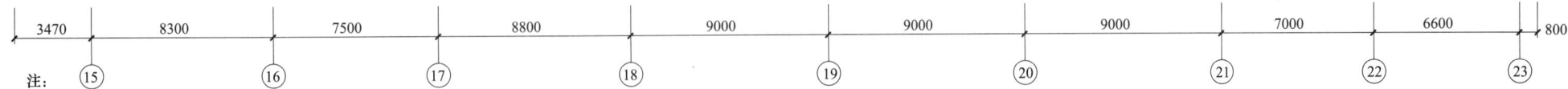

注：
1.图中"消防泵房"与"车站控制室"的疏散和照明灯具分别接入1DY-1的WE4和WE5回路。
2.图中楼梯间的疏散和照明灯具分别接入1DY-1的WE6和WE7回路，并上下楼层穿线带载。
3.站厅层、站台层的公共区和设备区内疏散标志灯具采用A型灯具(DC36V)。
4.方向标志灯的设置间距不应大于10m。
5.消防泵房灯具防护等级≥IP65。

地铁站厅层设备区消防应急照明与疏散指示布灯示意图（工程实例二）	图号	YJZM7-14
沈阳宏宇光电子科技有限公司	页	116

就近接入本防火分区疏散指示回路

就近接入本防火分区应急照明回路

接上层

就近接入本防火分区应急照明回路

服务室

上行

ESCALATOR

−5.500

站厅层公共区消防应急照明及疏散指示布灯示意图

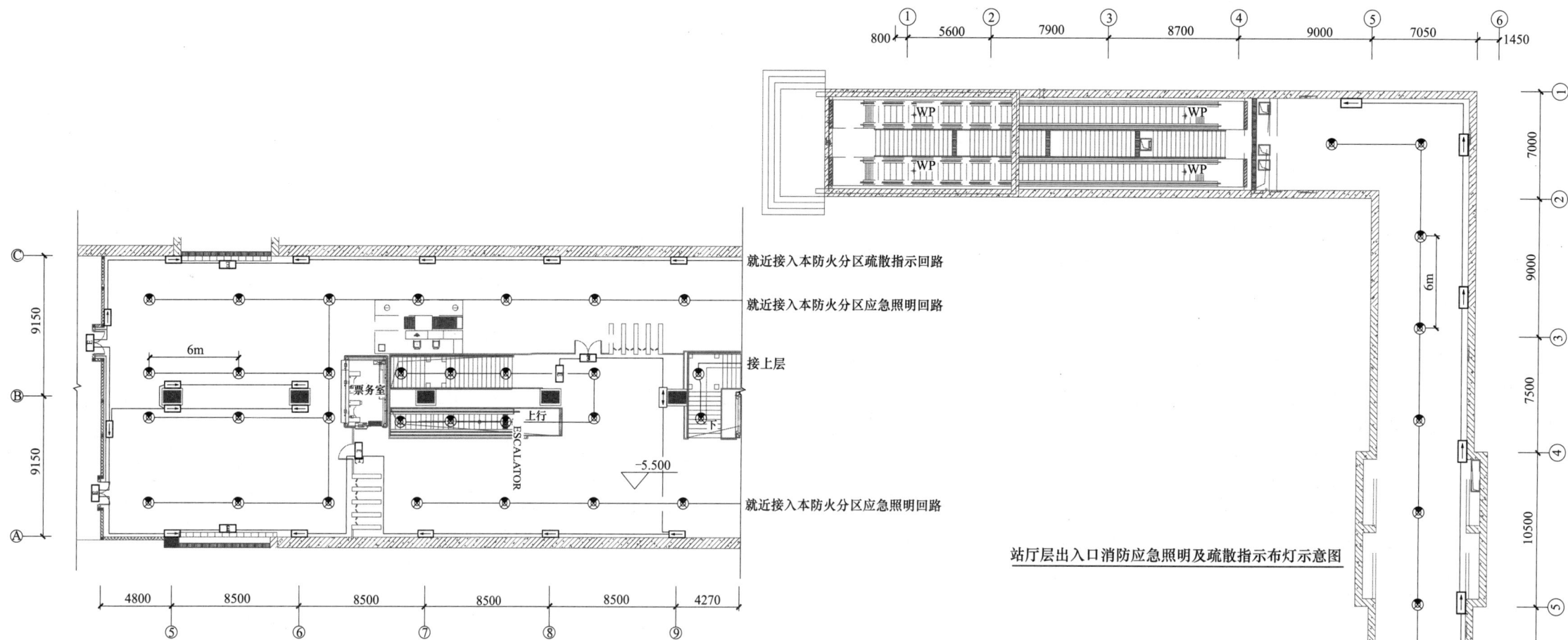

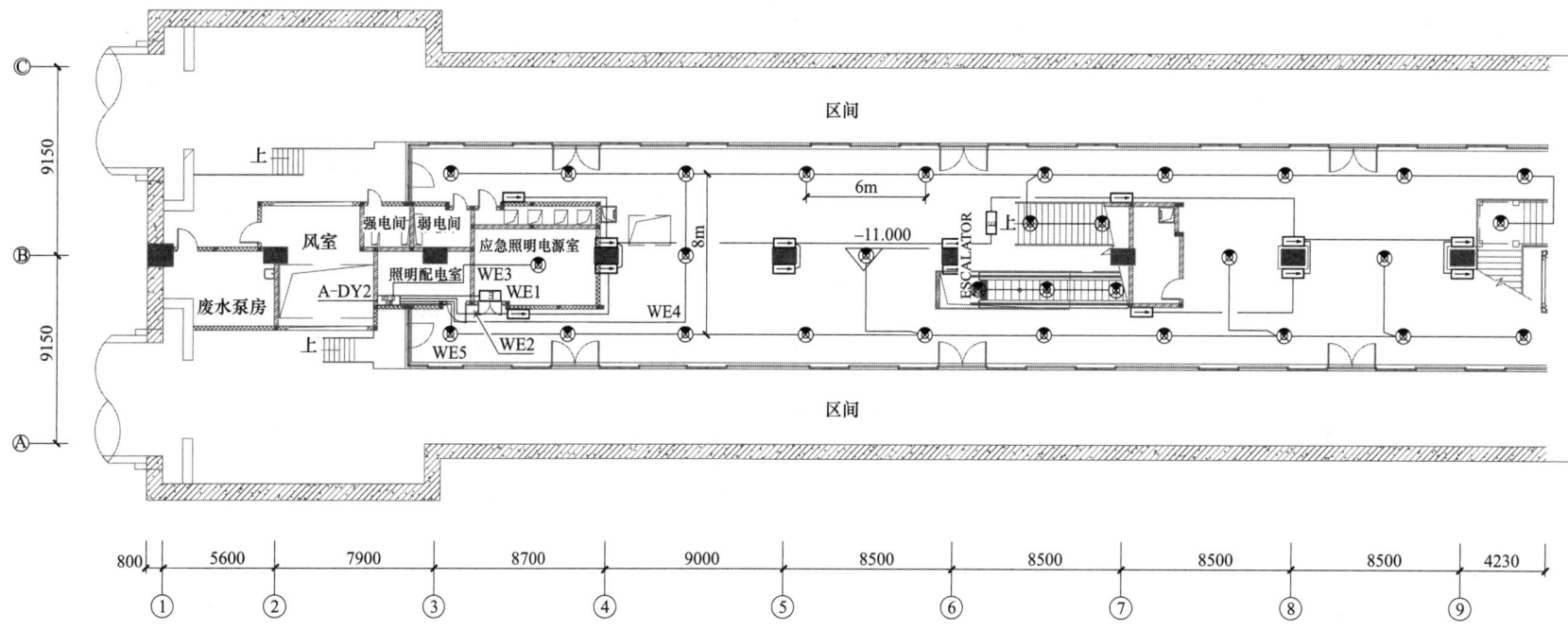

站厅层出入口消防应急照明及疏散指示布灯示意图

−5.500

出入口

就近接入本防火分区应急照明及疏散指示回路

区间

区间

风室

废水泵房

强电间 弱电间

应急照明电源室

照明配电室

A-DY2

WE3

WE1

WE4

WE5 WE2

−11.000

上

ESCALATOR

区间

区间

站台层消防应急照明及疏散指示布灯示意图

消防应急照明典型场景照度模拟表

区域	最低照度	实测照度	灯具	光通量	灯具布置间距	安装高度
地铁站台	3lx	3.3lx	5W筒灯	425lm	6m	3.5m

注：公共区应急照明灯功率可酌情调整至10W。

地铁站台层消防应急照明与疏散指示布灯示意图（工程实例二）	图号	YJZM7-15
沈阳宏宇光电子科技有限公司	页	117

119

联络通道

YDK0+603.000

市电监测线　　A-DY4

YDK0+903.000

WDZBN-RYJS-2×2.5mm²-SC25
WDZBN-BYJ-2×6.0mm²-SC25

YDK1+203.000
YDK1+208.000
设计起点里程

上行区间

站台层区间照明配电室

×××站

×××站　Z1013.927　Z1929.167　×××站
　　　　Y1011.217　Y1929.060

有效站台中心线
右DK34+897.594

车控室

A-DY3

消防电源AC220V输入
WDZBN-BYJ-3×2.5mm²

消防电源AC220V输入
WDZBN-BYJ-3×2.5mm²

10m

WDZBN-BYJ-3×2.5mm²
消防电源AC220V输入

HY-C-5000

市电监测线　　A-DY5

下行区间

市电监测线

引自车站控制室的监控主机
WDZAN-RYJSP-2×2.5mm²-SC25

WDZBN-RYJS-2×2.5mm²-SC25
WDZBN-BYJ-2×6.0mm²-SC25

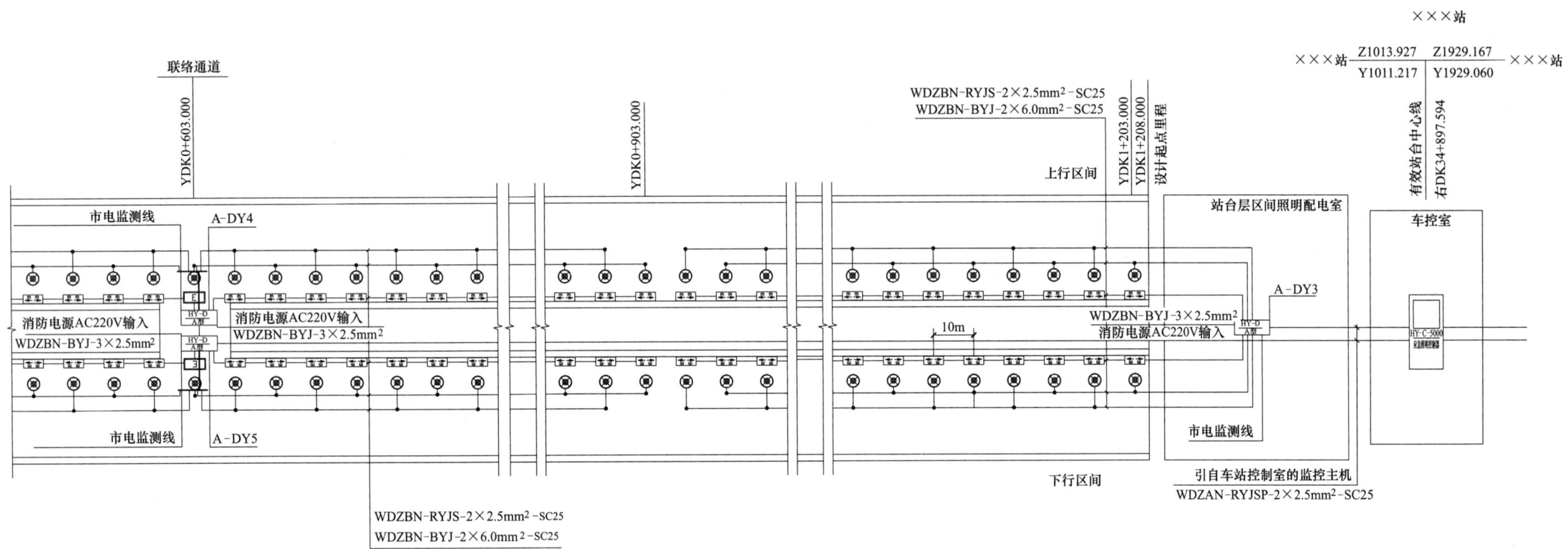

区间起点消防应急照明与疏散指示布灯示意图

注：
1. 区间内疏散标志灯具和应急照明灯具采用A型灯具(DC36V)。
2. 疏散标志灯具和应急照明灯具的布置间距均为10m。
3. 区间内集中电源及灯具的防护等级≥IP65。
4. 区间应急照明灯具采用壁挂安装。
5. 指示疏散方向的消防应急标志灯具设置在疏散走道侧面墙上时，灯具底边距地1m以下。

区间起点消防应急照明与疏散指示布灯示意图（工程实例二）	图号	YJZM7-16
沈阳宏宇光电子科技有限公司	页	118

控制器底座基础尺寸

主机正面视图

安装方式:落地安装

控制器侧面视图

A向视图

底座上部视图

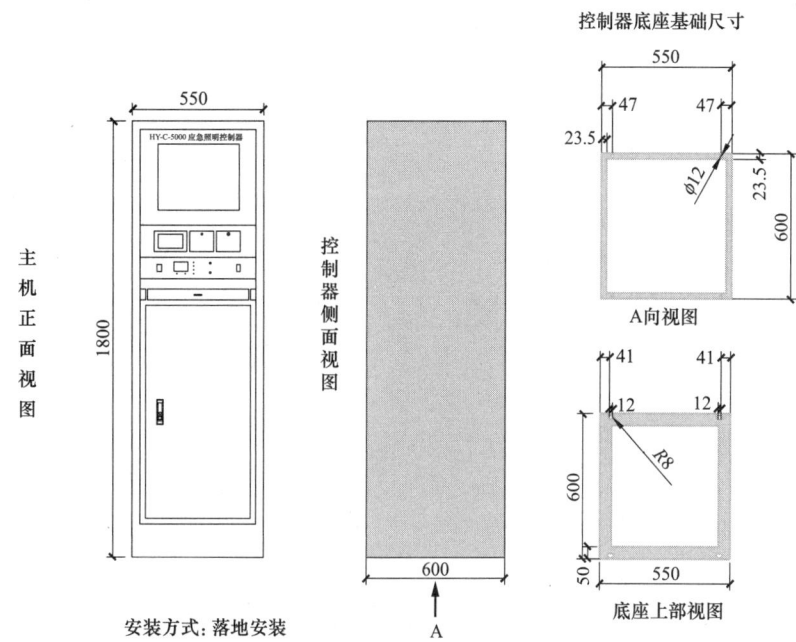

应急照明控制器外形尺寸大样图 1:250

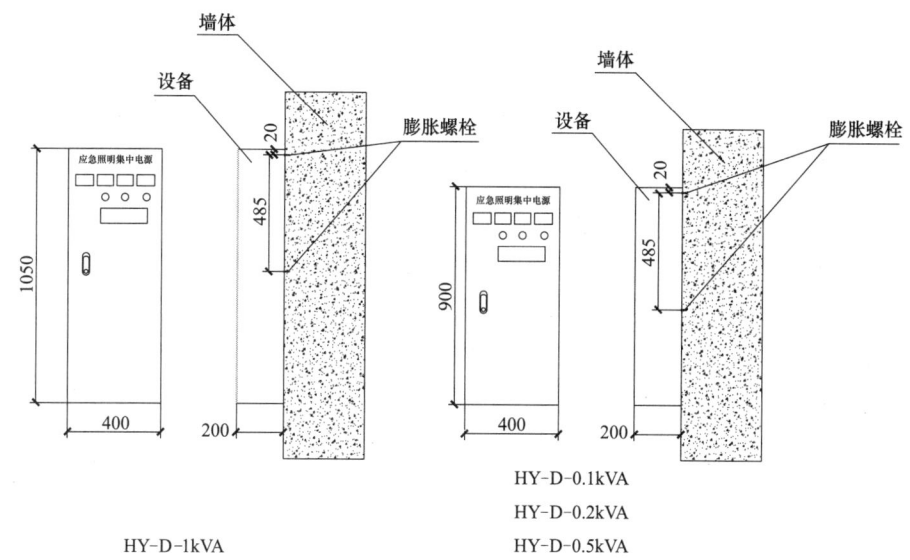

墙体
设备
膨胀螺栓

应急照明集中电源

墙体
设备
膨胀螺栓

应急照明集中电源

HY-D-1kVA

HY-D-0.1kVA
HY-D-0.2kVA
HY-D-0.5kVA

应急照明集中电源外形尺寸大样图 1:250

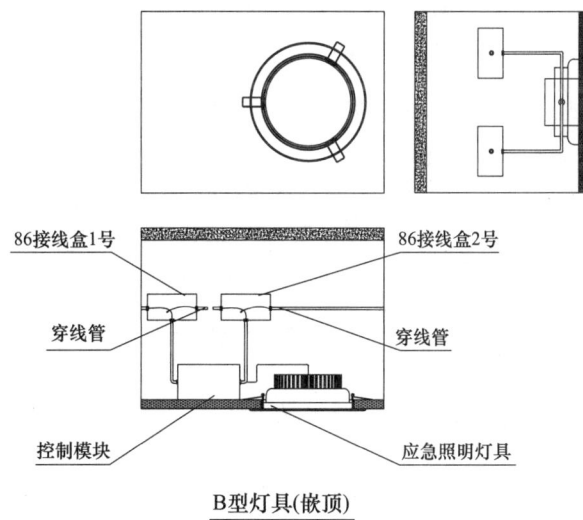

86接线盒1号
86接线盒2号
穿线管
穿线管
控制模块
应急照明灯具

B型灯具(嵌顶)

安装底座
穿线管
接线盒
应急照明灯具
安装螺钉

吸顶安装

安装底座
穿线管
接线盒
应急照明灯具
安装螺钉

吸顶安装

接线盒
穿线管
灯具
安装螺钉
吸顶安装
控制模块
线槽
灯架
灯管

管灯吸顶安装

B型灯具(嵌顶)灯具主要技术参数

序号	型号	材质	尺寸(单位:mm)
1	HY-ZFJC系列 15W(B型)	铝合金	$\phi192$ $H30$
2	HY-ZFJC系列 15W(B型)	金属	$\phi152$ $H148$

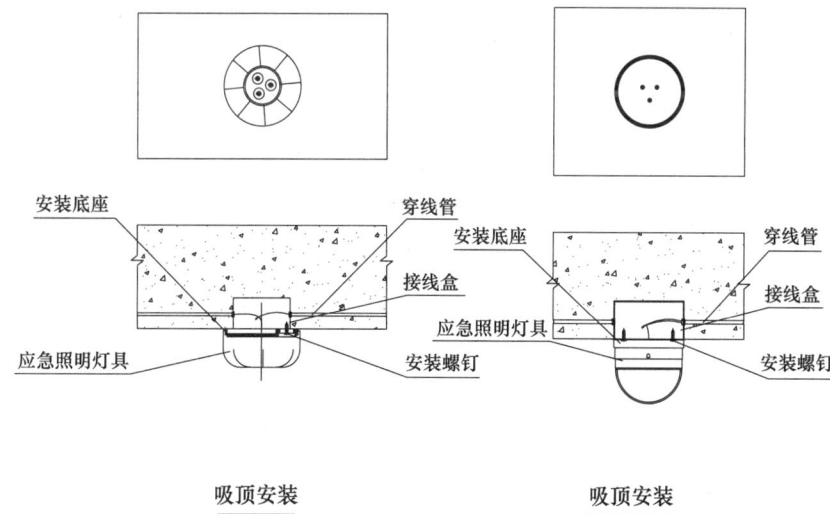

吸顶安装灯具主要技术参数

序号	型号	材质	尺寸(单位:mm)
1	HY-ZFJC系列 5W	铝合金	$\phi110$ $H50$
2	HY-ZFJC系列 3W 5W(球灯)	阻燃塑料	$\phi100$ $H82$

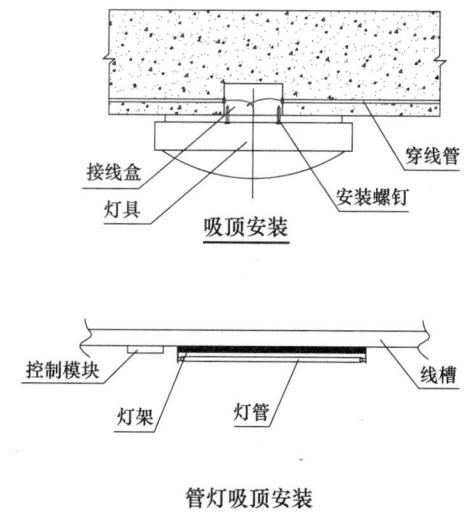

管灯吸顶安装灯具主要技术参数

序号	型号	材质	尺寸(单位:mm)
1	HY-ZFJC系列 12W(管灯)	金属	600×112
2	HY-ZFJC系列 18W(管灯)	金属	1226×112
3	HY-ZFJC系列 36W(管灯)	金属	1230×156
4	HY-ZFJC系列 3W(圆盘灯)	金属	$\phi291$ $H97$

设备安装详图（一）	图号	YJZM7-17
沈阳宏宇光电子科技有限公司	页	119

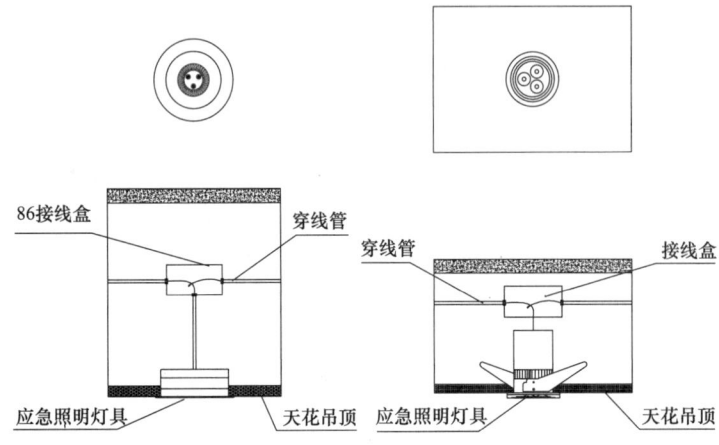

嵌顶安装　　　嵌顶安装　　　　壁挂安装　　　壁挂安装　　　　地埋安装

地埋安装灯具主要技术参数

序号	型号	材质	尺寸(单位：mm)
1	HY-BLJC-1LREⅠ0.25W-23系列	钢化玻璃/不锈钢	φ245 D34 φ230 D34
2	HY-BLJC-1LREⅠ0.25W-19系列	钢化玻璃/不锈钢	φ196 D34 φ165 D34
3	HY-BLJC-1LEⅠ0.15W-15系列	钢化玻璃/不锈钢	φ150 D34

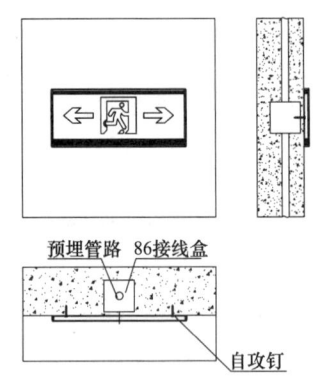

嵌顶安装灯具主要技术参数

序号	型号	材质	尺寸(单位：mm)
1	HY-ZFJC系列 1W 3W 5W	铝合金	φ75 H86
2	HY-ZFJC系列 3W	铝合金	φ94 H40

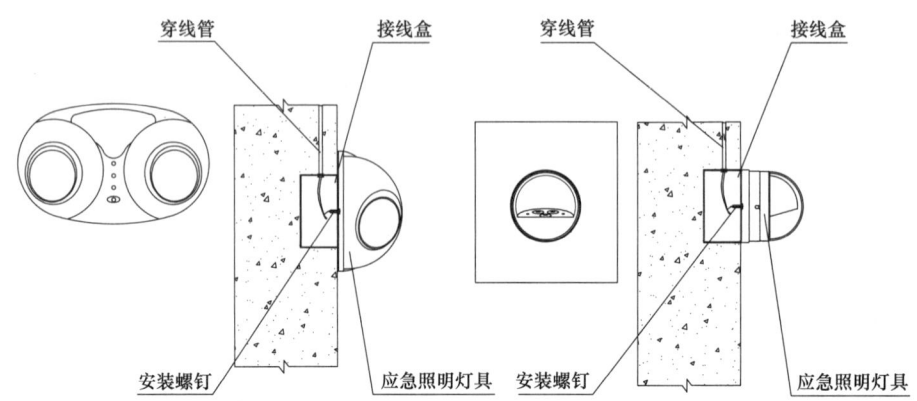

壁挂安装灯具主要技术参数

序号	型号	材质	尺寸(单位：mm)
1	HY-ZFJC系列 3W(猫眼灯)	阻燃塑胶	270×165×90
2	HY-ZFJC系列 3W 5W(球灯)	阻燃塑料	φ100 H82
3	HY-ZFJC系列 1W 3W 5W	铝合金	φ75 H86

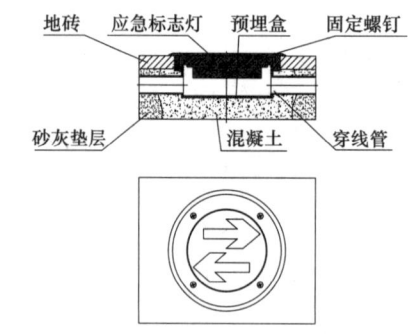

壁挂安装

嵌壁安装

吊挂安装　　　吊挂安装

壁挂安装灯具主要技术参数

序号	型号	材质	尺寸(单位：mm)
1	HY-BLJC壁挂系列	铝合金	380×160×16

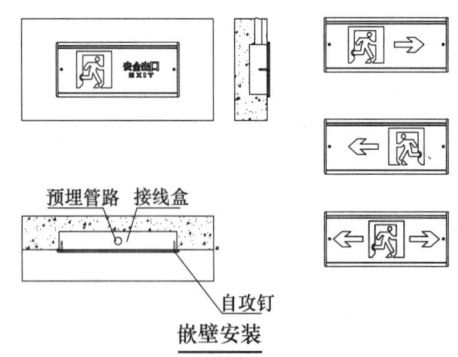

嵌壁安装灯具主要技术参数

序号	型号	材质	尺寸(单位：mm)
1	HY-BLJC嵌壁系列	铝合金	365×150×8
2	HY-BLJC嵌壁系列	不锈钢	350×160×16

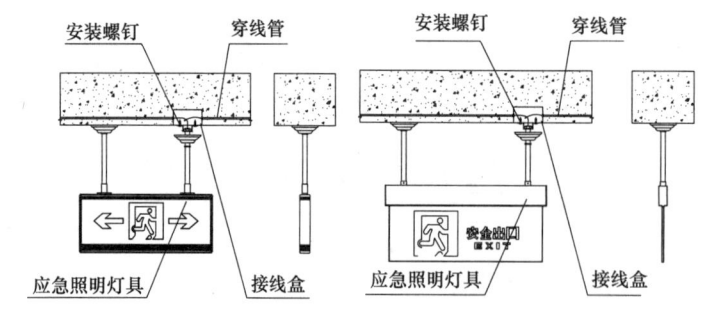

吊挂安装灯具主要技术参数

序号	型号	材质	尺寸(单位：mm)
1	HY-BLJC系列	亚克力	375×206×6
2	HY-BLJC系列	亚克力	455×209×6
3	HY-BLJC系列	亚克力	605×262×6
4	HY-BLJC系列	铝合金	380×160×20
5	HY-BLJC系列	铝合金	529×200×30

设备安装详图（二）	图号	YJZM7-18
沈阳宏宇光电子科技有限公司	页	120

中国勘察设计协会电气分会

中国勘察设计协会（国家一级协会）电气分会（以原全国智能建筑技术情报网为基础）是工程勘察设计行业的全国性社会团体，由设计单位、建设单位、产品单位等的电气专业人士自愿组成的非营利性社团组织，是中国勘察设计协会的分支机构，在中国勘察设计协会的领导下开展工作，挂靠单位为中国建设科技集团。

中国勘察设计协会电气分会通过民政部审批，于2014年6月正式成立，2018年6月电气分会第二届理事会提出了"高平台·高品质·高格局"的主题，并着手打造"专业人才创新圈""生态合作创新圈""专业合作创新圈"的三大创新圈。截至2019年9月30日，已有全国的会员单位约440家，电气分会常务理事141人，理事520人，有来自全国31个省自治区、直辖市的高职称（教授级高工、研究员、教授及以上）和高职务（副所长、副总工及以上）的双高专家组成的"电气双高专家组"（约373人，包括1位全国工程勘察设计大师、11位国务院特殊津贴专家，9位省级工程电气设计大师），有来自全国31个省自治区的45岁以下从事电气行业工作的杰出青年组成的"电气杰青组"（约172人），并相继成立了华北、华东、东北、中南、西南、华南、西北七个电气学组。

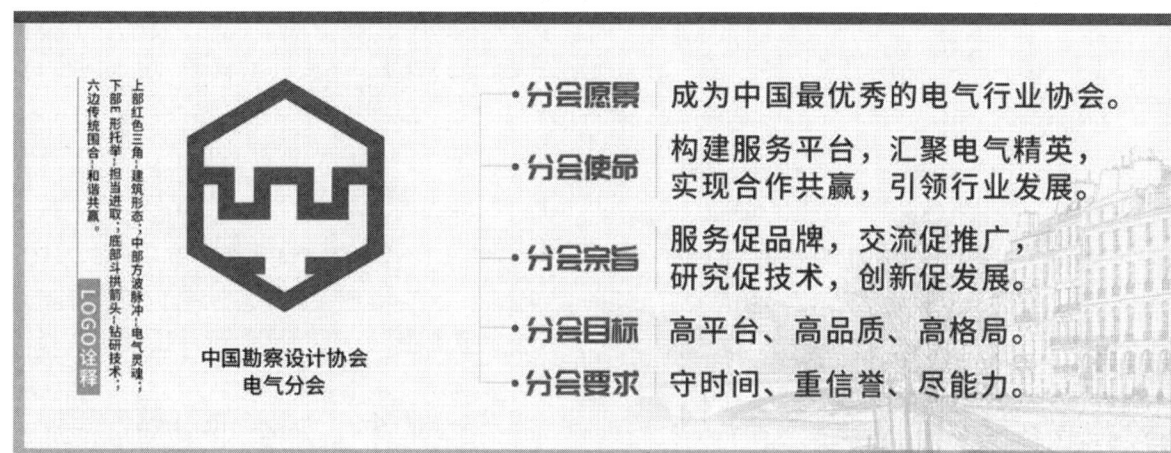

名誉会长：张军

会长：欧阳东

副会长：郭晓岩、陈众励、陈建飚、杜毅威、杨德才、孙成群、李蔚、熊江、王勇、李俊民、周名嘉、徐华、王廷宁、齐晓明

秘书长：吕丽

副秘书长：王苏阳

秘书长助理：于娟、李战赠

地址：北京市西城区德胜门外大街36号A座4层

邮编：100120

联系人：于娟、吕丽

电话：010-57368796、57368799　传真：010-57368794

中国建筑节能协会电气分会

中国建筑节能协会（国家一级协会）是经国务院同意、民政部批准成立，由住房和城乡建设部主管。其下属分会"电气分会"由中国建设科技集团负责筹建，经民政部审批，成立于2013年；协会致力于提高建筑电气与智能化节能管理水平，加强与政府的沟通，进行深层次学术交流，促进企业横向交流、规范行业产品市场，实现信息资源共享并进行开发利用；积极组织技术交流与培训活动，开展咨询服务，编辑出版相关的专业技术刊物和资料；力保国家节能工作稳步落实，促进建筑电气行业节能技术的发展。

工作职能：协助政府部门和中国建筑节能协会进行行业管理及对会员单位的监督管理工作；协助中国建筑节能协会优秀项目评选活动；收集本行业设计、施工、管理等方面的信息，进行开发利用和实现信息资源共享；积极组织技术交流与培训活动，开展咨询服务，协助会员单位进行人才培养；组织技术开发和业务建设，协助会员单位拓宽业务领域和开发多种形式的协作；编辑出版有关技术刊物和资料（含电子出版物）；组织信息交流，宣传党和国家有关工程建设的方针政策；开展国际技术合作与交流活动；关注行业发展与社会经济建设，向政府主管部门反映会员单位和工程技术人员有关政策、技术方面的建议和意见；承担政府有关部门委托的任务。

工作方针：致力卓越服务、传播业界信息、促进技术进步、推动行业发展。

工作宗旨：从质量中求精品、从管理中求效益、从服务中求市场、从创新中求发展。

名誉主任：张军

主任：欧阳东

副主任：郭晓岩、陈众励、杨德才、杜毅威、刘侃、李蔚、陈建飚、王勇、李炳华、周名嘉、熊江

秘书长：吕丽

副秘书长：王苏阳

秘书长助理：于娟

地址：北京市西城区德胜门外大街36号A座4层

邮编：100120

联系人：于娟、吕丽

电话：010-57368796、57368799　传真：010-57368794

《消防应急照明和疏散指示系统设计及安装图集》参编单位联系方式

序号	单位名称	通信地址	邮编	联系人	电话	手机	邮箱	单位网址
1	欧普照明股份有限公司	上海市闵行吴中路1799号万象城V3栋	201103	张辉	400-6783-222	18662057595	Hui. zhang@opple.com	www. opple. com. cn
2	珠海西默电气股份有限公司	珠海市唐家湾镇信息港1栋18楼	519000	詹东	0756-6917097	13232206756	233546422@qq. com	www. ximo-electric. com
3	广东盛世名门照明科技有限公司	中山市古镇海州显龙螺沙工业大道4号	528421	胡亮	4001190760	18028390839	2880193686@qq. com	www. ssmmlighting. com
4	天津新亚精诚科技有限公司	天津市津南区北闸口开发区郑吉路6号	30050	杨文东	022-28545081	13820589648	909946242@qq. com	www. xinyajingcheng. com
5	青岛鼎信通讯消防安全有限公司	山东省青岛市高新区华贯路858号	266111	马德武	0532-55523277	15156073760	madewu@topscomm. com	Fire. topscomm. com
6	深圳市泰和安科技有限公司	深圳市南山区侨香路智慧广场A1栋12楼	518053	高亮	0755-33691919	18233540291	tanda@tandatech. com	www. tandatech. com
7	沈阳宏宇光电子科技有限公司	辽宁省沈阳市浑南新区高荣路8-2号	110179	赵冶	400-8859-119	13940105755	hyopto@163. com	www. hyopto. com